여우와 나

여우와 나

캐서린 레이븐 지음

노승영 옮김

한없이 다정한 야생에 관하여

북하우스

일러두기

- 이 책에 등장하는 사건들은 저자의 기억을 바탕으로 서술되었다.
  등장인물의 프라이버시를 보호하기 위해 일부 인명, 지명, 특징을 변경했다.
  몇몇 대화는 기억을 토대로 재구성했다.
- 번역어가 확정되지 않은 동식물명은 역자가 임의로 선택한 번역어를 따랐다.
- 본문의 대괄호는 독자의 이해를 돕기 위해 역자가 첨언한 것이고, 본문 아래 각주는 모두 역자의 것이다.
- 이 책에 등장하는 『모비딕』의 인용구는 모두 다음 번역본의 번역을 그대로 따랐다.
  허먼 멜빌, 『모비딕』, 김석희 옮김, 작가정신, 2011.

여우에게

나와 여우의 관계가 새로운 방향으로 흘러간 계기는 쌍무지개였다. 조깅을 하다가 문득 이런 혹독한 환경에서는 그가 몇 년밖에 살지 못하리라는 생각이 들었다. 이렇게 수명이 짧은 동물에게 감정을 투자하는 것은 바보짓이라는 생각이 들었다. 그러다 조깅을 끝내기 전 무지개가 다시 내 앞에 나타났다. 무지개 한쪽 끝이 키 큰 포플러 고사목들의 섬을 지나 잿빛 하늘에 잠겼다. 포플러 우듬지들은 갈라진 채 뒤얽혀 있었다. 나는 달리기를 멈췄다. 두 번째 무지개가 포플러 위에 드리워 있었다. 이 계곡에서만 무지개를 몇 번이나 봤더라? 백 번도 훌쩍 넘었다. 그때마다 걸음을 멈추고 무지개를 바라보았다. 나는 무지개를 비롯한 자연의 모든 선물이 그렇듯 여우에게도 수명과 무관한 본질적 가치가 있음을 깨달았다. 그 뒤로 수명이 눈 깜박할 사이밖에 안 되는 동물에게 오랜 시간을 투자하는 것에 회의가 들 때마다 무지개를 떠올렸다.

차례

생텍스의 보아뱀

열이틀 연속으로 오두막에 여우가 나타났다. 태양이 서쪽 언덕 위에 걸터앉은 지 1분도 채 지나지 않아 그는 부들부들한 파란색 번치그래스 사이로 흙바닥에 몸을 뉘었다. 그러고는 꼬리 끝을 턱밑에 밀어넣고 눈을 찡그린 채 자는 시늉을 했다. 나는 캠핑의자에 앉았다. 빳빳한 번치그래스 끄트머리가 캔버스 천을 뚫고 엉덩이를 찔렀다. 나는 책을 펼쳐 읽는 시늉을 했다. 우리 사이에 놓인 것은 2미터와 가냘픈 물망초 한 포기뿐이었다. 거무튀튀한 땃쥐나 들쥐, 고무보아뱀 같은 누군가가 우리를 지켜보고 있었을지도 모르지만, 적어도 내겐 세상에 우리 둘만 있는 것 같았다.

열사흘째, 3시 30분경이나 아무리 못해도 4시 전 옷가지를 낙낙하게 챙겨 밖에 나갔다. 기도하듯 손을 모아 무릎 사이에 밀어

넣고서 발을 구르며 앉아 있었다. 여우를 기다렸다. 나타나지 않길 바라면서.

가장 가까운 도시에서 100킬로미터 남짓 떨어진 외딴 계곡의 자갈길을 따라 3킬로미터를 더 올라가야 나오는 이 오두막은 여자 혼자 지내기에 알맞은 장소는 아니었다. 집 앞 도로에 이름이 없었기에 나는 주소가 없었다. 이 외딴 곳에서 사는 동안에는 변변한 일자리를 얻을 수도 없었다. 휴대전화 기지국으로부터 몇 킬로미터나 떨어져 있어서, 방울뱀에 물리거나 오두막 뒤 암벽을 오르다 미끄러져 도와달라고 비명을 질러도 누구 하나 들을 수 없었다. 물론, 덕분에 애초에 번거롭게 비명을 지르지 않아도 됐지만.

내가 이 땅을 사들인 것은 3년 전이다. 그전엔 주인이 월동 준비를 해둔 계곡 위쪽 통나무집에 세 들어 살았는데, '월동 준비'란 오리털 파카에 머클럭 방한화 차림으로 잠자리에 들면 그나마 자다가 동상에 걸리지는 않는다는 뜻이었다. 하지만 오지 하이킹 가이드와 시간제 현장 수업 강사로 번 돈으로는 그게 최선이었다. 대학에서 1년짜리 연구직을 제안받았을 때, 당신은 내가 그 집에서 벗어날 기회를 덥석 물었을 거라 생각할지도 모르겠다. 샤워실에 들어갈 때 고드름을 피해 다녀야 했기 때문만은 아니었다. 박사후 과정에 올라타는 것은 생물학자가 되기 위한 의례적 수순이었으니까. 하지만 나는 덥석 물지 않았다. 대학에 내가 이 땅을 매입할 때까지 기다려달라고 했다. 그런 다음 제안을 수락하고서 200킬로미터 떨어진 대학교의 비좁은 기숙사 방을 임차했다. 그리고 주말마다 눈보라를 뚫고 얼어붙은 도로를 달려 이곳으로 돌아와 야영했다. 작은 바위에 앉아 프로판가스 스토브가 쉭쉭거리는 소리와 메뚜기가 팽팽한 텐트 겉면에 돌진하며 내는 핑핑 소리에 귀를 기울이노라면 나 자신이 이 땅의 일부가 된 것 같았다. 전에는 무엇에도 소속감을 느껴본 적이 없었다. 대학과의 계약 기간이 만료된 뒤에는 매일같이 이곳에서 야영하면서 업자를 고용해 토지를 조성하고 오두막을 건축했다.

오두막 바깥은 내가 앉아서 여우를 기다리는 지점에서 보면 전망이 아름다웠다. 계곡을 망치는 건축물은 거의 없었으며 온전한 무지개를 곧잘 볼 수 있었다. 무지개 끝은 아래쪽의 구릉지에 닿았는데, 레프러콘 요정•이 숨어 있을 만큼 푸르른 곳은 없었지만 방울뱀을 볼 수 있으니 만족했다. 그럼에도 서글펐다. 쌍무지개가 활짝 떠도 도시에서 지낼 때만 못했다. 사람들과 어울리고 문화생활을 누리고 (여우를 굴 앞까지 따라다닐 시간이 없을 만큼 분주하게 지낼 수 있는) 버젓한 진짜 직업을 찾을 수는 없었다. 나는 생물학 박사 학위를 받으려고 많은 것을 희생했다. 폐건물에서 자고 대학교 바닥을 걸레질했다. 그 대가로 과학적 방법이야말로 앎의 토대이며 야생 여우에겐 인격이 없다고 배웠다.

• 아일랜드 전설에 나오는 요정으로, 한적한 곳에서 혼자 산다고 전해진다.

여우가 내 쪽으로 다가올 때 은은하고 몽롱한 피리소리가 들렸다. 내가 좋아하는 동화 『피리 부는 사나이』의 한 장면 같았다. 당신도 기억하는지? 화려하게 차려입은 웬 뜨내기가 도시에 나타나 음악으로 아이들을 꾀어 산속 호수와 눈 덮인 봉우리의 땅으로 데려간다는 이야기 말이다. 여우가 내 옆에서 몸을 돌돌 만 채 눈을 찡그리자 나는 책을 펼쳤다. 음악은 여전히 흘러나오고 있었다. 아니, 그건 피리 부는 사나이가 아니었다. 그저 새 한 마리, 멀찍이 떨어진 지빠귀였다.

좋아하는 바위의 그늘에서 자던 여우는 아침나절이 지나자 오후 햇볕의 열기에 깼다. 궁둥이를 하늘로, 코를 바람 불어오는 쪽으로 향한 채 갓난 생쥐처럼 맹숭맹숭한 앞다리와 목을 쭉 뻗었다. 털은 없어진 게 아니라 다른 방향을 향하고 있을 뿐이었다. 그는 꼬리 쪽을 보다가 털이 바람에 납작해진 것을 알아차렸다. 앞다리의 맨살이 드러났지만 날이 따뜻하니 괜찮았다.

생쥐 한 마리가, 아마도 임신한 암컷인 듯 둔하고 머뭇거리는 발걸음으로 자갈땅을 지나고 있었다. 채찍 같은 바람이 마른 풀을 흔들어 발소리가 들리지 않은 탓에 생쥐가 바싹 다가올 때까지 몰랐다. 족제비 오줌!* 그의 하루가 막 시작되려는 참이었다. 아래쪽 알팔파밭에는 바람이 불지 않았다. 떨기나무 그늘에서는 생쥐 무리가 돌아다녔고 산울타리에서는 자고새들이 부스럭거렸다. 하지만 여우의 몫은 아니었다. 들판은 그의 엄마에게 속해 있었는데, 그녀는 남편과 젖을 갓 뗀 새끼들만 드나들게 해줬다. 하지만 이 때문에 여우의 계획이 좌절되는 일은 드물었다. 이제 한 살배기가 된 그는 엄마의 감시망을 시험할 만큼 날렵했다. 실은 무단 침입이야말로 종종 그의 최고 관심사였다.

지금은 엄마의 영역을 에돌아 반짝이는 파란지붕집을 방문할 계획이었다. 집이 위치한 언덕은 자신의 굴보다는 아래였고 엄마의 굴보다는 위였다. 지붕은 땅바닥에 얹힌 것처럼 보였는데, 세이지브러시와 노간주나무가 북쪽 면과 남쪽 면을 가렸다. 입지 조건은 자신의 굴과 아주 비슷했다. 두 집 다 같은 산비탈에 자리하고 있어서 뜨는 해와 지는 해의 볕을 고스란히 받았다. 둘 다 구불구불하고 반짝거리는 강물을 마주했으며 쌀쌀한 북풍을 등지고 있었다.

여우는 언덕을 정탐하면서 파란지붕으로 가는 예상 경로들을 점검했다. 마른 길은 시끌벅적했지만, 비밀 임무를 수행하는 중은 아니니 별 문제없어 보였다. 저 길로 가려면 바람 부는 두둑을

• 여우의 시점에서 서술되는 장면에서 혐오감을 드러내는 감탄사. 저자의 여우는 족제비 오줌 냄새를 무척 싫어한다.

가로질러야 했다. 바람 앞쪽에서는 거대한 구름이 둥근언덕에 부딪히고 있었다. 여우는 턱 높이의 선인장 두 그루 사이에 쪼그려 앉은 채 가시에 가슴을 찔릴까봐 숨을 참았다. 구름의 묘기를 보기 위해 값을 톡톡히 치렀다. 구름은 언덕에 부딪히며 갈라져 조각조각 흩어졌다. 작전 개시!

굵은 여러해살이풀 덤불은 익은 이삭의 무게에 풀대가 휘어진 채 마른 물길에서 부스럭거렸다. 생선 뼈처럼 길고 가는 풀씨가 털에 달라붙고 가죽을 파고들었다. 그는 작은 장미 덤불 앞에 멈춰 가시에 대고 몸을 빗질하듯 비볐다. 몸이 홀가분해지자 도랑 아래로 폴짝 뛰어내려가 마치 밭쥐를 사냥하려고 낮게 활공하는 매처럼 좌우로 몸을 기울였다.

선인장, 채찍 같은 바람, 생선 뼈 씨앗은 최적의 여건은 아니었다. 알팔파밭의 여우들은 푸른 들판에서 입을 벌리고 선잠이 든 채 길 잃은 생쥐가 낮고 부드러운 풀밭을 무심코 가로지르며 날 잡아드슈 하길 기다릴 것이다. 그런 게 최적의 여건이었다. 멍청한 생쥐가 우글거리는 사냥터를 장악하는 것이 유일한 인생 목표인 여우에게는 그럴 만도 했다.

오지용 서머레스트 침낭에 캔버스 커버를 씌워 캠핑 의자로 탈바꿈시켰다. 침낭은 황무지에서 수백 밤을 나와 함께한 몸으로, 경주마가 은퇴하여 승용마가 될 때처럼 나의 길들이기 시도에 저항했다. 몇 번을 내려놓아도 매번 가장 불편한 장소에 착지했다. 여우는 오두막 그림자 안으로 쪼르르 달려와 몸을 말고서 러그처럼 납작 엎드렸다. 우리 사이에 놓인 것은 2미터와 가냘픈 물망초 한 포기뿐이었다. 그가 맨들맨들한 자기 자리에서 미동도 없이 기다리는 동안 나는 등받이 없는 부드러운 의자에서 몸을 흔들다 균형을 잃고 버둥댔다. 그러고는 매끄러운 표지의 페이퍼백을 펼치며 말했다. "앙투안 생텍쥐페리의 『어린 왕자』란다."

오랫동안 내 삶은 스컹크의 꼬리였다. 물음표였다는 뜻이다. 이곳을 떠나기로 마음먹은 지금, 문제는 무엇을 할 것인가가 아니라 왜 이제껏 그러지 않았는가다. 나의 대답은, 말하기 부끄럽지만 여우와 관계가 있었다.

우리는, 여우와 나는 여러 달 동안 마주치면서 지금의 편안한 단계에 이르렀다. 우리의 정확한 경로를 굳이 되짚어보지는 않았지만, 조만간 되짚어보지 않을 수 없게 될 터였다.

"어린 왕자는 생텍스에게 양을 그려달라고 부탁한단다. 생텍스가 부탁을 들어주는 이유는…… 음, 그건 정 때문인 것 같아, 여우야." 나는 여우에게 책을 읽어주고 말을 건넨 다음 15초간 가만히 쳐다보는 패턴을 정했다. 15초의 침묵은 그가 말할 차례라는 뜻이었다.

"어린 왕자가 어떤 양 그림도 맘에 들어하지 않자 생텍스는 그에게 상자 그림을 건네면서 안에 양이 들어 있다고 말해." 나는 어깨를 으쓱했다. "그 방법은 효과가 있어. 상자 속 보이지 않는 양 말이야. 그러니까 말이지, 여우야, 상자 안엔 양이 있단다." 이제 15초간 그의 차례다.

사람들은 온갖 동물을 구입하고 우리에 가두고 관청에 등록하고 목줄을 맨다. 어린 왕자의 양처럼 동물은 상자 안에서 산다. 상자의 주인은 갇힌 동물에게 자신의 상상을 투영한다. 자신에게 분별력이 있느냐 없느냐에 따라 상자 속 동물을 인간적으로 대하기도 하고 비인간적으로 대하기도 한다.

맨손으로 마른 밀풀 다발을 뽑았다. 풀대가 부러져 손바닥을 찔렀다. 다친 손을 흔들자 여우가 눈을 동그랗게 뜨고서 쳐다보았다. 그가 앉아 있는 평균 시간인 18분이 거의 다 됐다. 그는 고개를 젖혀 크게 하품하고는 혀를 빼물었다. 옛날 지우개처럼 말랑말랑하고 색깔은 분홍색이었다.

오리가 꽥꽥거리는 소리에 18분간 귀를 기울여본 적 있는지? 소가 음매 우는 소리는? 개가 멍멍 짖는 소리는? 감정은 상호적이다. 우리들, 즉 동물은 자기 종의 음성 신호를 구분하되 다른 종의 소리는 배경 잡음으로 치부한다. 대체로 그들에겐 우리의 소리가 "블라 블라 블라"로 들리고 우리에겐 그들의 소리가 "꽥 꽥 꽥"으로 들린다.

하지만 전부 그런 것은 아니다. 붉은여우가 예외일지도 모른다는 생각은 저 여우를 만나기 전부터 하고 있었다. 러시아의 과학자 드미트리 콘스탄티노비치 벨랴예프 박사는 붉은여우를 길들여 인간의 음성 명령에 반응하도록 하는 실험을 50년간 진행했다. 그의 실험에 따르면 여우는 개와 마찬가지로 사람의 음성을 구분한다. 말하자면 '즈즈즈', '으으음', '쉬이이' 같은 소리의 차이를 분간할 줄 안다는 것이다. 벨랴예프가 옳다면 우리 여우는 말을 들을 수는 있지만 알아듣지는 못하는 셈이었다. 오페라를 들을 때의 나처럼.

상자에 갇히지 않은 여우와 내가 한창 책을 읽고 있는데 전화벨이 울렸다. 처음에는 무시하려 했지만 내겐 자동 응답기가 없었고 발신인은 인내심이 무한했다. 여남은 번 울리고도 벨소리가 멎지 않자 안에 들어가 1층의 전화기를 집어들었다. 여우를 지켜볼 수 있도록 문은 열어두었다. 지역 대학에서 평생교육 프로그램을 담당하는 제나였다. 그녀는 개강 예정인 내 야생동물 수업의 내용을 알려달라고 말했다. 50킬로미터 떨어진 곳에서 진행되는 이 수업은 1년에 10주가량 나를 취업자로 만들어주었다. 하지만 여우는 어쩌지? 지금껏 내가 그를 떠난 적은 한 번도 없었다. 우리가 함께하는 시간의 끝은 언제나 그가 정했다. 그가 먼저 돌아서는 것, 그것이 우리의 관습이었다. 하지만 지금 그는 눈을 마주칠 수 있는 거리보다 멀리, 어떤 문화권에서든 상대방을 마주할 때 접근하는 거리보다 멀리, 7미터가량 떨어져 앉은 채 한 발로 파란색 물망초를 잡아당겨 코를 줄기에 대고 앞뒤로 문지르고 있었다.

내가 그를 두고 떠나는 게 아님을 알려주기 위해 문간으로 나가 제나가 듣지 못하게 송화구를 어깨에 대고는 여우를 향해 오래 걸리지 않을 테니 기다려달라고 말했다. 수화기를 다시 귀에 대자 제나가 누구랑 얘기했느냐고 물었다.

"아무하고도 안 했어요. 여긴 저뿐인 걸요. 학생은 몇 명이나 되나요?" 여우는 시들어가는 꽃을 내버려둔 채 괴롭힐 곤충을 찾아 땅을 뒤졌다.

"방금 말씀드리지 않았나요? 서른두 명이에요. 아, 애완동물이 있으시군요."

"없어요. 여긴 저 혼자예요. 제가 혼잣말로 웅얼거리는 거 아시잖아요." 여우는 자기 꽁무니에서 무슨 흥미로운 일이 벌어지나 하고 뒤를 돌아보았다.

"혼잣말하실 때 웅얼거리지 않는다는 거 아세요?"

통화가 끝났을 무렵 여우는 쥐잡기를 하고 있었다. '쥐잡기'란 훌쩍 떨어져서 보면 전혀 구별되지 않는 별개의 두 종인 생쥐와 밭쥐를 사냥하는 일을 뜻한다. 유능한 사냥꾼 여우는 언제나 자신이 먹을 수 있는 양보다 많이 사냥했다. 사냥한 동물은 여기저기 흩어놓았는데, 일부러 내 캠핑 의자 주변에도 놓아두었다. 여우가 정기 방문객이 되기로 마음먹은 지 일주일 뒤, 나는 앉는 자리 둘레에 자갈로 돌담을 쌓아 생쥐금지구역(MFZ, mouse-free zone)을 표시했다. 내 계획에 따르면 MFZ는 몸이 훼손된 채 완전히 숨이 끊어져 악취를 풍기는 생쥐가 매장되지 않는 구역이자 더 중요하게는 (적어도 눈앞에서는) 발굴되지 않는 구역이 될 예정이었다.

여우는 생각이 달랐다. 그가 MFZ 안에 사체를 묻고 말았을 때 나는 소인국에 있을 법한 자갈 돌담을 가리키며 설치류 미라는 사절이라고 말했다. 그런 다음 사절의 의미를 설명했다. 그는 내 말이 살갑지 않다는 것을 감지하고는 전부 "블라 블라 블라"로 번역했다. 작은 돌담이 여우의 행동을 바꾸진 못했지만 여우와 사귀는 일의 난처함을 덜어준 적이 한 번 있긴 하다.

언젠가 UPS 택배 기사가 한 달 치 문구류를 건네며 말했다. "여기 마당길에서 설치류가 썩어가고 있어요."

"또 생쥐인가요? 어쩌죠. 대체 웬 짐승이……." 나는 고개를 떨군 채 오므린 맨발가락을 쳐다보았다. "이런 지 꽤 됐어요." 나는 택배 기사를 정면으로 쳐다보았다. "어쩌면…… 아아…… 스컹크 짓일까요?"

"아, 아니에요, 여우 짓이에요. 이런 짓을 저지를 짐승은 여우밖에 없어요."

시골 사람들이 다 그렇듯 나도 임기응변에 능했다. 이곳에는 쓰레기차나 제설차가 다니지 않았다. 보안관은 50킬로미터 떨어진 곳에 살았다. 주민들은 다들 집, 잔디밭, 도로를 직접 관리했다. 하지만 우편 배달은 하지 않았다. 미국 정부도 해주지 않았다. 외딴곳에 사는 탓에 우편함은 쓸모가 없었다. UPS 기사가 발을 구르자 마른 흙먼지가 그의 코도반 구두에 풀썩 내려앉았다. "여우는 동네를 망치고 악취가 나게 해요. 여기가 우리 집이라면 얼씬도 못 하게 할 거예요."

그가 고개를 절레절레 흔드는 것을 보고서 재빨리 자갈 돌담을 가리켰다. "저는 그he를 들이지 않아요. 아니, 그것it이요. 그게 무엇이든 전 아니에요."

이튿날 여우의 4시 15분 방문을 기다리다가 곧 다가올 우리의 기념비적 순간에 대해 생각했다. 열닷새 내리 함께 책을 읽다니! 여우의 시간으로 따지면 여섯 달이나 된다. 그보다 앞서서 이곳을 방문한 여우도 많고, 어떤 여우들은 뒷문에서 1분도 안 떨어진 곳에서 태어났다. 하지만 그들은 전부 몰래 다녔다. 많은 어려움이 있었지만 여러 달에 걸쳐 여우와 나는 온갖 사건을 조심조심 헤쳐가며 관계를 맺었다. 이만하면 축하할 만한 성과였다. 하지만 어떻게 축하한담?

나는 그를 떠나보내기로 마음먹었다.

빨간색 깡통에 든 커피가루를 끓는 물에 부어 카우보이 커피*

* cowboy coffee, 커피가루를 여과하지 않고 직접 물에 넣어 끓인 커피.

가 우러나기를 기다리면서 여우를 어떻게 떠나보낼지 궁리했다. 그는 어쩌면 다시는 찾아오지 않을지도 몰랐다. 나는 냉장고 문을 열었다. "내가 우연을 인연으로 착각한 걸까?"

냉장고는 대답이 없었고 음식도 거의 들어 있지 않았다. 하지만 내게 아이디어를 하나 선사했다. 나는 장 볼 목록을 정리하고, 오후 4시 15분이 훌쩍 지나도 여우 생각이 나지 않을 일거리를 계획한 뒤에 밖으로 나왔다. 슈퍼마켓은 계곡 아래로 50킬로미터 떨어진 작은 읍내에 있었기에 파란 남쪽 하늘을 뒤로하고 차를 몰았다. 위로는 밑이 시커멓고 옆이 허연 구름들이 쫓고 쫓기며 동쪽의 산속으로 모습을 감췄다. 아래로는 구름의 그림자가 방향을 바꿀 때마다 앵거스 소, 번식용 암양, 사나운 말이 매번 똑같은 모습으로 등장해 주행 거리를 가늠할 수 없었다. 평소에는 구불구불한 강의 만곡부 개수를 헤아려 위치를 가늠하고, 구름의 변화를 살펴 시간을 가늠하고, 검독수리를 찾는 것으로 운을 가늠했지만(일곱 마리가 최고 기록이었는데 네 마리면 일기장에 적어둘 만했다), 오늘은 그럴 수 없었다.

오후 4시 15분에 내가 원하는 곳 어디든 갈 수 있다고 생각하니 예전의 질주 본능이 되살아나 과속하는 바람에 검독수리를 셀 수 없었다. 움푹 꺼진 곳 하나 없고 차 한 대 보이지 않는 쭉 뻗은 도로를 상상해보라. 기어를 5단으로 올린 뒤 토석 채취장 쪽 경사를 피해 중앙선을 밟은 채 시속 160킬로미터 이상으로 가속 페달을 밟았다. 나는 날개 달린 신발을 신은 메르쿠리우스였다. 머큐리, 수은, Hg, 진사辰沙 덩어리였다. 무리에 녹아들기를 거부하고 고정된 형태를 받아들이지 않는. 운전대가 맞장구라도 치듯 부르르 떨었다.

여우와 사귀는 특권의 대가는 내 예상을 뛰어넘었다. 지난주 읍내에서 장을 보다 무슨 바람이 불었는지 체육관에 들어갔다. 체육관에서 혼자 역기를 들고 있던 사람은 공원 관리소에서 함께 일한 과학자 빌이었다. 나는 여우가 '어쩌면' 나를 찾아오는 건지도 모르겠다고 말했다. 그가 대답했다. "당신이 인격화를 하는 게 아니라면 말이죠." 나는 여섯 어절과 윙크에 굴욕감을 느낀 채 쭈뼛쭈뼛 체육관을 빠져나왔다. 인격화란 사람에게만 있는 성질이 동물에게도 있다고 상상하여 여우를 자신의 일원으로 받아들이는 행위, 즉 동물을 인간으로 대하는 용납할 수 없는 만행을 일컫는다. 말, 매, 심지어 목줄 맨 스컹크 같은 동물을 소유한 사람이야 얼마든지 자신의 애완동물을 인간으로 대해도 무방하다. 하지만 나처럼 자연사를 가르치는 사람이 야생동물을 인격화하는 것은 감상적이고 꼴사나운 짓이었다.

사회가 인간과 야생(즉, 상자에 갇히지 않은)동물 사이에 깊은 협곡을 파두었음을 간파하는 데는 많은 상상력이 필요하지 않다. 감히 협곡을 뛰어넘으려 들 만큼 무모하지 않은 사람들의 눈에 그 협곡은 너무 넓고 깊어 보인다. '왕따'가 되기로 마음먹었다면, 크리스토퍼 로빈* 스타일의 반바지와 보비 삭스** 차림으로 대학 강의실에 나타나는 정도는 되어야 인격화에 명함을 내밀 수 있다. 곰돌이 푸만 당신과 놀아줄 테니까.

그런 굴욕을 당할 이유가 어디 있담? 차라리 협곡 이쪽 편에 머무르는 게 낫지. 나로 말할 것 같으면 협곡 아래로 기어 내려갔다가 반대편으로 기어 올라가기를 수없이 반복하느라 기진맥진했다. 때로는 기어 내려간다기보다 굴러떨어진다고 해야 할 정도였다. 나는 여우에게 인격이 있다고 상상하고 있었을까? 그와 시간을 보내면서 인격화의 개념이 계속 달라졌다. 우리의 관계가 시작되던 시점에 내가 주로 느낀 감정은 호기심이었다.

단단한 하얀 버섯 두어 개를 한 손으로 집은 채 미끌미끌한 비닐봉지를 향해 다른 손을 뻗었다. 그 순간 손목이 드러나면서 타이멕스 손목시계의 문자판이 번득였다. 오후 4시 15분까지 45분 남았다. 여우! 비록 여우를 떠나보내고 싶었고 버섯을 사기 위해 왕복 100킬로미터 거리를 운전했지만, 불현듯 여우를 만나는 일이 버섯보다 더 중요하게 느껴졌다. 비닐봉지를 여러 번 흔들어도 입구가 벌어지지 않자 버섯을 선반 위 오렌지 사이에 밀어넣

• 동화 『곰돌이 푸』의 주인공.

•• bobby socks, 발목 부분에서 한 번 접어 신는 양말.

고서 식료품 가득한 카트를 계산대로 밀고 갔다. 2차선 도로를 따라 흰꼬리사슴을 피해가며 집까지 운전하는 데 얼마나 걸릴지 계산하다 운 좋게도 비어 있는 신속 계산대 앞에 섰다. 카우보이 하나가 내 뒤에 섰다. 계산대 점원은 내 카트를 보더니 눈썹을 치켜 올리고 묘한 미소를 지으며 아무 말도 하지 않았다. 그녀가 했어야 하는 질문은 '찾으시는 물건은 다 찾으셨나요?'였겠지만 정작 하고 싶었던 질문은 '8까지 셀 줄 몰라요?'였으리라.*

"그래요. 고마워요." 나는 그녀가 묻지 않은 질문에 대답하고는 한마디 덧붙였다. "하지만 막판에 버섯을 포기한 게 아쉬워요."

그녀는 눈썹을 내리며 눈알을 부라렸다.

나는 뒷주머니에서 지갑을 꺼내며 "버섯은 어쩔 수 없죠"라고 말하고는 지폐를 셌다. 그러다 카우보이를 돌아봤는데, 나이가 110살은 되어 보였다.

"에휴. 바나나만 좀 샀수다." 나는 허리를 숙여 그의 카트 안을 들여다보았다. 아무것도 없었다. 오로지 바나나뿐. "카트도 필요 없으셨겠어요. 안 그래요?"

"기댈 게 필요했으니까." 그가 한마디 덧붙였다. "기다리는 동안 말이지."

그 말에 뼈가 있나 싶어서 잠시 뭐라고 대꾸해야 하나 고민했

* 물건이 여덟 개 이하일 때만 신속 계산대를 이용할 수 있다는 뜻.

다. 단서는 카우보이의 말이 아니라 그의 냉랭한 시선에 있었다. 그는 내게 사과를 기대한 것이었다. 집까지 반쯤 가고서야 내가 엉뚱한 계산대 줄에 서 있어서 그가 짜증 났다는 사실을 깨달았다. 눈치를 못 챘다는 게 속상했다. 평소에도 나는 뭔가를 뒤늦게 알아챌 때마다 그 밖에 다른 단서들을 놓치진 않았을까 조마조마했다.

하지만 더 큰 걱정거리는 여우가 찾아왔을 때 내가 집에 없으면 어떡하지 하는 것이었다. 그는 초대받지 않은 손님이었고 나는 그를 마냥 기다리게 할 수 없었다. 초대받지 않은 손님은 초대받은 손님과 사뭇 다르다. 초대받은 손님은 주인이 늑장을 부려도 개의치 않을 여유가 있다. 그들은 "거기 아무도 없어요?"라고 한 번 외치고는 대답을 기다리지도 않은 채 막무가내로 들어가 어슬렁어슬렁 냉장고로 걸어가서는 음료수를 꺼낸다. 반면에 초대받지 않은 손님은 주인이 없으면 안절부절못한다. 그가 난처한 상황에서 불안을 느끼지 않게 하려면 기다렸다가 제시간에 맞이해야 한다. 가장 골치 아픈 것은 초대받지 않은 손님이면서 주인이 자신을 기다리고 있다는 사실을 모르는 경우다.

40분 안에 집에 도착하지 않으면, 응당한 환대를 기대하며 오두막에 찾아온 붉은여우는 흙바닥을 긁고 무언가에 몰두하는 시늉을 하다가 얼마 안 되는 끈기와 겸손을 다 써버릴 것이다. 그러고는 토라져서 떠날 것이다. 바나나 다섯 송이를 실은 카트를 보행 보조기로 쓰는 110세 카우보이에게 구구절절 설명할 수는 없었지만 사실이 그런 걸 어쩌라고.

진입로에 접어들어 도랑 건너편의 두둑한 언덕을 탐색했다. 북쪽으로 도도하게 기운 수직 절벽이 근사한 필박스•처럼 언덕 꼭대기에 얹혀 있었다. 절벽 가운데 그늘진 주름 속에 단단히 박힌 암붕•• 위 둥지에서 검독수리가 솟아올랐다. 나는 위층에 올라가 창턱 위로 몸을 내민 채 여우를 찾았다. 꼬리 끝이 개밀을 흐트러뜨리는 것을 발견하고서 마치 20구경 산탄총으로 들꿩을 겨누듯 쌍안경으로 그를 리드했다. 전통적 사냥 기법인 리드•••를 잘하려면 동물의 속도와 방향을 예측해야 하며 움직이는 표적을 총신이나 가늠자나 조준경으로 계속 따라가야 한다. 여우는 쉬운 표적이었다. 그의 꼬리는 폭포선•••• 아래에서 대담하게 까딱거렸다. 내가 읽은 대학 교과서에는 야생동물이 천적을 본능적으로 피한다고 쓰여 있다. 여느 여우의 경우라면 그 말이 옳을지도 모르지만 우리 여우는 검독수리를 피하려 들지 않았으며 "빌헬름 텔 서곡" 가락에 맞춰 언덕을 깡충깡충 뛰어 내려오고 있었다.

• pillbox, 챙이 없는 둥근 여성용 모자.

•• 巖棚, 암벽에 선반처럼 튀어나와 있는 곳.

••• lead, 움직이는 표적을 예측하여 조준하는 것.

•••• 산지에서 나란히 흘러내리는 하천들이 급류나 폭포를 이룰 때에 그 지점들을 이은 선.

둥지에서 솟아오른 검독수리의 30미터 아래에서 조그만 수여우가 도랑 밑으로 내려가고 있었다. 하지만 여우가 파란지붕에 도착하자마자 차고 문이 쾅 하고 닫히는 바람에 그는 황급히 돌아서서 강 쪽으로 유일하게 트인 길을 따라 달렸다. 미루나무가 늘어선 개울 옆으로 흙길이 이어져 있었고, 개울 한쪽을 따라 꿩의 목띠처럼 산뜻한 초록색의 알팔파밭이 펼쳐져 있었다. 개울 반대쪽에는 마른 흙무더기들이 꿩의 꼬리처럼 얼룩덜룩하고 우중충하게 쌓여 있었다.

강 너머로 들판이 울렁거려 언덕이 되었고 언덕이 솟아 숲이 되었고 숲이 떨어져나와 가파른 절벽이 되었으며, 절벽 위쪽은 눈으로 덮여 있었다. 눈 덮인 봉우리 너머로 산등성이들이 끝없이 뻗어 있었다. 산이 어디서 끝나는지, 아니 끝나기나 하는 건지 검독수리는 알 길이 없었다. 여우가 강가를 따라 빽빽한 버드나무 나목裸木 사이로 사라지는 것을 지켜본 검독수리는 갓 태어난 새끼 양들이 점점이 박혀 있는 상류 인근 들판으로 날아갔다.

여우는 떨기나무 아래로 기어 들어가 강물에 앞발을 담갔다. 그러고는 새로 드러난 모래섬이 햇빛에 반짝이는 광경을 바라보았다. 여우는 헤엄칠 줄 알았지만 웬만하면 헤엄치지 않았다. 최고 수위에 가까운 강물이 지난가을의 망상하천, 모래톱, 자갈 사주를 집어삼킨 채 진흙탕으로 출렁거렸다. 말코손바닥사슴조차 건널 엄두를 낼 수 없을 것 같았다. 그런데 오늘은? 오늘은 한 소녀가 널 기다리고 있을지도 몰라.

나중에 검독수리는 파란지붕 바깥에서 두 마리 짐승을 보았다. 여우는 세이지브러시 언덕을 향해 서쪽으로 움직이고 있었고 사람은 강을 향해 동쪽을 향하고 있었다. 고도를 낮춘 검독수리는 그들이 따로따로 이동하고 있지 않다고 결론 내렸다. 그들은, 두 짐승은 서로를 향해 걷고 있었다.

『어린 왕자』와 아이스티를 캠핑 의자 옆에 놓아둔 채 여우를 찾아나섰다. 그가 강에서 종종걸음으로 돌아와 오두막 아래쪽 여기저기에 흔적을 남기는 장면을 포착했다. 그는 가던 길을 계속 걸어가 나를 피할 수도 있었고, 길에서 벗어나 언덕 위로 올라와서 접선 장소에서 나를 만날 수도 있었다. 나는 스컹크가 만든 구덩이와 둔덕을 뛰어넘고 멜론만 한 흙투성이 돌멩이에 발가락을 찧고 허벅지 높이의 완두콩 덤불을 헤치며 그를 향해 곧장 걸어갔다. 갈고리 씨앗으로 덮인 신발 끈에 토끼풀 덩굴이 들러붙었다. 거리가 9미터쯤으로 좁혀지자 그가 걸음을 멈추고 나를 쳐다보았다. 내가 장애물을 가로지르지 않고 에돌았다면, 노래하는 초원종다리에게 시선을 돌렸다면, 잡초를 뽑으려고 허리를 숙였다면, 그는 내가 자신을 기다렸다는 사실을 알지 못했을 것이다. 나는 들판 가장자리에 서서 팔짱을 끼고는 개구리처럼 몸통을 무릎 사이에 끼운 채 쪼그려 앉았다. 내가 기다리는 것을 보고서 그는 물망초 옆 지정석을 향해 걸음을 내디뎠다. 나도 움직이기 시작했다.

나는 전날 마지막으로 읽은 구절의 다음 구절을 이어서 낭독했다. 두 문단을 읽고 나서 책을 여우 쪽으로 펼쳐 보이며 새끼 영양 같은 금빛 머리카락이 삐죽삐죽 난 어린 왕자를 보여주었다. 나는 낭독을 마무리하며 이렇게 요약했다. "어린 왕자는 소행성에 살아. 그건 작디작은 행성이야. 행성에는 꽃이 한 송이 있어. 장미야. 그녀는 허영심이 많아. 그녀의 꽃잎은……" 나는 (단지 강조를 위해) 마치 이륙하는 보잉 737기처럼 손을 수평으로 뻗었다. "팽팽하단다. 페이스 리프팅을 받은 것처럼 말이야. 주름이 하나도 없어. 그래, 나도 알아, 여우야." 나는 고개를 끄덕였다. "하지만 어린 왕자는 장미를 사랑해." 후두염에 잘 걸리는 나의 목구멍이 뜨겁고 건조한 바람에 죄어들었다.

여느 원예용 장미와 마찬가지로 어린 왕자의 장미는 손이 많이 갔다. "그녀는 물을 잔뜩 머금은 채……" 나는 비치볼을 든 시늉을 하며 말했다. "가서 물을 더 가져오라고 어린 왕자에게…… 요구했어." 나는 여우의 머리 쪽으로 비치볼을 던지고는 내 옆에서 땀을 흘리는 아이스티 잔에 손을 뻗었다. 여우의 시선이 유리잔을 따라 움직였다. 그가 움찔하며 놀란 표정을 지었다. 나는 차를 마시지 않고 다시 내려놓았다. "그는 그녀의 허영심을 달래주려고 딱 하나 있는 가시를 닦아줬어."

여우는 간간이 눈을 깜박거리며 나를 응시했다. 나는 고개를 돌리지 않은 채 기침을 하고서 마음속으로 열다섯까지 (중간에 '천 번'은 멈추면서) 센 뒤에 다시 기침했다. "네가 무슨 생각 하는지 알아, 여우야. 장미는 어린 왕자를 사랑하는 게 아니야. 그는 시간을 허비하고 있어."

여우는 일어나 앉아 갯과 동물이 호기심을 보일 때의 전형적 포즈로 고개를 젖혔다. 나는 용기를 얻어 이야기를 이어갔다. 꽃이 한 송이 달린 물망초를 가리키며 장미도 물망초처럼 식물이라고 설명했다. 작고 잎자루가 없고 독립영양생물이며 수명이 짧고 감정을 느끼는 능력이 제한적이라고 말했다.

"그러니 장미가 정말로 사랑에 빠졌는지 고민하지 않아도 돼, 여우야."

말을 멈추고 숫자를 셌다. 그가 나의 마지막 발언을 건방지다고 여기는 기미는 전혀 없었기에 이야기를 계속했다. "어린 왕자는 행성을 떠나 우주를 떠돌다 마지막으로 지구를 찾아와 사하라 사막을 헤매게 돼." 나는 여우에게 생텍쥐페리가 어린 왕자를 만났을 때 그는 망상에 빠진 채 부서진 비행기를 수리하고 있었으며, 헤어진 여인과의 관계를 회복하고 싶어했다고 말했다. "그 여자는 장미처럼 도도하고 허영심이 많단다."

내가 여우에게 『어린 왕자』를 읽어줄 즈음 이 책은 5000만 부가 팔렸으며 160개 언어로 번역되었다. 저자 앙투안 생텍쥐페리는 항공 분야의 선구자로, 국제적 베스트셀러가 된 그의 중편소설 「야간 비행」은 페미나상을 받았으며 회고록 『바람과 모래와 별들』은 미국지리학회 선정 '세계에서 세 번째로 훌륭한 모험 도서'로 꼽혔다. 생텍스의 전성기인 1930년대와 1940년대에는 전 세계의 부유하고 교양 있는 엘리트들이 그를 극진히 대접했다.

하지만 그는 자신이 환영받지 않는 곳을 더 좋아했다. 이를테면 사하라사막이랄까. 생텍스는 문명 없이도 살아갈 수 있었으며 평생 문명과 거리를 두었다. 세계에서 가장 세련된 사람들과 어울릴 수 있었음에도 바오밥나무, 장미, 여우, 신과 이야기하는 것을 더 좋아했다.

그건 자기 자신과 이야기한 거 아니냐고?

아니다. 그는 정말로 바오밥나무, 장미, 여우, 신과 이야기했다. 하긴 자기 자신과도 이야기했을 것 같긴 하지만. 그는 비대칭 헤어컷, 시든 이파리, 구겨진 바지, 윗입술에 생쥐 꼬리를 붙이고 다니는 것 같은 별난 외모를 부끄러워하지 않거나 자각하지 못하는 사람, 식물, 야생동물과 어울렸다. 사교적 허울에 무관심했으며, 거침없는 상상력과 마법의 기운을 가진 마치 어린아이 같은 사람들과 함께 있고 싶어했다. 자신이 쓴 책에서, 그는 사람을 만나면 친구가 될 수 있는지 가늠하기 위해 어릴 적 (있는 그대로) 그린 동물 그림을 보여주면서 알아맞혀보라고 한다. 다들 단박에 자신 있게 말한다. 모자라고.

사실 '모자'는 코끼리를 삼킨 보아뱀이다. 어린 왕자만이 그림을 알아보는데, 그는 지구인이 아니다. 말하자면 프랑스의 전쟁 영웅이자 겁 없는 사하라사막 탐험가 생텍스에겐 상상 속 친구들이 있었다.

1935년 생텍스의 단발기*가 사하라사막 상공에서 폭발했다. 그는 조종실에서 무사히 뛰어내렸다. 걸을 수는 있었지만 통신 수단, 식량, 물이 없었기에 자칭 '사막의 포로'가 되었다. 죽음에 임박하자 그는 동물의 생존 전략을 꼼꼼히 관찰했다. 여우들이 주고받는 신호를 유심히 보면서 사냥하고 먹이를 먹고 짝짓기하는 행동을 해독했다. 마침내 여우굴을 찾았다. 여우를 죽여 피를 마셨다면 목숨을 구할 수 있었을 테지만 그러지 않았다. 오히려 죽어가면서도 여우의 우정에 감사했다.

결국 유목민에 의해 구조된 생텍스는 사막에서는 살아남았지만 제2차 세계대전에서는 그러지 못했다. 그의 P-38 록히드 라이트닝 정찰기는 1944년 지중해에 추락했다.

• 單發機, 엔진을 하나만 장착한 비행기.

사냥을 끝낸 뒤 여우는 자갈 진입로 위에 가늘고 길게 엎드려 발바닥이 보이도록 어깨와 앞발을 궁둥이 쪽으로 뻗었다. 등에 한 줄, 어깨를 따라 한 줄 난 잿빛 털을 바람이 모로 훑아 캘리코• 처럼 만들었다. 그가 일광욕을 끝내자 우리는 그의 굴까지 산책했다. 잘 다져진 길이 있었지만 그는 햇볕을 피하려고 딴 길로 갔다. 내가 작별 인사를 건넬 때 그는 이미 굴에 들어가 있었다. 나는 그에게 야생동물 수업을 하러 옐로스톤에 갔다가 반半보름 뒤에 돌아올 거라고 말했다.

이튿날 목이 쉰 채 수업에 들어갔다. 나는 학생들에게 변명조로 말했다. "방문객에게 너무 떠들었나 봐요." 다행히, 방문객도 내게 맞장구쳤느냐고 물은 사람은 아무도 없었다. 한배 새끼들 중 제일 꼬맹이인 우리 여우는 날 때부터 벙어리였기 때문이다. 그의 입에서 나오는 소리는 죽어가는 오리의 마지막 숨소리처럼 어렴풋한 꽈아뿐이었다.

휴양지를 겸한 우리의 현장 캠퍼스에는 반짝반짝 광이 나는 통나무집이 둘씩 반원형으로 늘어섰는데, 두 집마다 갓 깎은 잔디밭으로 둘러싸여 있었다. 넓고 높은 천장에 사방으로 창문이 난 건물은 강당 겸 식당이었다. 잔디밭과 강을 가르는 자갈밭 강기슭에서는 붉은차돌색 줄기의 코요테버드나무가 실바람에 살랑거

• calico, 가로로 짠 올이 촘촘하고 색깔이 흰 무명베.

렸다. 강당 바깥에는 기다란 나무 데크가 깔려 있었고 실내에는 소나무 원목 가구, 야생동물 무늬 소파, 텔레비전 수상기, 그리고 자연사 지식을 늘리고 싶어하는 서른두 명의 수강생이 있었다.

저녁을 먹은 뒤 슬라이드를 보여주면서 숙소에서 볼 수 있는 세 종의 동물인 영양붙이, 로키산맥말코손바닥사슴, 아메리카들소를 시작으로 야생동물에 대해 이야기했다. 첫 번째 이야기에서는 하렘의 영양붙이들이 다닥다닥 붙은 채 한가롭게 풀을 뜯다가 한 마리가 자유를 찾아 번개처럼 빠르게 달아난다. 우두머리 수컷이 탈주자를 쫓아가 붙잡아서는 하렘으로 다시 데려온다. 거의 동시에 두 번째 암컷이 뒤쪽으로 내달린다. 수컷은 첫 번째와 마찬가지로 대응한다. 두 번째 도망자가 다시 풀을 뜯기 시작할 때 세 번째 암컷이 도망친다. 나는 수컷이 숨을 헐떡거리며 카메라를 쳐다보는 슬라이드를 보여주었다. 그의 표정을 "화가 머리끝까지 났네요"라고 설명하자 숨죽인 웃음소리가 터져나왔다. 곧장 말코손바닥사슴 이야기로 넘어갔다.

암컷 말코손바닥사슴 무리가 고개를 쳐들고 궁둥이를 맞댄 채 앉아 있다. 언덕 위쪽에서 촬영해서 마차의 바퀴살처럼 보인다. 눈이 높이 쌓인 다른 언덕에서 수컷 말코손바닥사슴 두 마리가 꼬리를 맞댄 채 앉아 고개를 두리번거리며 늑대가 들끓는 이 지역을 360도로 감시한다. 다음 슬라이드에서는 늑대 발자국이 피투성이 수컷 사체를 둘러싸고 있다. "수컷은 암컷에 비해 늑대에게 죽을 가능성이 커요. 실은 늑대가 근처에 없어도 암컷만큼 오래 살진 못해요. 왜 그럴까요?" 수강생들이 술렁거렸다. 내가 고개를 저으며 말했다. "아니에요. '그' 농담은 꺼내지도 말아요. 지금까지 수없이 들었다고요. 왜 남편이 아내보다 먼저 죽을까요?" 잠시 뜸을 들였다가 진부한 재담으로 허를 찔렀다. "그러고 싶으니까요." 암컷이 수컷보다 오래 사는 건 포유류이기 때문이라고 말했다. 포유류는 새끼를 기르는 책임을 맡은 쪽이 오래 산다. 나는 앞의 두 수컷으로 돌아갔다. 다음 슬라이드에서는 둘 중 하나가 책임을 게을리한다. 늑대를 망보지 않고 눈밭에 머리를 댄 채 잠들었다. "수컷은 활동량이 많아요. 안정된 삶을 좋아하도록 진화하지 못했으니까요." 수강생들이 나의 해석에 웃음을 터뜨리는 건 내가 사람에 대해 이야기한다고 생각했기 때문이다. 내일은 오토바이 운전자가 헬멧도 쓰지 않은 채 중앙선을 넘고, 사각지대가 있는 커브에서 SUV를 추월하고, 90미터 절벽의 가장자리를 따라 달리는 장면을 볼 것이다. 단체로 헉 하고 놀라는 소리에 이어 "안정된 삶을 좋아하도록 진화하지 못했군"이라는 합창이 울려퍼질 것이다.

마지막으로, 인근 야생동물 시리즈를 마무리하는 아메리카들소 이야기는 작은 무리가 얇게 얼어붙은 연못 주위를 거니는 장면에서 시작된다. 어른 암컷 하나가 얼음이 꺼지는 바람에 차가운 물속에 가라앉는다. 그녀가 몸을 띄워 자신이 빠진 지점까지

개헤엄쳐서는 눈 쌓인 구멍 가장자리에 앞다리를 올리고 검은 비단구렁이처럼 등뼈를 뒤틀며 몸을 끌어올리려 안간힘을 쓴다. 거의 다 올라왔다. 그 순간 숨을 훅 내쉬며 도로 미끄러진다. 또 다른 어른 암컷이 미끄러운 구멍 가장자리에서 망을 보고 있는데, 얼음물에 빠진 암컷이 가라앉을 때까지 세 시간을 물끄러미 바라본다. 나는 수강생들에게 망꾼 암컷이 신의를 지킨 건지 멍청한 건지 물었다.

내가 강의하는 동안 수강생들은 꼼지락거리며 낙서하고, 내가 레이저 포인터를 쏘는 동안 몸을 숙여 귓속말을 하고, 내가 말을 멈추면 기침하고 재채기를 한다. 그럴 때마다 나는 질문을 던지고 열다섯까지 센다. 이렇게 이따금씩 강연할 때를 제외하면 나는 평생 독백만 하거나 아무 말도 하지 않았다.

대중 강연은 물론이고 대화 자체가 불편했기에 강당을 메운 지방방송에는 귀를 막았다. 대신 내가 천천히 그리고 꾸준히, 간간이 질문을 섞어가며 들려주는 이야기와 주위에서 들려오는 빠르고 느닷없는 답변의 내재율에 귀를 기울였다. 망꾼 아메리카들소에 대한 질문에는 아무도 답하지 않았지만, 〔우리 여우를 떠오르게 하는〕 보름 같은 낱말을 쓰지 말자는 결심을 잊지 않았으니 이번 강연은 어쨌거나 성공이라고 자평했다.

나중에 집에 돌아갔을 때 여우에게 말했다. "나는 아카펠라 가수야. 그런데 재즈 밴드에 붙들려 있었단다."

수업이 끝나고 수강생 하나가 나를 숙소까지 바래다주다가 내게 애완동물을 키우느냐고 물었다.

어릴 적 우리 집엔 애완동물이 없었다. 대학을 졸업한 뒤론 주거가 일정하지 않았으며 지금 같은 일거리 때문에 달마다 외박하는 날이 많았다. 여우와 시간을 보내는 지금은 동물을 소유한다는 것은 생각할 수조차 없었다.

"애완동물 없어요"라고 말하고서 고개를 절레절레 흔들다 문득 수강생이 나를 이상한 사람으로 여기고 있으며 뭔가 해명이 필요하다는 것을 깨달았다. 숙소 문 앞에서 걸음을 멈추고 한마디 덧붙였다. "지금은 없어요."

"애완동물을 안 키우신다니 뜻밖이에요."

빽빽한 자물쇠와 씨름하느라 수강생과 눈을 마주칠 수 없었다. "정말이요? 뜻밖이라고요?"

그녀가 자신의 숙소를 향해 어둠 속으로 돌아서며 말했다. "동물 슬라이드 중 몇 장에서…… 그 꼬마 친구를 '폭시Foxie'라고 부르실 줄 알았어요."

폭시라고? 마치 애완동물처럼? 여우와 사귀는 것이 테리어에게 체크무늬 천을 두르거나 앵무새에게 크래커 구걸하기를 가르치는 것과 매한가지인 것처럼?

수업하는 동안 나는 여우 슬라이드를 다룰 때 마치 어딘가를 지나가는 평범한 야생동물을 묘사하는 것처럼 다뤘다. 내가 그와 관계를 맺었다는 기색은 전혀 내비치지 않았는데 그녀가 어떻게 알았을까? 두 시간짜리 슬라이드 자료를 내리 보면서 전체 동물을 통틀어 나머지와 다른 단 한 동물을 어떻게 알아봤을까? 우리 여우의 슬라이드는 두 장뿐이었으며 앵글과 거리 또한 화면 위의 다른 동물들과 전혀 다르지 않았다. 하지만 나머지 동물과 달리 우리 여우는 내가 늑대, 여우, 코요테의 차이를 설명할 때 화면을 장식하는 모델 노릇을 했다. 슬라이드에서 우리 여우는 다빈치 그림의 유명한 여인처럼 어딘지 수수께끼 같은 표정을 지었다. 내가 장난꾸러기 야생동물을 보고 있을 때 수강생들은 다소곳한 야생동물을 보았을 것이다. 유명 모델(모나리자)이 그랬던 것처럼 우리 여우는 산, 언덕, 강을 배경 삼아 정면을 4분의 3 각도로 바라보는 포즈를 취하고 있었다. 하지만 이제 보니 내가 찍은 그의 사진들은 조금도 신비롭지 않았다. 야생동물이나 모나리자로서가 아니라 애완동물로서 불려나왔으니 말이다.

나는 그것이 단지 내가 레오나르도 다빈치가 아니기 때문이라며 스스로를 위로했다.

아침 식사 시간에 제나와 나는 근황을 공유하고 오늘의 동선을 점검했다. 하이킹 거리, 버스 시간표, 비 소식, 그리고 정상적인 사람이 하루 종일 여우와 대화할 것인가에 대해 의견을 나눴다. 하지만 그녀에게 우리 여우에 대해선 말하지 않았다. 그때, 시리얼을 다 먹지도 않았는데, 우리를 옐로스톤공원에 데려다줄 버스가 도착했다.

제나가 아이스박스 속 샌드위치 봉지에 수강생들 이름을 적으며 말했다. "여우와 대화하는 건 정상인이 할 법한 일이 아니에요." 나는 정상인을 흉내 내고 싶어서 안달하는 사람은 아니었지만 그들이 무슨 생각을 하는지 궁금하긴 했다.

버스에서 제나에게 여우에 대해, 그가 나오는 슬라이드에 대해, '폭시' 발언에 대해 은근슬쩍 이야기했다. 그녀는 나와 우리 여우의 관계를 수강생들에게 밝히라고 권했다. 끔찍한 아이디어였다. 내가 말했다. "딴 사람은 아무도 몰랐을 거예요. 그 수강생만 육감이 있었나봐요."

"그렇지 않아요."

나는 성인이라면—적어도 훈련받은 과학자라면—누구든 야생 여우를 인격체로 대하지 않는다는 사실을 이해할 만큼의 사회적 지능은 가지고 있었다. 『어린 왕자』의 저자, 그의 보아뱀 그림, 그리고 세상에는 사람들이 결코 이해하지 못하는 것이 존재한다는 그의 결론을 제나에게 상기시켰다. 이를테면 나와 야생 여우의 관계 같은 것.

"하지만 이건 당신의 일이잖아요. 사람들에게 이야기하는 것, 설명하는 것 말이에요."

"생텍쥐페리는 도저히 이해하지 못할 사람들에게 설명하는 일이 고역이라고 말했어요. 그래서 사람들을 그냥 무시했죠."

"그렇게 살면 외로울 거란 생각 안 들어요?"

"그는 외롭지 않았어요. 그에게는 어린—."

그녀가 말을 끊었다. "당신이 무슨 생각 하는지 알아요. 하지만 당신은요? 환상의 친구들은 이미 충분하지 않나요?"

그날 저녁 숙소에 돌아와 텔레비전 수상기 쪽으로 놓여 있던 대형 팔걸이의자를 미닫이 유리문 앞으로 돌려놓았다. 여우와의 관계를 비밀에 부칠 수 없으리라는 것은 진작에 알고 있었다. 내성적인 사람이 감당할 수 없는 것이 하나 있다면 그것은 바로 비밀이다. 당신이 아무것도 숨기지 않는다는 것을 알 때만 사람들은 당신을 혼자 내버려둘 것이다. 나는 여우와의 관계를 해명할 방법이 전혀 없다는 것도 알고 있었다.

나는 공책과 굵직한 7달러짜리 볼펜을 집어들고 의자에 앉아 다리를 달랑거리며 우리의 관계를 어떻게 설명해야 할지 스스로에게 물었다. 시작에서 출발하는 거야. 나는 우리 여우와 내가 처음으로 '서로의 길을 가로지르는 두 떠돌이 짐승' 이상의 존재가 되었을 때를 생각해내려고 애썼다. "4월"이라고 쓰고 나서 우리 사이에 '유레카!'의 순간이 전혀 없었음을 깨달았다. 느낌표 같은 건 하나도 없었다. 어쩌면 관계가 하도 순조롭게 발전했기에 만사가 올바로 진행된다는 걸 한 번도 의심하지 않았거나, 하도 순식간에 발전했기에 줄곧 얼떨떨했는지도 모르겠다. "4월"에 선을 그어 지우고 "3월"이라고 썼다. 눈을 감고 강물소리에 귀 기울이고 옆 숙소의 텔레비전 소리와 그곳에 묵는 부부 수강생의 말소리를 들었다. "3월"에 선을 그어 지웠다. 텔레비전이나 배우자와 함께 지낸 적이 한 번도 없었기에, 누구도 우리 여우를 모자로 착각하지 않을 만큼 명확하게 그를 묘사하려면 어떻게 해야 할지 막막했다.

작은갈색박쥐

현장 수업 이튿날 헤어드라이어처럼 뜨거운 바람이 불어닥쳤다. 그날 저녁 큰 강의 쿰쿰한 습기에 이끌려 데크로 나갔는데, 미오티스 루키푸구스*Myotis lucifugus*—작은갈색박쥐—때문에 미닫이문 옆에 서 있을 수가 없었다. 박쥐에게 얻어맞고 싶은 사람은 아무도 없으니까.

루키푸구스는 악마 루시퍼에서 짐작할 수 있듯 "낮의 빛을 피하다"라는 뜻이다. 동굴에 주로 사는 이 '작은 악마'는 높고 어두운 통나무집에 몰래 들어와 천장 들보 사이로 핑핑 날아다니는 것도 좋아했다. 그들이 강당에 침입하면 나는 테리클로스• 타월

• terry cloth, 고리 모양의 파일이 있는 면직물.

을 두툼한 채찍처럼 휘둘렀다. 하지만 머리 근처의 박쥐를 쫓아내는 것은 쉬운 일이 아니다. 그들은 빙의된 존재였다. 저 데크 박쥐들은 동굴 짐승의 혼령에 씐 것이 분명했다. 내가 한 번도 유령을 본 적이 없고 몇 년째 동굴에 들어간 적도 없긴 하지만 비합리성이야말로 유령의 보증서이니까.

실내로 돌아가 카우보이풍 의자에 모로 앉아 7달러짜리 볼펜의 뭉툭한 끝으로 공책을 두드렸다. 좋은 볼펜은 공짜였고 더 좋은 볼펜도 값쌌다. 나는 집이 있었으므로 값싼 볼펜과 공짜 볼펜 수십 자루를 수집하여 보관할 수 있었다. 하지만 모든 소유물을 차에 실을 수 있어야 한다는 생각을 떨칠 수 없었다. 그래서 좋은 파이롯트 볼펜 한 자루만 가지고 다녔다. 공책은 줄을 그은 낱말 몇 개를 빼면 백지였지만, 나는 하얀 종이를 쳐다보고 있지 않았다. 수위가 높아진 강물이 버드나무를 휩쓸며 정원 앞으로 흐르고 있었다.

여우와의 관계가 어떻게 시작되었으며 우리가 왜 매일 오후 4시 15분에 접선했는지 생각해내야 했다. 어쨌거나 우리가 만난 것은 묘하고 어색한 상황에서였다. 여우는 사람을 피하는 습성이 있고 자유로운 영혼은 스케줄을 피하는 성향이 있으며, 머리가 빈 사람이 아니고서는 누구도 야생동물을 인간처럼 대하려 들지 않으니까.

여우와 내가 매일 만난 것이 논리적이고 필연적인 경로를 따랐기 때문이라고 믿고 싶었다. 그 경로를 표현할 수 있겠다는 판단이 서자 공책 아래쪽에 작대기로 두 형상을 그렸다. 왼쪽 형상은 야구 모자를 썼고 오른쪽 형상은 귀가 뾰족했다. 각각의 형상에서 페이지 가운데로 선을 길게 그었다. 두 선은 하나의 선으로 만나 페이지 위쪽으로 올라갔다. 선 옆에 넘을 수 없는 산을 상징하는 이등변 삼각형을 겹쳐 그린 다음, 여우와 내가 영락없이 만날 수밖에 없는 유일한 좁은 통로만 남겼다. 선 주위의 별들은 핵심 사건들을 나타냈다. 여정마다 핵심 사건이 있었다. 내가 해야 할 일은 그 사건들이 무엇인지 알아내어 이름을 붙이는 것이었다.

그러고 나면 이 지도를 수업에 가져가서 나와 여우의 관계가 자연스러운 진행 과정을 따랐고 우리 사이에서 일어난 어떤 일도 불변의 과학 법칙을 왜곡하지 않았음을 모두에게 보여줄 수 있을 터였다. 다음과 같이 말할 생각이었다. "이렇게 된 것이랍니다. 사건이 꼬리에 꼬리를 물고 일어났어요." 나는 산으로 둘러싸인 선과 별들을 손가락으로 짚으며, 모두가 "와, 그렇네요. 그런 식으로 볼 수 있겠군요"라고 대답하고 어깨를 으쓱한 뒤 자신들이라도 여우와 친구가 되었을 거라며 고개를 끄덕이길 기다릴 것이다.

나는 생물학 박사 학위를 받기 전에 레인저(공원 관리자)로 일했다. 실은 학사 과정을 마칠 때까지도 카우보이의 스텟슨 모자를 머리에 눌러쓰고 솔방울 무늬가 새겨진 카우보이풍 허리띠를 맨 채였다. 대학에서는 식물학과 동물학을 공부했다. 워싱턴 레이니어산 국립공원에 근무할 때는 오지를 순찰했다. 순찰 코스 중에 스리레이크스Three Lakes라는 지역이 있었는데, 나무와 왁스의 냄새가 감도는 그곳의 작은 숙소에서 지냈다. 스리레이크스 순찰대 숙소와 별채는 나의 파란지붕 오두막보다 몇십 센티미터 좁았는데 세 호수 중 가장 큰 퍼스트호 위쪽의 둔덕에 자리 잡았다. 우람한 덩굴투성이 늘푸른나무들이 호수를 에워싸 햇빛이 거의 들지 않았다. 나는 한 번도 그 호수를 퍼스트호라고 부르지 않았다. 세 호수를 일시적 초원에 의해 잠시 분리된 하나의 수역으로 여겨 내가 어느 호안에 서 있든 그곳 전부를 뭉뚱그려 스리레이크스로 불렀다.

가장 가까운 도로에서 10킬로미터를 걸어 스리레이크스까지 올라오는 산행객은 많지 않았다. 야영을 해야 하는 퍼시픽크레스트트레일 탐방로를 이용하는 사람은 더더욱 적었다. 나는 매일 아침 숙소 창문 높이의 취침용 데크에서 일어나 제복을 꿰입었다. 배지는 셔츠에 하나, 재킷에 또 하나 달려 있었다. .357 권총• 을 어깨띠 권총집에 꽂고서 한 손에는 커피를, 다른 손에는 정부 발행 일지를 들고 호수까지 걸어갔다. 일지의 녹색 천 표지에는 굵은 검은색 필기체로 허먼 멜빌의 소설 『모비딕』의 화자 이슈메

• 38구경 권총보다 화력이 강한 매그넘 탄환을 사용하는 경찰용 및 호신용 권총.

일의 명언을 적어두었다. "명상과 물은 영원히 결합되어 있다."

1800년대 '맨해토'(맨해튼)에서 일자리를 구하던 무일푼 뱃사람 이슈메일에게 명상의 의미는 20세기 스리레이크스 오두막에서 내가 하던 행위의 의미와 똑같았다. 그것은 '궁리'를 뜻했다. (학문적이든 형식적이든 종교적이든) '명상'에 다른 의미가 있었더라도 그런 의미는 이슈메일도 몰랐고 나도 몰랐다. 전반적으로 보자면 우리 둘의 팔자와 운명은 그리 다르지 않았다. 둘 다 야생동물과 야생의 바다를 곁에 두는 방법을 찾아냈다. 멜빌은 이슈메일을 슈라이너피크트레일에 떨어뜨려, 그가 나와 함께 능선을 따라 산불 감시탑까지 13킬로미터를 오르게 할 수도 있었다. 우리는 야생동물을 조사하고 눈더미에 PVC 파이프를 박은 뒤 제리캔 석유통에 눈 녹은 물을 채워 화재 감시탑으로 끌고 간다. 저녁이 되면 감시탑의 발코니 난간대에 선 채 우리를 가르는 1600킬로미터의 거리와 150년의 세월에 아랑곳없이 레이니어산의 멋진 풍광에 감탄한다. 똑같은 생각이 우리의 머릿속을 스쳐 지나간다. 13킬로미터의 산행. 북서부에서 이보다 멋진 풍경을 이보다 적은 수고로 감상할 수 있는 곳은 어디에도 없다.

야간 화재 감시를 마치면 래핑워터크리크 개울을 따라 노숙림老熟林을 통과하여 말썽꾼들이 은젓나무의 얇은 잿빛 껍질에 새긴 낙서를 레더맨 연장과 상처 도포제로 지운다. 래핑워터크리크는 스리레이크스 유역 둘레로 공원 경계를 따라 흐르기에 경계 표지판도 점검해야 한다. 우리 중 한 명은 초록색 글자가 양각된 흰색 금속 표지판 앞에서 번번이 멈춰 장도리 노루발에 쌍두못을 끼우고는, 표지판이 경계수境界樹 껍질 속으로 파고들지 않을 만큼만 뽑아낸다. 작업량은 신경 쓰지 않는다. 이곳은 문명으로부터 동떨어지고 불안으로부터 자유로운 야외이니까. 1800년 '맨해토'의 무일푼 뱃사람이 불안감을 해소한 방법은 "거리로 뛰쳐나가 사람들의 모자를 보는 족족 후려쳐 날려 보내"는 것이었다. 20세기 오지 레인저가 불안감을 해소하는 방법은 수은이 되는 것이었다. 실온에서는 증발하여 보이지 않고 냄새도 나지 않고 존재감이 완전히 사라지는 금속 말이다. 숲으로 사라지면 불안을 유발하는 질문들로부터 벗어날 수 있었다. 부모님은 어디 계시나요? 왜 혼자 살죠? 돌봐주는 사람이 아무도 없어요?

이슈메일은 바깥공기와 육체노동의 필요성을 느끼자 교사라는 버젓한 직업을 그만두고 고래잡이 선원이 된다. 고래를 죽인다는 것만 빼면 완벽한 직업이다. 작살잡이를 위해 고래를 찾는 임무를 이슈메일은 "등한시"한다. 돛대 꼭대기에 올라가서는 고래를 지켜보는 게 아니라 명상하고 삶에 필요한 철학들을 궁리한다. 망보는 동안 한 번도 "고래다!" 하고 외치지 않는다. 나라도 그랬을 것이다. 내가 돛대 꼭대기에 서야 했다면 눈을 감고 미러 선글라스를 쓰고 "고래를 구해주세요" 티셔츠를 입었을 것이다. 당신처럼. 또는 당신이 아는 누군가처럼. 아니면 당신이 알았던 누군가처럼.

그것도 아니면 예전의 당신이었던 사람처럼.

이슈메일은 이렇게 쓴다. "요즘 포경업계는 낭만적이고 우울하며 속으로는 차라리 고래가 보이지 않기를 바라〔고〕 (…) 시도 때도 없이 명상에 잠기기 일쑤〔인〕 (…) 넋 나간 젊은이들, 이마가 좁고 눈이 움푹 들어간 젊은 플라톤주의자〔들〕(…)의 피난처가 되고 있〔다〕. (…) 아편에 도취된 듯한 공허하고 무의식적인 몽상의 나른함에 빠져들〔어〕 (…) 자신의 정체성을 잃고, 발밑의 신비로운 바다를 인간과 자연 속에 충만한 그 끝없이 깊고 짙푸른 영혼〔으로〕 오해한다. (…) 이렇게 매혹된 기분으로 〔그의〕 영혼은 썰물처럼 왔던 곳으로 돌아가, 시간과 공간을 초월하여 널리 퍼진다."

그렇다. 이따금 나는 독서를 멈추고 이슈메일에게 "사람이 떨어졌다"라고 외쳐야 했다. 스리레이크스에서 나는 궁리할 때 발을 단단히 디뎌야 한다는 것을 배웠다. 안 그랬다가는 스리레이크스의 호안에 앉아 말코손바닥사슴 밀렵꾼의 고무창 부츠가 저벅거리는 소리에 귀를 쫑긋 세우다가, 다음 순간 어떤 경고도 없이 "무의식적인 몽상"을 네 번째 호수에서 하는 수가 있으니까.

이슈메일과 마찬가지로 나도 노스캐스케이즈, 레이니어산, 보이어저스, 글레이셔 국립공원 같은 야생의 아름다운 장소에서 일하며 불안과 권태를 다스렸다. 하지만 현실이 예금계좌와 건강보험 같은 미끼를 내밀자 덥석 물었다. 그럼에도 후회와 추억으로 가득한 나의 머리는 떠나면서도 자꾸 뒤를 돌아보았다. 부츠 밑에서 울렁거리던 깊고 부드러운 이끼 위에는 두꺼비 눈알만 한 레드베리들이 널브러져 있었고, 얼어붙다시피 한 청록색 연못에 뛰어들었을 때는 손가락부터 발가락까지 모세혈관이 죄어드는 것 같았으며, 허벅지 높이의 숙근루피너스 들판 아래로 연못들이 송송한 초원은 어찌나 아름답던지 나는 숨을 멈추고 이렇게 속삭였다. "숨이 멎을 것 같다는 게 이런 거구나."

내가 이 장면들을 기억해야 했던 것은 사진이 없기 때문이다. 나는 마음을 가라앉히거나 근심을 떨쳐버릴 부적으로 이 기억들을 간직했다. 이 이미지들은 오랫동안 내 머릿속을 어슬렁거렸으며 시간이 지나면서 변신하고 합체하여 키메라•가 되었다. 글레이셔 국립공원 탐방로의 이미지가 노스캐스케이즈의 기억과 뒤섞이기도 한다. 마음의 눈으로 보면, 나는 개울이 흐르는 산지 초원에서 내가 아끼는 빨간색과 진남색의 (여성을 위해 디자인된 최초의 배낭 중 하나인) 일체형 프레임 노스페이스 모레인 배낭에 기댄 채 사슴 냄새를 맡고 호박벌 소리에 귀 기울이고, 여우 발만 한 잔나비날 꽃이 아고산대亞高山帶의 굴곡진 고사목 위에서 하늘거리는 광경을 지켜보고 있다. 나는 여러 종류의 텐트와 비박용 침

• chimera, 사자의 머리, 양(혹은 염소)의 몸통, 뱀의 꼬리를 한 그리스 신화 속 짐승.

낭을 이용했지만 빨간색과 진남색의 모레인 배낭은 항상 가지고 다녔다.

막막해 보이는 어마어마한 문제가 닥치면 그 키메라들 중 하나를 불러내어 마음의 눈으로 바라보았다. 운이 좋으면 근심을 몰아내어 생긴 빈자리를 창의적이고 현실적이고 교훈적인 새 아이디어로 채울 수 있었다. 대개는 그렇게 운이 좋진 못했지만, 이 아름다운 이미지들을 끄집어내는 습관 덕에 그것들을 잃지 않을 수 있었다. 나는 돈이 없어서 스트레스를 받았으며 건강 문제도 겪었다. 건강보험도 없는데 사랑니가 썩고 양성 종양이 생겼다. 하지만 내가 충분히 오래 산다면 의료 혜택을 받지 못해 입은 손해보다 나의 삶터이자 일터이던 오지의 이미지들로 인한 유익이 더 클 거라 생각했다.

도시의 대학원에 다닐 때는 모든 생명체가 끈이나 목줄에 매여 있거나 우리에 갇혀 있는 것 같았다. 나도 그런 것 같았다. 소진되고 답답한 심정이었다. 틀에 박히지 않은 생각을 할 시간은 전혀 낼 수 없었다. 궁리할 기회는 줄어들다가 결국 사라졌다. 황무지가 아니라 인공적 환경이 나를 에워쌌다. 아스팔트와 엘리베이터와 가짜 연못 사이사이로 잘 손질된 잔디밭에서는 달아난 사육장 오리들이 캐러멜 팝콘을 먹었다. 군중의 역한 날숨 냄새, 전기장치의 웅웅거리는 소리, 자주색의 형광등 불빛이 강의실을 꽉 채웠다. 손도 닿지 않고 시선도 닿지 않는 교실 창문은 학생들이 한눈팔거나 창문으로 뛰어내리지 못하도록 높은 천장 바로 아래에 늘어서 있었다.

대학을 떠나 황무지로 돌아왔다가 학계로 돌아갔다가 다시 황무지로 돌아온 지 6년이 지난 지금, 나는 야생의 존재를 만났다. 그것은 여우였다. 여우는 매혹적이고 거의 마법적이었다. 하지만 시기가 좋지 않았다. 요즘 들어 이 고립된 계곡이 과연 내가 있을 곳인지 의문이 들기 시작했다. 학교가 내게 준 것은 월급봉투와 건강보험만이 아니었다. 사람들과의 교제도 있었다. 오래전 나는 부모가 나를 원하지 않으면 누구도 원하지 않으리라는 타당하고 논리적인 결론에 도달했다. 그래서 고독한 삶을 살았다. 그러다 두 번째 여름 현장 수업을 진행하는 지금, 끈기 있게 너무 요란하지 않게 두드리면 사회적 수용이라는 문이 불쑥 열릴지도 모른다는 생각이 스멀스멀 들기 시작했다. 하지만 그러려면 우리 여우와 산을 떠나야 했다.

작은갈색박쥐를 피해 달아난 나방들이 정원 쪽 방충망의 찢어진 틈새를 비집고 숙소에 들어왔다. 숙소 주인의 반질반질한 새 소파를 보호하려고 유리문을 닫았다. 리버캐빈스 수강생들은 이미 잠들었을 것 같았다. 벅찬 일정에 치여 인내심이 바닥난 채, 여우를 찾으며 보낸 오후들을 생각했다. 그런 날엔 기다리고 바라보고 생각하는 것 말고는 할 일이 없었다.

우리가 우정을 향해 내디딘 첫걸음이 떠올랐다.

"여기서 출발해"라고 지도가 명령했다. 나는 볼펜을 집었다. 새 파란 별 옆에 "밭쥐숲"이라고 썼다.

밭쥐숲

수업 이튿날 저녁에 식사를 마치고 나서 지도를 계속 채웠다. 수강생들이 마지막 날에도 우리 여우에게 관심을 보이고 질문을 던질 것에 대비해 아귀가 맞는 이야기를 준비해야겠다는 생각이 들었다.

우리 여우가 처음으로 나의 길을 가로지른 것은 지난 10월 '밭쥐 대란' 때였다. 이것은 내가 계획하고 조율하고 지휘한 행사였으며 이따금 호기심 많은 여우가 청중으로 참여하기도 했다. 몇 달 뒤 대란이 대단원의 막을 내릴 때는 호기심 많은 여우가 지휘하고 밭쥐들과 나는 구덩이에서 연주했다.

그때 나는 옐로스톤 국립공원에 있는 몬태나웨스턴 대학교에서 현장 수업을 진행하면서 여름을 보냈다. 수강생들이 공부한 주제는 야생동물과 야생화였지만 내가 탐구한 주제는 호모 사피엔스였다. 석 달간 호모 사피엔스들은 모든 낮과 대부분의 밤에 나를 에워쌌다. 나는 눈알이 튀어나온 채 물속을 돌아다니는 귀여운 관상어 툭눈이금붕어처럼 세상을 관찰했다. 여자들은 모두 크롭 팬츠를 입고 있었기에 나도 초록색 청바지를 무릎에서 자르고 주황색과 황금색 리본 커프스를 박음질했다. 터무니없는 발상이었다. 하지만 인기 강사 중 한 명인 퍼트리샤가 나의 수제 크롭을 칭찬했기에 매일같이 입고 다녔다.

숱한 히죽거림을 겪다가 마침내 퍼트리샤의 칭찬이 실은 단순한 언급이었음을 깨달았을 때는 여름이 다 지나간 뒤였다. 나는 관찰에 전념했다. 집에 가는 길에 웨스트옐로스톤에 들러 퍼트리샤가 입었던 것과 같은 갈색 카고 크롭을 샀다.

(이듬해 여름 내가 갈색 카고 크롭을 입었을 때 퍼트리샤는 자기 것을 입지 않았다. 칭찬을 기다리다 지쳐 그녀에게 물었다. "당신에게도 똑같은 바지 있는 거 알아요?" 내가 그녀의 시선을 해석하려고 애쓰고 있는데, 그녀가 말했다. "아니요, 하나도 안 비슷해요.")

내키는 대로 입을 수 있는 시골집에 돌아왔을 때 비로소 안도감이 들었다. 당신도 예상했겠지만 나와 함께 지내는 사람은 아무도 없었으니까. 어쨌거나 가죽이나 털을 가진 존재는 하나도 없었다.* 검은과부거미 한 마리를 특별히 알고 지내긴 했다. '동거인'이라고 부를 생각은 없었지만 그녀는 지금껏 1년이 넘도록 듬직한 거주자가 되어주었다. 그녀는 창문이 없고 캄캄한 차고에서 다른 여덟 과부와 함께 살았다. 그들은 추위에 익숙하지 않았기에, 울부짖는 바람이 차고 문 틈새로 새어들면 문지방 위쪽 가장자리에 부풀어오른 거미줄을 거두고는 안전한 안쪽으로 올라가 조명 스위치, 자동차 문, 벽에 걸린 연장 같은 불편한 장소에 비집고 들어갔다. 나의 대학 교재에는 "과부거미에게 물렸을 때 치명적인 경우는 거의 없다"라고 나와 있었다. 하지만 일시적 실명을 일으킬 수 있는데, 혼자 사는 사람에게는 걱정할 만한 문제였다. 그래서 차고에 들어갈 때면 그들을 후려쳐야 할 경우를 대비해 낡은 스니커즈 한 짝을 가져갔다. 지금은 한 마리만 남았다. 그녀는 바람을 싫어하는 동무 과부 자매들과 달리 차고 앞에 거미줄을 쳤기 때문에 내게 위협이 되지 않았다.

여름 수업을 마치고 집에 돌아와보니 가지런한 거미줄은 어디 가고 그녀는 구름처럼 얼기설기 자아놓은 실 아래 거꾸로 매달려 있었다. 집은 어수선했지만 내가 없는 동안 잘 먹고 잘 산 것 같았다. 꽈리처럼 늘어진 거미줄 아래로 8센티미터 길이의 메뚜기 외골격이 달랑거리고 있었다. 비록 아름답긴 했지만, 과부거미는 썩 활동적인 동거인은 아니었다. 이따금 밤중에 그녀가 무엇을 하는지 보려고 차고에 찾아갔다. 대개는 아무것도 안 하고 있

• '가죽이나 털이 없다 no hide or hair'는 '흔적도 없다'라는 뜻을 나타내는 관용어로 쓰인다.

었다. 어느 날 밤 나방이 거미줄에 걸렸다. 그녀는 옻칠한 듯 새까만 긴 다리로 나방을 붙잡고는 독니를 찔러넣어 독액을 주입했다. 나방의 파닥거림이 잦아들었다. 나방이 용해되자 그녀는 곤죽을 빨아먹었으며 결국 날개와 텅 빈 몸통만 남겼다. 거미줄에 둘러싸인 몸통이 빙글빙글 도는 동안 우리 둘 다 한 발 물러나 그녀의 쪼글쪼글한 새 꽈리를 감상했다.

집에서의 첫날 아침, 3년 된 철제 지붕에서 까치가 쿵쿵거리는, 거의 잊고 있던 소리에 잠에서 깼다. 어제까지만 해도 나는 말쑥하게 단장된 숙소에 있었고 그곳에서는 예의 바른 새들이 노래를 하거나 화려한 깃털을 뽐내면서 알랑거렸으니까. 우리 동네를 주름잡는 조류는 맹금, 즉 붉은꼬리말똥가리, 털발말똥가리, 쿠퍼매와 매, 황조롱이, 흰머리수리, 물수리, 도래까마귀, 때까치, 까치, 검독수리 같은 육식조였는데, 스스로 먹이를 찾고 제 몸을 지킬 능력이 있었기에 좀처럼 인간의 관심을 필요로 하거나 원하거나 개의치 않았다. 지붕에서 쿵쿵거린 것은 까치와 검독수리였다. 검독수리에 대해 내가 아는 것은 그것이 전부였다. 내가 오두막을 지었을 때 그들은 절벽에 둥지를 짓고 있었다. 그들에 대해 알고 싶어서 바위 언덕을 오르내리며 따라다녔지만, 끊어진 쌍안경 끈을 끊임없이 고쳐 매고 무릎의 피를 숱하게 닦아내고서도 그들의 성별, 나이, 위계에 대해서는 아무것도 알아내지 못했다. 검독수리들은 나를 무시했다. 그것이 애초에 그들의 계획 아니었을까 하는 의심이 들었지만, 그들은 여전히 (내가 추측하기엔) 갓 잡은 동부솜꼬리큰토끼를 움켜쥐고서 특유의 쿵 소리를 내며 우리 집 지붕에 내려앉았다.

까치는 지붕에서 쿵쿵거릴 이유가 없었다. 그들의 생물학적 성질을 보건대 우리 집 지붕을 이용할 이유가 전혀 없었다. 위풍당당한 검독수리들은 나를 무시하는 것 같았지만, 까치들이 지붕을 두드리는 것은 나를 짜증 나게 하려는 수작이 틀림없었다. 어느 쪽이든 그 첫날 아침, 지붕 두드리는 소리에 부아가 나서 청바지와 플리스 풀오버를 꿰입고는 비틀비틀 아래층으로 내려갔다.

뜨겁게 달군 주물 프라이팬에 달걀흰자 네 개를 떨어뜨렸다. 노른자와 반 토막 껍데기는 파란색 멜라민 그릇에 담았다. 머클럭 방한화에서 거미를 떨어낸 뒤 그릇과 커피를 집어 '토닉'으로 향했다. 토닉은 도랑 건너편에 있는 4미터짜리 노간주나무의 이름이다. 동쪽 산들을 깊숙이 채운 햇빛을 정면으로 바라보자 눈이 부셨다. 얼굴을 잔뜩 찌푸린 채 터덜터덜 걸어가는데 허벅지 높이의 덤불이 길을 막았다.

석 달 전 강의를 위해 집을 떠났을 때만 해도 여기선 키 작은 풀들이 자라고 있었다. 푸른그라마풀과 김의털 사이사이로 인디언밥풀의 하늘거리는 잔가지들이 보였다. 작다라는 말은 단지 그들의 키를 묘사하는 게 아니었다. 키 작은 풀은 작음을 품고 있었으며 작음은 그들의 성격이었다. 방치하든 보살피든 키 작은 풀은 결코 내 허벅지 높이까지 자라지 못했다.

그런데 여우보리(긴까락보리풀)는 어디 갔을까? 길고 부들부들한 꼬리를 손으로 쓸면 얼마나 기분이 좋은데. 인디언밥풀은 어디 있지? 작은 강아지 머리를 쓰다듬듯 손끝으로 이삭을 훑었는데. 전부 사라졌다. 줄기가 굵은 외래종이 토닉에게 가는 길을 집어삼키고 앞쪽 초지를 한입 베어물었다. 나는 포위당했다. 식물에만 포위당한 것이 아니었다. 무성하게 우거진 가지에서 따끈한 커피가 뚝뚝 떨어지는데, 그 아래로 밭쥐 두 마리가 나의 푹신한 신발과 범퍼카 놀이를 하고 있었다.

아니, 두더지mole가 아니다. 두더지는 앞발은 레슬링 선수 같고 발톱은 상아색 갈퀴 같고 주둥이는 길고 맹숭맹숭하다. 이에 반해 밭쥐vole는 러셋감자처럼 생겼다. 꼭 그런 건 아니지만, 하긴 어떤 감자도 똑같이 생기진 않았으니까. 뚱뚱하고 눈이 단춧구멍 같고 꼬리도 귀도 없어 보이는 우리 초원의 밭쥐들은 감자와 감자가 닮은 것만큼이나 감자와 닮았다. 농장주들은 밭쥐를 '붉은 등'이라고 불렀는데, 가로세로 대칭인 밭쥐의 등은 도무지 등으로 보이지 않았다.

두더지는 평판이 나쁘지 않았다. 해충을 잡아먹었으니까. 반면에 밭쥐는 수선화, 튤립, 크로커스, 양파 같은 식물의 알뿌리에 사족을 못 썼다. 값비싼 나무의 껍질과 정성껏 보살핀 떨기나무의 뿌리를 갉아먹었고 설상가상으로 시궁쥐처럼 가래톳페스트를 옮겼다. 놈들은 질긴 소형 동물들로, 내가 아끼는 모든 야생지에 출몰했으며 영하 20도를 밑도는 혹한, 허리케인급 폭풍, 10퍼센트 미만의 상대 습도에도 멀쩡했다. 나는 밭쥐가 여느 설치류처럼 징글맞은 말썽꾸러기이긴 하지만 시궁쥐보단 훨씬 작다는 걸 위안으로 삼았다. 어쨌거나 내가 밭쥐에 대해 좋은 소리를 해줄 수 없는 것은 그들이 자초한 결과다.

몇 해 전 질병통제예방센터의 의뢰로 밭쥐 수백 마리를 포획하여 피를 뽑고 몸무게를 달고 암수를 감별하고 몸길이를 측정하는 작업을 했다. 나의 현장 파트너도 같은 일을 했지만, 그가 취급한 밭쥐 중 상당수가 겁에 질려 죽거나 할복을 감행한 데 반해 내가 맡은 밭쥐는 모두 살았다. 그런데 지금 이 작은 생물들이 나의 영토를 침범하고 있었다. 정원을 가꾸는 사람이라면 대부분 불법적으로 숨겨둔 인화아연 미끼를 가지러 달려갈 것이다. 하지만 나는 그러지 않았다. 그들의 창자를 치사량의 메탄가스로 채우는 것은 내 방식이 아니었다. 부끄러움도 모른 채, 나는 나를 참아주는 모든 동물에게 끌렸다.

나는 토닉 밑에 땅을 파고서 노른자가 담긴 달걀 껍데기를 집어넣었다. 그런 다음 발목 높이의 오푼티아속 선인장들 사이에 앉을 자리를 찾았다. 선인장들은 내가 돌아오길 기다렸다가 나의 죄 없는 엉덩이에 가시를 찔러넣었다. 토닉은 시끄러운 까치들의 주된 사교장이자 창고였다. 내 눈에 까치들은 두 마리 빼고는 전부 똑같아 보였다. 나는 분간할 수 있는 두 마리에게 임의의 성별과 적절한 이름을 부여했다. 둘은 지난 두어 해 동안 주로 한 둥지에서 지냈다. 테니스공은 배가 우람하고 둥글었으며 그녀의 배우자 찢긴꼬리는 수갑을 찬 것처럼 날개로 뒷짐을 졌다.

테니스공이 달걀 껍데기를 부리로 물고서 토닉 옆 노간주나무 '진'으로 내뺐다. 그녀는 가장 높은 가지에 앉아 달걀 껍데기를 맥주잔처럼 쳐들어 기울였다. 몰캉몰캉한 노른자를 꿀꺽꿀꺽 삼키고 나자 껍데기를 노간주나무 잎 사이로 떨어뜨리고 부리 양옆을 나뭇가지에 닦았다. 그러고는 날개를 벌리고 꼬리를 펴더니 노른자를 더 챙기려고 내려왔다. 테니스공이 내려오자 검은 단검 같은 부리로 땅을 찌르던 작은 까치 세 마리가 붕 떠올랐다. 마치 테니스공의 넓은 날개 아래에 형성된 더운 공기의 쿠션 위로 공중 부양을 하는 것 같았다. 작은 까치들은 붕 떠올랐다 내려앉은 뒤 다시 흙을 긁고 쪼기 시작했다. 그들은 테니스공이 달걀 껍데기를 가져가면서 흘린 노른자를 한 점도 놓치지 않으려고 진흙을 뒤적거려 파우더처럼 고운 흙의 성긴 둔덕을 만들고는 날아가버렸는데, 아마도 계곡 어딘가의 모이통을 약탈하러 갔을 것이다.

같은 달에, 나는 토닉 옆에 앉아 연한 동토쑥 사이에 손을 묻은 채 과잉행동 장애를 보이는 까치 네 마리가 노른자 방울을 결사적으로 뒤지면서 딱딱한 흙을 분쇄하는 광경을 지켜보았다. 4인조가 떠나자 (땅에서 먹이를 찾지만 종종 딱따구리로 오해받는) 한 쌍의 붉은깃좁은부리딱따구리가 흙이 성글어진 틈을 타 땅을 파헤치며 개미를 흡입했다.

테니스공이 침입자를 눈감아준 것은 독액을 뱉는 먹이 경쟁자 이엉개미를 붉은깃좁은부리딱따구리가 후루룩 들이켰기 때문이다. 크기가 밥알만 한 이엉개미는 대식가는 아니었지만 효율적 운반술을 동원하여 상당한 분량의 노른자를 까치에게서 훔쳤다.

자신들의 생태 틈새가 겹치는 것을 알아차린 땅 파헤치기 까치와 개미 빨아들이기 붉은깃좁은부리딱따구리가 손잡는 광경을 보자 존 뮤어의 말이 떠올랐다. "우리가 어떤 것 하나만을 골라내려 할 때, 그것이 우주의 다른 모든 것들과 얽혀 있음을 깨닫게 된다." 이런 금언들 덕에 뮤어는 20세기의 가장 유명한 환경 보호 운동가로 우뚝 섰다.

나는 어떨까? 나는 누구와 밀접하게 얽혀 있을까? 아무와도.

서글프진 않았다. 단지 궁금했을 뿐. 나는 기억할 수 있는 가장 먼 과거부터 혼자였다. 상상할 수 있는 가장 먼 미래까지도 혼자인 모습이 보였다. 이따금 나의 정신이 오로지 이런 삶의 방식에만 들어맞는 듯 자연스럽게 느껴질 때도 있었다. 나는 열다섯 살에 집을 나왔다. 처음부터 깔끔하게 갈라선 것은 아니었다. 자신을 좋아하지 않는 사람들과 사는 것이 어떤 느낌인지 여러분도 분명 상상할 수 있을 것이다. 괴롭지만 견딜 수는 있는 느낌 말이다. 우리 아빠는 폭력적이었다. 내가 폭력을 당하면서도 살아갈 수 있었던 것은 매우 강인했기 때문이다(우리 의사에게 물어보라). 하지만 아빠는 날 경멸적으로 대했는데, 그건 참을 수 없었다. 그래서 떠났다. 조지타운 대학교 서머스쿨에 참가했으며 열여섯 살이 되자 내가 사는 곳에서 가장 가까운 아메리칸 대학교에서 학업을 시작했다. 대학은 나의 학업 포트폴리오, 성적, 시험 점수 등을 보더니 선뜻 입학을 허가했으며 나는 스스로 먹고살 일거리를 찾았다. 그곳의 인구통계적 특성은 내게 친숙하던 것과 사뭇 달랐다. 내가 살던 중산층 동네는 마을 주변의 울창한 숲을 쏘다녀도 안전했지만 새로 이사한 도시는 대부분의 사람이 부자 아니면 가난뱅이처럼 보였으며 도서관을 순찰하는 캠퍼스 경비원들은 내게 발 페티시를 가진 사람을 조심하고 숲에 들어가지 말라고 말했다.

세계 각지에서 온 사람들과 만나는 것은 좋았지만 도시는 싫었다. 트랙을 달리지 않을 때는 체서피크만과 오하이오 운하 예선로曳船路에서 자전거를 탔다. 그곳이 국립공원관리청 소속이어서 레인저 한 명과 사귀기 시작했는데, 그는 로키 산맥 산불과 싸운 이야기를 들려주었다. 나는 대학을 졸업한 뒤 3700킬로미터를 운전하여 글레이셔 국립공원에서 웨이트리스 일자리를 찾았으며(나이가 어려서 술을 나를 수는 없었지만) 국립공원관리청에서 자원봉사자로 일했다. 이번의 갈라서기는 그냥 깔끔한 게 아니라 티끌 하나 남기지 않았다. 그 뒤로 다시는 아빠를 보지 않았다. 엄마를 만난 것도 수십 년이 지나서였다. 그 레인저와 나는 한동안 연락을 주고받다가 샌프란시스코에서 다시 만났다. 그는 승진해 있었으며 우리는 프리시디오에서 도보 여행과 관광을 하면서 시간을 보냈다. 나는 관계를 맺는 일에 늘 젬병이었고 지금은 그의 이름도 잊어버렸다.

나는 늘 외톨이였지만 외롭다고 느낀 적은 한 번도 없었다. 그래도 어딘가에 소속감을 느끼고 무언가와 동질감을 느끼고 싶긴 했다. 땅에 매이고 싶었지만 땅은 나의 애정에 보답하지 않았다. 내가 알게 된 바로는, 땅은 애완동물처럼 행동하지 않는다. 당신이 주인이라는 이유만으로 무작정 사랑해주지 않는다. 나는 공간과 암석과 흙과 개울을 산 줄 알았는데, 실제로 맞닥뜨린 것은 환영받고 싶으면 스스로 노력하라며 텃세를 부리는 짐승들이었다. 한동안 나는 테니스공을 위해 노력했다. 그녀는 이곳에서 가장 큰 동물은 아니었지만 가장 영향력이 컸으며 많은 추종자를 거느렸다. 그녀에게 달걀노른자를 가져다주면서 그녀가 그 대가로 내가 책을 읽을 때 데크에 앉아 깍깍 울고, 정원을 손질할 때 옆에서 점잖게 걷고, 노른자를 나무 밑에 가져갈 때 공손하게 뒤를 따르리라 생각했다. 지붕 위에서 쿵쿵거리는 만행은 삼갈 거라 기대했다.

테니스공이 뒤뚱뒤뚱 다가왔다. 양옆에 다른 까치 두 마리를 거느리고 있었다. 다음 줄에 세 마리, 그 뒷줄에 네 마리가 따라

왔다. 다들 등을 꼿꼿이 세운 채 희고 불룩한 배를 땅에 끌며 기다란 목과 좁은 머리통을 한껏 내밀었다. 그들이 어찌나 한 세트의 볼링핀을 빼닮았던지 매끈하고 큼지막한 공을 그들을 향해 던지는 상상을 하면서도 죄책감이 들지 않았다. 그들은 불안을 조성할 만큼 바싹 다가왔다. 내가 말했다. "너희에게 먹이를 건네는 손을 물면 안 돼." 나는 알고 있었다. 그들의 작은 새대가리로는 내가 그들에게 먹이를 건넨 것이 아님을 알아차리지 못하리란 사실을. 토닉 밑의 노른자는 나뭇더미의 족제비든, 스컹크든, 새끼 오소리든 아무나 먹으라고 가져다둔 것이었다. 나는 아침마다 달걀을 먹었지만 노른자는 거의 먹지 않았다. 달걀노른자가 건강에 해롭다는 의학계의 견해 때문이었다.

까치들은 내 팔이 닿을락 말락 한 거리에 멈춰 날개를 쳐들고 목을 믿기지 않을 만큼 쭉 뻗었다. 그러고는 부리를 활짝 벌려 가죽 같은 축축한 혀를 내밀었다. 아야! "먹이를 주는 손을 물지 말라"라는 격언은 반쪽짜리였다. 물면 뭐? 물면 어떻게 된다는 건지 알려줬어야지.

나는 까치를 구슬리려는 노력을 계속할 수 있었을지도 모른다. 하지만 매일 아침 달걀노른자를 가지고 토닉 쪽으로 걸어갈 때마다 밭쥐들이 발에 부딪혔다. 밭쥐를 유혹하는 키 큰 외래종 식물들이 우리 집 외벽까지 들이닥쳐 현관 계단 높이까지 자랐다. 한낮에 정면 창문 밖을 내다보는데, 불청객 잡초들이 좌우로 갈라지면서 밭쥐 한 마리가 나타났다. 우정까지는 아니더라도 적어도 우호적이라는 생각이 들 만큼 느릿느릿 움직이고 있었다. 저 수더분한 설치류들에게 굴레를 씌워 나의 마차를 끌게 하기 위해 필요한 것은 호혜적 행위뿐이었다. 정원 가꾸기 프로젝트라고나 할까.

질병통제예방센터의 의뢰로 설치류를 포획하면서 나는 밭쥐들이 리아트리스 씨앗을 채집하여 굴 바깥에 쌓아둔다는 사실을 알게 되었다. '불꽃별풀'이라고도 불리는 리아트리스는 내가 좋아하는 식물 중 하나였다. 줄기는 뻣뻣하게 쭉 뻗었으며 자주색 꽃들이 다닥다닥 붙은 꽃대는 크로커스만큼 키가 컸다. 회갈색 풀들만 끝없이 펼쳐진 이 들판에서 리아트리스는 시선을 잡아끌 만큼은 아니지만 눈에 띄기에 충분한 색소를 생산했다. 그리고 다른 어떤 꽃식물보다도 꿋꿋이 사슴과 가뭄을 이겨냈다. 리아트리스가 나의 북쪽 초원을 되살려주리라는 생각이 들었다. 내게 필요한 것은 많은 씨앗뿐이었다. 나는 누가 씨앗을 모으는지 알고 있었다. 나를 참아주는 것은, 알고 보니 밭쥐의 유일한 덕목이 아니었다.

이 호혜적 정원 가꾸기 프로젝트에서 내 역할은 밭쥐의 키 큰 잡초밭을 돌보는 것이었다. 내가 '밭쥐숲'이라고 이름 붙인 잡초밭은 여우와 매가 득시글거리는 세상에서 밭쥐에게 안전한 피난처가 되어주었다. 내 계획은 다음과 같았다. 늦여름 밭쥐들이 인근 들판에서 리아트리스 씨앗을 채집하여 (잡초로 방어막을 친) 굴 바깥에 모아둔다. 나는 대大봉건지주처럼 봉토를 돌아다니며 굴 입구에서 씨앗을 슬쩍한다. 이윽고 초가을에 나의 녹화 사업이 궤도에 오른다.

나의 판단 착오를 지적하기 전에, 밭쥐보다 더 까다롭고 비호감인 사람과 일방적 관계를 맺어본 적이 없는지 가슴에 손을 얹고 생각해보시길. 내가 열다섯까지 세는 동안.

빙하에 의해 깎인 넓은 계곡이 어찌나 메마르고 빈약하던지 육식동물이든 농부든 한 번의 실수로 모든 것을 잃을 수 있었다. 계곡이 그들에게 쥐꼬리만 한 행운을 가져다주었다면, 시로코* 같은 바람은 그마저도 날려버렸다. 지난 수백 년간 인간과 까치는 서로에게 적이었다. 그들은 달걀, 곡물 씨앗, 야생 열매, 과일 같은 식량을 서로에게서 훔쳤다. 소란 피우기, 떼로 덤비기, 닥치는 대로 번식하기 등 서로의 전술도 모방했다.

지금 이 배불뚝이 가모장의 임무는 자신의 세력권을 인간과 공유하는 것이었다. 그녀는 열한 세대에 걸친 적대관계를 헤치고

* sirocco, 사하라사막 지대에서 지중해 주변 지역으로 부는 온난 습윤한 바람.

살아남은 후손답게 침착했다. 어쨌거나 그녀는 차분한 새였다. 그녀의 차분함은 주변의 소동에 아랑곳하지 않는 초연한 차분함이었다.

대부분의 까치는 공동생활에 익숙해진 탓에 독립생활에 필요한 기술이 없었다. 공동체 구성원은 (자신이 생각하기에) 상대적 능력과 필요에 걸맞은 임무를 할당받았다(순탄한 과정은 아니었다). 대부분은 주어진 선택지 안에서 끊임없는 굶주림을 해소하고 달갑잖은 책임을 회피할 최선의 방법을 선택했다. 하지만 가모장에게는 선택지가 없었다. 그녀는 샛길도 갈림길도 없는 길을 걸어야 할 운명이었다. 그녀는 지혜를 물려받았고 다듬었고 물려주었다.

그녀는 본능도 물려받았는데, 이것이 늘 유리하게 작용하지는 않았다. 본능은 유전적으로 물려받은 행동 패턴으로, 특정한 시기와 특정한 환경에서 개체군의 적합도를 증가시킨다. 때로는 유전체가 변화에 적응하기도 전에 환경이 달라지기도 했다. 수천 년간 까치는 본능적으로 사람들을 따라다녔다. 그 본능은 옛 데탕트의 산물이었으나 이미 시효가 지난 지 오래였다. 까치와 수천 년간 평화롭게 공존한 사람들은 자취를 감췄다. 새로운 인류 문화가 땅을 지배했다. 사람과 새가 같은 식량을 놓고 경쟁하는 지금 우호적 포용은 불가능한 일이 되었다.

수천 년이 지나면서 까치의 유전자는 마법을 부렸다. 적응에 실패한 유전자형이 쇠퇴하고 적응에 성공한 유전자형이 번성하여, 인간을 피하는 전술이 세대를 거듭할수록 진화했다. 하지만 찰스 다윈이 예언했듯 소수의 행동 변이는 여전히 남았다. 가모장의 어린 새들은 깃털이 나고 있었는데, 첫 비행을 위해 둥지에서 가모장에게 떠밀렸을 때 날갯죽지를 쳐들게 한 바로 그 충동이 그들을 집으로, 사람들에게로, 건물로 이끌어 먹이를 찾게 했다. 가모장은 그 충동을 현실에 맞게 조율할 수 없었다. 사람들은 날개가 중력을 이기는 것만큼 든든한 기아 대책이 되어주지 못했다.

그녀의 배우자 찢긴꼬리가 현관 위 박공 끝에서 균형을 잡고 있을 때 한 소녀가 노른자 가득한 달걀 껍데기를 들고서 집 밖으로 나왔다. 소녀가 달걀노른자를 노간주나무 아래에 내려놓자 그는 소녀를 향해 날아갔다. 이 광경을 멍하니 바라보던 어린 새들이 합류하여 소녀를 동심원으로 둘러싼 채 점차 거리를 좁히는데, 가모장이 무모한 가족들을 향해 달려들었다.

평생 동안 그녀의 본능적 지혜는 사람들을 용납하려는 유전적 성향을 억눌렀으며 그녀는 여전히 인간을 경계했다. "안 돼." 그녀가 깍깍 하며 말했다. "너희에게 미끼를 건네는 손을 믿으면 안 돼."

잡초라 불리는 식물은 인생에서 별로 기대하는 게 없다고 봐도 무방하다. 그러니 약 3제곱미터의 잡초밭을 돌보는 일은 식은 죽 먹기임에 틀림없다. 그런데 나는 잡초밭에서 단 한 종도 알아볼 수 없었다. 그것들이 무엇인지 모르면, 그것들이 무엇을 원하는지도 알 수 없다. 내게는 두껍고 빛바랜 전문가용 식물 도감 『북서부 태평양 연안의 식생*Flora of the Pacific Northwest*』과 『그레이트플레인스의 식생*Flora of the Great Plains*』이 있었는데, 도합 2132페이지 중 단 한 페이지도 잡초에 할애되지 않았다. 상류 쪽으로 65킬로미터 떨어진 인구 600명의 소도시에서 마구馬具를 판매하는 가게 주인에게서 구입한 『서부의 잡초*Weeds of the West*』는 농부에게 한 번이라도 저주받은 적이 있는 모든 식물의 전과 기록 일람표였다. 머그샷도 실려 있었다.

밭쥐숲을 점령한 것은 유라시아의 잡초인 댑싸리, 전동싸리, 솔장다리, 가는잎털냉이였다. 댑싸리는 꼬마 크리스마스트리처럼 생겼다. 해마다 씨앗에서 다시 싹을 틔워 한시도 허비하지 않고 뻣뻣한 가지에 밋밋한 꽃을 피웠다. 잡초밭이 숲이라면(밭쥐에겐 정말로 숲이었다) 댑싸리는 숲우듬지 격으로, 숲바닥에 그늘을 드리우고 이 고지대 사막에 습기를 공급하여 밭쥐의 몸을 서늘하고 촉촉하게 지켜주었다.

전동싸리는 억센 초록색 팔로 제 몸을 휘감은 것처럼 보였는데, 잡초 무리 중에서 가장 보잘것없었다. 포기마다 자잘한 꽃 수천 송이가 줄기를 뒤덮었다. 화장지만큼 얇은 꽃잎은 안개나 이슬을 맞으면 형체를 알아볼 수 없는 덩어리로 뭉개졌으며, 그 뒤에는 햇볕을 아무리 쬐어도 원래 모습으로 돌아오지 않았다. 토끼풀처럼 생긴 초록색 줄기는 나선형으로 자라며 마치 헝클어진 매트처럼 뒤엉켰다. 땅속으로 뻗은 오밀조밀한 혹투성이 곧은뿌리는 밭쥐에게 꾸준한 당 공급원이 되어주었다.

풀 같기도 하고 나무 같기도 한 솔장다리는 키가 60센티미터에 빳빳하고 뾰족한 가시가 돋았다. 가시 때문에 여우와 매가 밭쥐를 잡으려고 파고들 수 없었다. 가을에 씨앗이 영글면 뿌리에서 떨어져나와 굴러갔는데, 자신의 가시로 땅을 갈아 씨를 뿌렸다. 땅에 끌리는 솔장다리의 치마 아래에서 밭쥐는 먹이를 찾고 짝짓기를 했으며, 머리 위를 맴도는 매를 향해 야유를 보낼 때만 움직임을 멈췄다.

러시아 출신의 솔장다리와 가는잎털냉이는 둘 다 1880년대 러시아 농부가 노스다코타의 친척에게 보낸 씨앗 자루 속에 숨어 있다가 미국으로 밀항했다. 또 다른 이름은 회전초다. 다른 대륙에서 건너왔지만 장승선인장 옆에서 포즈를 취하며 미국 토종인 척한다. 속지 마시길. 장승선인장은 굵직한 줄기에 첫 회전초가 굴러와 부딪히기 오래전 아메리카 원주민들의 명멸을 지켜본 몸이니까. 회전초는 이제 노스다코타와 사우스다코타를 합친 면적에 퍼졌고 전형적인 할리우드 서부영화의 세트에서 굴러다니며 팬을 적잖이 끌어모았다. 관객들은 두 총잡이 사이에서 회전초가 구르고 흙먼지가 이는 것을 보고서 결투 장면의 배경이 가벽假壁인지 진짜인지 가늠한다.

회갈색 트위드재킷을 말쑥하게 차려입은 나의 헝가리자고새(유럽반시)는 자신의 가을빛 까치밥나무에 회전초가 굴러드는 것이 반갑지 않았을 것이다. 『모래 군의 열두 달』에서 앨도 레오폴드가 '붉은 등불'이라고 부른 까치밥나무속은 잎이 단풍나무 모양인 떨기나무로, 커런트와 검은딸기를 아우른다. 키가 60센티미터가 채 안 되는 나의 까치밥나무는 가을이 무르익기도 전에 누가 자신의 열매를 다 먹어버렸는지 궁금하다는 듯 바람에 하늘거렸다. (범인은 스컹크다.) 레오폴드가 말하길, 자고새는 가을이 되면 까치밥나무의 붉은 잎 밑을 거니는 것 말고는 더 바라는 바가 없다고 한다.

나는 레오폴드의 모래 군郡• 들에서 서쪽으로 훌쩍 떨어진 로키 산맥 동쪽 끝에 산다. 이곳에서 자고새가 가을의 붉은 잎 밑을 거닐며 볕을 쬐려 했다가는 금세 땡볕에 익어버릴 것이다. 처음

• 『모래 군의 열두 달』의 저자 레오폴드가 살았던 위스콘신주 소크군郡의 모래흙 지대를 일컫는다.

에 그들은 위를 올려다보며 커런트 잎을 통과한 붉은색, 주황색, 노랑색 햇살에 취할 것이다. 그리고 하루 이틀 지나면 여전히 취기가 가시지 않은 채 대자연의 웃음소리를 들을 것이다. "속았지롱!" 노간주나무로 허겁지겁 달려가는 자고새의 발목 주위로 쭈글쭈글한 적갈색 낙엽들이 소용돌이치고 있을 것이다. 서리가 어찌나 빠르고 호되게 내리던지 까치밥나무는 오색찬란한 환각을 생략할 때가 많았다. 초록 잎은 하룻밤 새 까맣게 변했다. 하지만 밭쥐숲의 해에는 가을이 길고 따뜻했다. 키가 작고 잎이 넓은 커런트는 레오폴드의 붉은 등불이 되었을 것이고 자고새는 떨기나무 일광욕장을 찾는 데 아무 문제도 없었을 것이다. 내가 이곳을 회전초투성이가 되도록 내버려두지 않았다면, 그래서 밭쥐가 번성하지 않았다면, 그래서 내가 리아트리스를 수확하여 (오두막을 지으려고 불도저로 밀어버린) 이 땅을 되살리려 들지 않았다면 그랬을지도 모른다.

헝가리자고새는 회전초와 마찬가지로 이주민이었다. 이 때문에 철새보호법에 따른 어떤 보호도 받지 못하는 신세였다. 연방정부는 북아메리카 내에서 이주하는 고유종에만 철새라는 용어를 부여하며, 헝가리자고새는 수렵조로 분류한다. 철새를 죽이는 것은 범죄이지만 수렵조를 죽이는 것은 스포츠다. 이 터무니없는 사고방식은 '외국에서 태어났거나 조상이 외국에서 태어난 생물은 우리의 생태계에 해롭고 서식지를 교란한다'라는 논리로 모욕적 처우를 합리화했다.

헝가리에는 자고새의 서식지는 고사하고 헝가리 사람의 주거지조차 충분하지 않을 것 같았다. 반면에 내게는 땅이 충분히 있었다. 그리하여 지난 몇 년간 나의 땅에서 헝가리자고새 난민 수용소를 운영하면서 잡초, 길고양이, 고약한 사고방식의 횡포로부터 이 이주민을 보호했다. 그런데 지금 밭쥐숲으로 알려진 드넓은 잡초밭이 그들의 커런트 덤불을 집어삼키고 있었다. 하지만 내 마차는 밭쥐에게 매여 있었다. 잘 가라, 붉은 등불의 가을이여!

10월 초 여남은 곳의 밭쥐 굴에서 쇼핑 봉투를 채울 만큼의 씨앗을 채집했다. 정체를 알 수 없는 씨앗은 따로 마닐라지 봉투에 넣어 차고에 보관했다. 6월이 찾아와 낮이 길어져 생장기가 시작되자 씨앗을 따뜻하고 축축한 흙에 찔러넣었다. 기쁘게도 밭쥐들은 팔다리가 없어 보이는 동물치고는 놀라운 생산성을 발휘했다.

그들은 꼼지락거리는 축축한 갓난 새끼를 육아실에 내버려둔 채 밭쥐들을 지나쳐 통로 속으로 행진했다. 조용히, 엄숙히, 신속히 어른들은 입구의 빽빽한 식물을 통과한 뒤 나란한 굴들에서 탈출하는 수천 마리의 동료 이주민과 합류했다. 그들은 고개를 숙인 채 한 줄로 늘어서 태양을 향해 행진했다. 여름의 갓난 새끼들을 모조리 굶겨 천천히 외로이 죽게 만드는 것은 쉬운 결정이 아니었다. 하지만 여왕들은 자신의 군집만 생각할 권리가 없었다. 새끼들을 버리라는 상부의 명령이 떨어졌다. 지도자가 "죽어라"라는 명령을 내려야 할 때를 알지 못하는 종은 살아남지 못한다.

여왕들은 밑동이 갈라진 세톱니세이지브러시를 선택했다. 부하들이 몰려들어 연한 줄기를 물어뜯고 포름산을 뿌리자 물관이 녹고 떨기가 시들었다. 줄기의 구멍은 개미들의 새 주실主室이 되었다.

붉은꼬리말똥가리 둥지만 한 이엉개미 둔덕이 물집처럼 부풀어 올랐다. 하지만 다른 잡동사니 무더기와 구별되지 않았다. 개미 둥지가 파란지붕집 이쪽에서 저쪽으로 옮겨간 것을 누가 실감했을까?

진딧물들이 실감했다. 일찍이 그들은 화이트세이지의 연하고 부드러운 가지에 달라붙어 수액을 빨아먹고 단물을 배설했다. 머리가 주황색인 이엉개미들은 단물에 중독되었다. 진딧물을 괴롭히는 동물이 있으면 날카롭게 튀어나온 구기口器와 무시무시한 독액으로 퇴치해주었다. 이런 식으로 진딧물과 개미는 까치와 붉은깃좁은부리딱따구리처럼 자신들의 삶을 더 굵고 질긴 하나의 끈으로 엮고 있었다.

화이트세이지도 실감했다. 개미가 떠나자 빨간 물방울무늬 무당벌레가 화이트세이지에 몰려들어 진딧물들을 잡아먹었다. 더 크고 더 배고픈 곤충들이 무당벌레의 뒤를 따랐다. 다음번 초승달이 뜰 무렵 화이트세이지는 메뚜기 내장 속에 욱여넣어졌다가 흙으로 돌아갔다.

배불뚝이 까치도 실감했다. 가모장은 이웃들을 유심히 살펴보며 개미들이 저녁에 휴면 상태가 될 때까지 기다렸다가 이엉개미 둔덕에 몸을 비비며 진드기를 떨어내는 버릇이 있었다. 이 버릇은 새끼 까치들 중 하나에게 중대한 결과를 가져왔다. 새끼는 개미 이주가 끝날 때까지 기다렸다가 버려진 개미 둥지에 발부터 뛰어들었다. 검은색 머리 깃털이 균류 포자 구름에 덮여 잿빛으로 변했다. 다리가 앙상한 쿠퍼매에게 잡힐 때까지도 새끼는 여전히 숨이 막혀 캑캑거리고 있었다.

개미들이 두려워한 적은 단 하나, 그늘이었다. 수천 년간 그랬듯 개미들은 1년에 8개월간, 하루에 적잖은 시간 동안 햇볕을 필요로 했다. 키 작은 풀과 선인장이 자라는 세이지브러시 초원 지대라면 언감생심은 아닌 것 같았다. 문제는 (마지막 빙기가 물러난 이후 이 군구郡區 일대 최초의 영구적 인공 건축물인) 파란지붕이 순식간에 솟아올랐다는 것이다. 이 집에 사는 사람이 돌보는 잡초는 햇볕을 가렸으며 무시무시한 그늘을 드리워 개미들을 집어삼켰다. 잡초와 인간은 개미들이 감당할 수 없는 적이었다. 잡초는 너무 많은 데다 동에 번쩍 서에 번쩍 해서 무찌를 수 없었고 집은—심지어 오두막조차—공격하기엔 너무 컸다. 이엉개미들이 수천 년을 살아남은 비결은 남 탓하기가 아니었다. 그들의 생존 비결은 눈앞의 적을 직시하고, 싸울지 달아날지를 '올바르게' 선택하는 것이었다. 그늘과 싸울 수 없었으므로 그들은 달아났다.

키 작은 풀, 선인장, 오두막이 있는 세이지브러시 초원 지대에서 여덟 시간의 햇볕은 실은 언감생심이었다.

1년 중 낮이 가장 짧은 날을 한 달 앞두고 어른 검은과부거미가 사라졌다. 두어 달 뒤 차고 안쪽 벽에 갈색과 흰색의 자잘한 새끼들이 구슬발처럼 매달려 있었다. 한 마리 한 마리가 나무 공을 깎아놓은 것 같았다. 이듬해 늦봄이 될 때까진 검은색과 붉은색의 어른 거미들을 볼 수 없었지만 내겐 아직도 밭쥐들이 있었다. 오두막 앞에서 잡초들이 거침없이 자라는 한 아침을 혼자 먹을 일은 없었다.

그달에 밭쥐 한 마리가 내 초원에 날아들었다. 머리가 황갈색이고 눈이 희끄무레한 매의 발톱을 타고 왔다. 다리에 털이 난 청소년 매였다. 북극 지대 툰드라에서 태어나 밭쥐를 먹고 자란 청소년 매는 11월에 도착하여 낯익은 기후와 낯선 이웃을 맞닥뜨렸다. 전동싸리, 솔장다리, 회전초, 댑싸리, 그리고 나였다. 놈은 토닉 아래쪽에 있는 노간주나무 진에 내려앉아 밭쥐의 숨이 끊어지길 기다리지도 않고 찢어발기기 시작했다.

어느 날 매가 밭쥐숲 위를 맴돌다 발부터 하강했는데, 가시덤불에 발가락이 걸렸다. 몇 번 가시에 걸리더니 전동싸리 밭에 처박혔다. 이 일을 겪은 뒤로는 흙길을 가로지르는 습지대에서 주로 사냥을 했으며 망루가 필요할 때면 진의 꼭대기 가지에 올라앉았다. 나는 집 안에서 쌍안경을 창문에 갖다 댄 채 지켜보았다. 결국 매가 쌍안경의 커다란 검은색 '눈'에 홀린 듯 나의 시선을 받았다. 평상시에는 설치류를 공격하고 나면 나를 무시한 채 400미터 떨어진 '사유지' 나무 표지판까지 날아가 포획물을 먹었지만, 이따금 자신이 노리던 설치류를 놓치면 쿵 소리와 함께 땅을 짓찧었다. 지금 이 청소년 매는 발톱 사이에 아무것도 없다는 사실을 깨닫고서 고개를 돌려 나의 커다란 쌍안경 눈을 정면으로 노려보았다. 놈이 당혹스러운 순간에 위안거리를 찾고 있음을 분명히 느낄 수 있었다.

여우를 처음 보았을 때 나는 쌍안경 눈으로 청소년 매를 희롱하고 있었으며, 여우는 토닉 밑의 달걀노른자에 발질을 하고 있었다. 그날 아침, 전날 먹고 남은 노른자 한 개와 함께 노른자 네 개를 땅속에 넣어두었다. 여우는 우리 땅 가장자리의 습지대로 향하기 전에 노른자 한 개를 먹고 네 개를 남겨두었다. 하지만 테니스공은 그조차도 용납할 수 없었다. 그래서 노른자 주위를 돌며 동료들을 불렀다. 까치 부대는 그날 오전에만 해도 무시하던 노른자를 게걸스럽게 먹었다. 마치 내일이 없는 것처럼, 마치 오늘이 지상에서의 마지막 날인 것처럼 먹었다. 여우도 꼭 그렇게 먹었다. 왜 안 그랬겠는가? 상자에 갇히지 않은 동물에게 삶은 위태로운 것이었다. 그들이 마주한 미래는 알 수 없는 미래였다. 하지만 둘 사이에는 극명한 차이가 있었는데, 하나(까치들)는 그 미래를 마주하고서 살찌고 싶어한 반면에 다른 하나(여우)는 날렵해지고 싶어했다는 것이다.

춘분을 두 주 앞두고, 청소년 매는 지금은 누군가의 소를 위한 방목장이 되어버린 알팔파밭 휴경지를 으스대며 돌아다니고 있었다. 필드스코프의 배율을 낮추자 검은 앵거스 소와 여우가 시야에 들어왔다. 앵거스 소는 육중한 발굽으로 방목장을 누비며 졸음에 겨운 설치류들을 땅속 보금자리에서 몰아냈다. 여우와 매가 그 뒤를 쫄래쫄래 따라다니며 깨나른한 설치류들을 덥석덥석 잡아들였다. 앵거스 소는 사냥감을 쫓기만 할 뿐 하나도 잡지 못하는 초보 새사냥개 같았다.

3월 15일, 관개 수로를 따라 30분간 아침 산책을 하다 보니 다리에 털이 난 청소년 매가 잠을 자는 미루나무 관목림에 오게 되었다. 10미터 높이의 미루나무들이 몽글몽글 흙먼지로 덮인 눈밭에 그늘을 드리웠다. 눈 속에서 스며나온 개울이 낙엽 무더기를 적셨다. 인근 초지에서는 사슴 사체에 온갖 청소동물이 몰려들었는데, 그중에는 지붕 위에서 쿵쿵거리던 까치들도 있었다. 테니스공은 나를 덮치고 나서는 쇠콘도르와 수작을 부리기 시작했다. 다리에 털이 난 청소년 매는 이미 나무들 위로 높이 솟구쳤다. 구름이 점과 선을 무작위로 찍으며 길게 늘어섰는데, 이 모스 부호가 하늘을 어찌나 고르게 덮었던지 솟구치는 매와 같은 변칙들은 단 하나도 내 눈을 피할 수 없었다. 나는 청소년 매가 다른 매들에게 합류하여 더 높이 맴돌다 사라지는 광경을 바라보았다. 이듬해가 되면 어슷비슷한 어른 깃털을 두르고 커다란 쌍안경을 흔드는 작은 사람을 피할 만큼의 염세주의를 익힌 채 북극에서 돌아올 것이다.

내 삶은 내가 선택한 것이 아니라 나를 선택하지 않은 것에 의해 휘둘리는 경우가 다반사였다.

집을 향해 걸어가는데, 상류 쪽으로 8킬로미터에 작은 집 두 채를 더한 만큼 떨어진 눈 덮인 산간에서 거센 옆바람이 불어왔다. 자갈길과 방목장 철조망 울타리 사이에 마른 풀대가 무리 지어 있었다. 나는 식물들을 지나치면서 "김의털", "냉이", "털빕새귀리", "우단담배풀", "해바라기", "솔장다리", "토끼덤불(래빗브러시)", "수레국화", "세이지브러시", "갯보리", "쇠풀", "개밀", "방가지똥" 하며 이름을 불렀다.

말이 풀을 뜯는 초지에 다가가 특이한 식물상 패턴 앞에서 걸음을 멈췄다. 나는 황조롱이처럼 팔을 벌린 채 맞바람을 맞으며 달렸다. 밭쥐가 다니는 길마다 잔풀들이 늘어서서 한 쌍의 잎을 모터크로스 경주 깃발처럼 흔들었다.

리아트리스가 아니었다.

밭쥐들은 자갈길을 뒤지며 극악무도한 노란색 잡초의 씨앗을 무더기째 보금자리에 가져오고 있었다. 돼지엉겅퀴(방가지똥)라는 이름은 괜히 붙은 게 아니다. 꽃이 (눈에 보이지 않을 정도로) 쪼그라들고 꽃대가 위압적일 만큼 위로 뻗은 채 무장한 민들레를 상상해보라. 흰색 줄기와 가느다란 곧은뿌리는 반투명 가시로 덮였다.

몬태나 어딘가에서는 밭쥐들이 저장고를 채우려고 리아트리스 씨앗을 채집하고 있었다. 하지만 여기서는 아니었다. 내가 마차에 맨 밭쥐들은 그보다는 덜 굶주리고 더 똑똑했다. 우리 밭쥐들이 방가지똥 씨앗을 채집한 것은 자신들의 보금자리와 고속도로 주위에 보호용 울타리를 치기 위해서였다. 밭쥐숲이 겨우내 밭쥐들을 포식자로부터 보호해주었기에 이제는 1.2헥타르 면적에 밭쥐 구멍이 우묵우묵 파여 있었다. 놈들의 길이 그물처럼 땅을 덮었다. 그 뒤로 몇 달간 방가지똥 새싹을 뽑느라 엄지손가락과 집게손가락이 개미가 숨을 수 있을 만큼 깊이 갈라져 피가 났다. 다행히 봉지에 담은 씨앗을 깜박하고 다시 심는 참사는 면했다. 나는 방가지똥 씨앗을 도롱이나방 처리하듯 유리병에 넣고 밀봉하여 쓰레기장에 버렸다.

노새사슴들이 서쪽 초지를 가로질러 눈이 다져진 우리 진입로로 행진했다. 풀을 찾는 초식동물의 발자국이 반듯한 썰매 자국처럼 남았다. 일곱 쌍이 우두머리를 따랐는데, 발굽 아래서 푹푹 꺼지는 눈밭이 없었기에 다들 활기차게 움직였다. 나는 오두막 뒤에서 기다리다가 아침 인사를 건넸다. 그들은 내게 다가오지 않고 방향을 꺾어 언덕 위로 내달리더니 자기들보다 먼저 새하얀 궁둥이로 비탈에 물방울무늬를 그리고 있던 수십 마리와 합류했다. 이렇게 나는 3월 보름날을 보냈다. 사슴에게 무시당하고 매에게 버림받고 설치류에게 배신당하면서. 깊이 뿌리내린 밭쥐숲의 빽빽하고 마른 풀대 사이사이로 벌써부터 초록색 잡초 로제트가 돋아나고 있었다. 어쩌면 우리는 우주의 모든 것들과 얽혀 있는지도 모르겠다. 어쩌면 뮤어의 격언은 설치류에게는 해당하지 않는지도 모르겠다. 아무려면 어때. 나는 밭쥐들에게 상상만큼 단단하게 매여 있지는 않은가보다고 (누군가는 뻔뻔하다고 말할 테지만) 결론 내렸다.

리버캐빈스 수업의 또 하루가 지나고서 지도의 밭쥐숲 표시를 밭쥐로 바꿨다. 여우는 우리 땅에 이끌린 뒤에야 이곳이 밭쥐의 피난처라는 것을 알아차렸다. 그를 끌어들인 것은 밭쥐숲이 아니었다. 사실 숲은 그를 막고 있었다. 나는 별 두 개 옆에 달걀노른자와 개라고 적었다.

검은 개 두 마리

리아트리스 프로젝트가 수포로 돌아가고 나서 내게 남은 것은 잡초 피난처와 밭쥐에 대한 인식의 전환이었다. 말하자면 아무것도 남지 않았다. 그늘을 드리워 이엉개미 둥지를 축축한 부스러기만 남은 오목한 덩어리로 바꿔버린 것만 빼면 밭쥐숲은 아무짝에도 쓸모가 없었다. 한편 밭쥐숲 우듬지 아래서는 밭쥐들이 상상 못 할 밀도로 번식했다. 어느 날 엄마 밭쥐가 다급한 몸짓으로 나의 가죽 부츠 앞코를 붙잡았다. 그녀는 하반신을 아코디언처럼 쭈그러뜨리더니 반들반들한 새끼 두 마리를 찍 하고 낳았다. 새끼들은 토마토소스에 잠긴 넝쿨강낭콩처럼 생겼다.

나는 밭쥐숲을 없애버릴까 생각했다. 그토록 오래 내 곁에 있어준 밭쥐들에 대해 생각했다. 자신들을 보호해줄 숲이 사라지면

매, 족제비, 고무보아뱀에게 대부분 학살당할 것이다. 밭쥐가 초지 위를 나는 붉은꼬리말똥가리의 발톱에 꿰인 채 핏방울을 뚝뚝 떨어뜨리는 장면을 상상해보라. 족제비가 밭쥐굴에 살금살금 들어가 털 난 궁둥이에 뾰족뾰족한 송곳니를 박는다고 상상해보라. 고무보아뱀이 통통한 밭쥐를 삼켜 팽팽한 한쪽 끝이 불룩하게 부푼 모습을 상상해보라. 상상할수록 죄책감은 커져만 갔다.

땅을 소유하는 데는 크나큰 책임이 따른다. 한 발 내디딜 때마다, 길 하나를 낼 때마다, 잡초 한 포기를 뽑을 때마다, 나무 한 그루를 심을 때마다 수억 가지 결과가 생겨난다. 대자연에게 봉토를 하사받은 대봉건지주는 자신의 행동과 그로 인한 결과를 정당화할 수 있어야 한다. 홧김에 숲을 밀어버릴 수는 없다. 밭쥐숲도 예외가 아니다. 밭쥐들이 끼친 피해는 엎지른 물이었다. 숲을 없앤다고 해도 돌이킬 수 없었다.

여우는 도랑의 그늘진 쪽 가장자리 꼭대기에 누워 뒤엉킨 잡초 더미가 바람에 바스락거리는 소리에 귀를 기울였다. 도랑 건너편 양달에서는 봄 개울이 부들 사이로 스며들어 배수로를 따라 흙길 아래쪽으로 흘렀다. 몸집이 두 배인 연주황색 엄마가 흙길 너머 민둥언덕에 서서 그를 지켜보고 있었다. 그가 전에도 해본 게임이었다. 그녀는 딱 알맞은 곳, 바람이 불어가는 지근거리의 고지대에 자리 잡았다. 그녀는 몸을 숨긴 채 감시하고 싶었고 냄새를 들키지 않은 채 듣고 싶었다. 그가 발을 헛디디진 않는지, 불필요하게 스스로를 노출하진 않는지, 하잘것없는 동물을 쫓다가 길을 잘못 들진 않는지 주시했다. 그녀는 그가 목숨을 부지하는 데 필요한 임무를 제대로 완수하도록 단속하고 있었다. 그가 실수를 저지르면 고함을 질러 제자리로 돌려놓았다.

여우는 끈끈한 생쥐 꼬리 조각을 윗입술 가장자리에 붙이고 있었다. 그의 엄마가 고함을 지른 것은, 지난해에 새끼 중에서 가장 작던 그가 목뒤털을 세우고 발가락을 벌리고 발톱으로 돌바닥을 두드리며 뛰어오르는 광경이 기특했기 때문인지도 모르겠다. 그는 생쥐 고기 조각을 삼킨 뒤 윗입술을 혀로 핥았다. 새끼들 중에서 제일 꼬맹이인 그는 엄마에게 등을 돌린 채 마치 휴식을 취하는 듯 꼬리를 말았다. 하지만 아직은 쉴 때가 아니었다.

그는 달리는 밭쥐 쪽으로 고개를 돌린 채 엄마의 이글거리는 두 눈에서 나온 광선이 부들을 향하고 있다고 상상했다. 그는 흙바닥에 납작하게 엎드렸다. 마치 딱정벌레의 딱딱한 껍데기 위에서 물방울 하나가 햇빛을 받아 반짝이듯 광선 하나가 그의 등을 가로질러 미끄러졌다. 그는 몸을 펴서 준準공격 태세를 취했다. 그녀는 그가 샘과 밭쥐, 물과 식량 사이에서 자세를 잡는 모습을 보았을 것이다. 그는 곧추선 귀를 먹잇감에게 기울이듯 앞으로 숙였다. 엉덩이를 치켜든 채 뒤꿈치 뒤로 몸을 당겼다. 달려들 준비를 하는 여느 여우처럼 보였다. 그녀의 평범한 자식들 중 하나처럼.

벌줄 만한 잘못을 하나도 발견하지 못하여 혼쭐낼 구실이 없자 엄마는 말 우리로 후퇴하여 사료통으로 향하는 생쥐들을 숨어서 기다렸다. 상상 속 광선이 흩어졌다.

사실 그는 엄마를 속여넘겼다. 그는 사냥하는 게 아니라 누군가를 염탐하고 있었다. 먹잇감도 적도 아닌 또 다른 짐승을 바라보며 시간을 허비하고 있었다. 언뜻 보기엔 쓸데없는 행동 같았지만 실은 행운을 불러오는 행동이었다. 엄마에게가 아니라, 우리 이야기의 등장인물 중에서 행운을 믿고 있던 누군가에게.

당신은 밭쥐를 겪어본 적이 전혀 없을지도 모르겠다. 하지만 토끼, 두더지, 숲쥐, 들돼지 같은 동물에게 피해를 입은 적은 있을 것이다. 어쩌면 흙파는쥐가 어린 앵두나무에서 잔치를 벌였을 수도 있다. 당신은 독가스탄에 불을 붙여 보이지 않는 위협을 쫓아버리려 한다. 그 방법이 실패하면 놈들의 굴에 물을 붓는다. 하지만 이튿날 아침 나가보면 굴은 더 늘어나 있고 흙파는쥐들은 더 날렵하게 돌아다닌다. 축축한 흙은 파기가 더 쉽기 때문이다.

당신은 커피가루, 좀약, 소변, 쥐덫 같은 퇴치제를 굴속에 집어넣는다. 끔찍한 발상이다.

그 뒤로 며칠간 당신은 좀약이 굴 밖으로 내동댕이쳐지는 것을 본다. 이젠 일할 때 목이 따갑다. 당신은 삽과 엄지손가락, 그리고 쥐덫에 짓이겨지지 않은 오른손 두 손가락으로 흙파는쥐의 굴을 발견하는 족족 파헤친다. 그러면 흙파는쥐는 더 깊이 파 들어간다. 당신이 잘 때에도 놈은 철로를 깔면서 식물들의 뿌리를 먹어치운다. 부드러운 흙과 커피가루 더미는 당신의 보살핌에 의지하는 어린나무의 줄기에, 근방에 하나뿐인 앵두나무에 점점 가까워진다. 3주간 (어마어마한 시간과 돈을 들여가며) 흙파는쥐를 쫓고 나서 당신은 앵두나무가 바람에 기우뚱하는 것을 본다. 더는 곁뿌리로 흙을 움켜쥐지 못하는 2미터짜리 나무를 들어올리니 끝이 뾰족하게 깎여 있다. 당신의 나무는 죽었고 흙파는쥐는 죽지 않았다. 살이 뒤룩뒤룩 찌고 건강한 흙파는쥐는 육아용 굴로 내려가 빠드렁니 못난이 형제들을 낳는다. 당신은 앵두나무를 분쇄하여 세상에서 가장 비싼 뿌리덮개로 만들기 전에 스트리크닌*을 꺼낸다.

정말?

스트리크닌을?

* strychnine, 쥐약의 원료 중 하나.

그래선 안 되는 것은, 나의 친구여, 보복 살해이기 때문이다. 나는 어떤 동물에게도 그럴 생각이 없다. 나는 흙파는쥐와 함께했다. 당신이 이 글을 읽는 지금도 나는 여기서 그 추물들과 그들의 후손들과 함께 있을 것이다.

땅을 돌보는 것은, 특히 혹독한 환경에서는 엄청나게 까다로운 일이다. 작은 설치류를 단지 홧김에 죽여버리고 싶은 충동을 느끼는 사람에게는 더더욱 힘들다. 내가 밭쥐숲을 밀어버릴 엄두를 쉬이 내지 못한 것은 이 때문이다. 의욕을 불러일으키려면 복수보다 더 고귀한 무언가가 필요했다.

밭쥐숲은 우리 땅을 점점 집어삼키면서 물을 빨아들이고 그늘을 넓혔다. 골프공만 한 둥근 선인장, 잎이 우거진 노랑제비꽃, 둥근 매트처럼 깔린 자색콩, 희귀한 자홍색 비터루트처럼 햇빛을 좋아하는 식물들은 잡초 사이에서 시들어갔다. 내가 그중에서도 특히 좋아한 것은 공선인장이었다. 한 달이 지나면 밭쥐숲 치하에서 벗어난 공선인장들이 넓게 벌어진 분홍색 꽃잎의 왕관을 틔울 것이다. (내키지 않았지만 달리 뾰족한 수가 없었기에) 대학교 일자리에 지원하려고 한 무더기의 서류를 작성하느라 골머리가 아플 때는 고지대 사막 눈 덮인 산의 그늘에서 머리가 다섯 개 달린 작은 공선인장들이 꽃을 피운 광경을 떠올렸다. 그러면 근심이 사라졌다.

그리하여 나는 밭쥐숲을 밀어버릴 이유를 찾았다. 태양을 숭배하는 나의 임차인들을 위해 투쟁하겠노라 다짐했다.

여우는 앞발 발톱을 흙에 찔러넣고는 고개를 쳐들어 쭉 내밀었다. 집에서 나온 사람은 빙글빙글 돌면서 기다란 금속 물체를 휘두르며 허공에 소리를 지르고 있었다. 그녀의 길고 나긋나긋한 손가락은 한 번에 오만 군데로 구부러졌다 뻗었다 했다. 그녀는 버드나무의 매끈한 껍질에 수액 구멍을 뚫는 딱따구리처럼 손을 재게 놀렸지만 몸짓에서는 어떤 패턴도 감지할 수 없었다. 개미를 흡입하는 붉은깃죱은부리딱따구리조차 한 방향으로만 구멍을 팠다. 여우는 교미 중인 메뚜기 두 마리를 후려치고는 축축한 내장이 비어져나올 때까지 흙바닥에 대고 눌렀다. 그녀의 손은 그에게 가장 달갑지 않은 기상 현상인 회오리바람을 연상시켰다. 아무 목적도 없이 저 많은 에너지를 허비하고 있었으니까. 하지만 만에 하나 저기 휘말리면 무슨 일이 벌어질지 알 수 없었다.

그는 움직임이 멎은 메뚜기 한 쌍에게서 발을 떼어 동그랗게 말아 들어올렸다가 발톱 하나를 세워 찔러넣었다. 그녀는 팔과 손가락과 물건들을 흔들었고 그는 메뚜기를 우적우적 먹었다. 도구들이 쿵쾅거리는 소리가 들리자 그는 폭풍의 예측 불가능한 굉음이 떠올랐다. 그녀의 툴툴거림과 헐떡거림은 서로 어우러져 불협화음이 되었다. 밭쥐숲 잔해가 비처럼 내리자 그는 눈을 꼭 감았다. 꼬리를 말아 코를 막은 채 먼지 구름이 가라앉기를 기다렸다. 그가 눈을 떴을 때 그녀는 사라지고 없었다.

그녀가 오후 나절을 보낸 뒤엉킨 떨기나무 사이에서 필시 환각인 듯 조그만 틈새가 나타났다. 뒤죽박죽 무더기 속 어딘가에서 밭쥐들이 그를 놀리고 있었다. 하지만 가시 돋친 잡초에 바보같이 뛰어들었다가는 눈멀거나 베이거나 찔리기 십상이었다. 그는 위험을 감수할 기분이 아니었다. 머리를 어깨 아래로 내리고 어깨만 간신히 들어갈 만한 틈새에 주둥이를 밀어넣었다. 사슴이라면 바로 그 오후 동안 덤불을 통째로 먹어치워 허허벌판으로 만들 수 있었을 것이다. 그럴 수 있지만, 그러지 않을 것이다. 사슴은 저런 잡초에는 결코 군침을 흘리지 않는다.

그가 사슴의 옹졸한 성격을 여전히 곱씹고 있는데 '회오리손'이 장비를 더 가지고 돌아왔다. 사람과 식물의 전쟁이 다시 시작되었다. 그는 비틀기, 뽑기, 던지기가 난무하는 광경을 음미했지만 쿵쾅거리는 소리와 고함지르는 소리는 달갑지 않았다. 그녀가 마침내 집으로 퇴각했을 땐 낮볕이 저물어가고 있었으며 잡초 덤불은 달라진 게 없어 보였다.

아침 노른자가 늦거나 부족하거나 엉성하게 차려지는 등의 이유로 늘 심통이 나 있던 테니스공이 언덕 위로 400미터 떨어진 둥지의 땜질 작업을 내팽개친 채 돌아와 나를 꾸짖은 적은 한두 번이 아니었다. 까치들이 언제나 그렇게 적대적이었던 것은 아니다. 미국 최초의 탐조 안내서 저자이자 존 오듀본에 의해 노랑부리까치의 학명(*Pica nuttalli*)에 이름을 올린 토머스 너톨은 아메리카 원주민 아이들이 새에게 먹이를 주어 길들이는 광경을 서술했다. 너톨은 1800년대에 스네이크강을 따라 여행하고 있었다. 그곳은 쇼숀족 거주지였다. 이곳으로부터 160킬로미터 떨어진 곳에서 너톨은 원주민 아이들이 길들인 까치와 함께 있는 모습을 관찰했다. 새와 아이의 우애는 그를 놀라게 했다. 하지만 당시 유럽에서는 까치가 "배척당하고 탄압받았"다. 사람이 한 명이면 공격했고 여러 명이면 달아났다. 까치와 그 근연종인 까마귀, 도래까마귀, 어치 등이 동물계에서 가장 똑똑한 축에 든다는 것을 보여주는 일화와 실험적 근거는 얼마든지 있다. 사람과 마찬가지로, 당신이 그들을 박해하면 그들은 박해받는 자들이 하는 행동을 한다.

색깔이 검고 신기루처럼 반짝이는 테니스공이 진의 가장 멀리 드리운 가지에 내려앉았다. 그때 나는 사냥용 톱으로 잡초를 썰고 있었다. 그녀가 꼬리를 쳐들더니 내 쪽으로 요산을 뿜었다. 솔직히 말해서, 자루가 피로 얼룩지고 무딘 날에 사슴고기 조각이 달라붙어 있지 않았다면 내 톱이 가지치기용인 척할 수도 있었을 것이다. 하여간 꽥꽥거리는 새들 옆에서 변변찮은 연장을 가지고는 효율적으로 일할 도리가 없다. 내겐 곡괭이가 필요했다. 프로젝트를 시작한 지 일주일이 지났지만 나는 밭쥐숲의 일부밖에 해치우지 못했다. 흙바닥을 기어 다니다 개미에게 물린 자리는 몇 시간째 부어 있었다. 바람 부는 오후엔 내가 풀이라도 되는 것처럼 진드기들이 달라붙었고 잠잠한 오후엔 순식간에 먹파리들에게 뒤덮여 마치 송장이 된 기분이었다. 또 다른 유럽산 외래종 사막개밀은 수백만 가닥의 섬유질 뿌리로 진흙을 꽉 움켜쥔 채 아무리 좋은 삽에도 꿈쩍하지 않을 기세였다. 게다가 내 삽은 부서진 삽이었다. 차라리 시멘트 블록에서 이쑤시개로 잡초를 파내는 게 더 수월했을지도 모르겠다. 나는 기대치를 낮췄다. 처음에는 베어내기 프로젝트로 시작되었지만 결국 솎아내기 프로젝트로 끝날 것이었다. 게다가 내겐 곡괭이가 없었다.

여우는 자기 정원의 노간주나무 가지 차양 아래에서 고개를 내밀어 숨을 들이마셨다. 큼지막한 노간주나무 뿌리들이 땅속으로 깊숙이 파고들어 그의 굴을 세 개의 주실로 나눴다. 그는 목을 뻗고서 근육이 얼얼하게 당겨지는 것을 느꼈다. 목을 좀 더 뻗고 몸을 부르르 떨었다. 아침 공기는 느낌이 좋지 않았고 풍경은 더욱 좋지 않았다. 파란지붕 대신 어렴풋한 잿빛 둔덕이 솟아 있었다. 구름이 그의 머리에 내려앉을 것만 같았다.

날씨가 따라주지 않았지만, 둥근언덕 아래쪽 무릎 높이의 풀밭에 있는 마른 수로 건너편에서는 말코손바닥사슴 뒤처리 프로젝트가 기다리고 있었다. 그는 말코손바닥사슴 사체 주위를 돌며 밤새 아무도 다녀가지 않은 것을 확인했다. 그때 누군가 그의 꼬리를 잡아당겼다. 족제비 오줌! 그는 순식간에 굴속으로 내뺐다.

그는 가운데 뿌리 기둥 옆에 웅크린 채 주실 세 곳을 탐색했다. 두 곳은 터널 통로로 빛이 들어왔으나 언덕 속 깊숙한 세 번째 방은 여전히 어둑어둑했다. 그곳은 돌이 없고 서늘하고 건조하고 안전했다. 그럼에도 사지 멀쩡한 어른 여우가 하루 종일 처박혀 있을 장소는 아니었다.

알고 보니 꼬리를 잡아당긴 범인은 무릎 높이의 선인장 칼잎이었는데, 지금은 그의 기다란 흰색 털뭉치를 흔들고 있었다. 가랑비에 비친 털뭉치는 뻔뻔한 선인장 위에 오래된 이삭처럼 매달려 있었다. 그는 녹고 있는 눈에 턱을 댄 채 쉭 소리를 냈다. 입술을 당기고 다리 하나를 선인장 옆에 디딘 채 다시 쉭 소리를 냈다. 겨우내 눈은 구멍을 메우고 선인장을 덮어 땅을 평평하게 만들었지만, 이제 눈이 녹으면서 미끌미끌한 진흙과 털 도둑 선인장이 드러났다. 선인장은 그의 길에 자리 잡은 또 하나의 잡초에 불과했다. 아무리 속상할지언정 부루퉁해 있는 것은 그날의 계획에 들어 있지 않았다. 말코손바닥사슴 사체가 기다리고 있었으니까.

진창에 빠진 말코손바닥사슴 넓적다리를 이빨로 끌어당기는 일은 덜 낙천적인 여우라면 금세 낙담했을 만큼 지지부진했다. 하지만 그는 골반뼈와 넓적다리를 연결하는 관절을 물어뜯은 뒤에 넓적다리가 묻혀 있는 축축한 흙을 파냈다. 그러고는 기다란 뼈를 이빨로 잡아당기며 집으로 끌고 갔다.

이튿날 아침나절에는 회오리손을 염탐했다. 집으로 돌아와서 보니 눈부신 햇빛을 피하는 최선의 방법은 사슴들이 들어찬 얕은 웅덩이를 건너는 것이었다. 옆구리가 얼룩덜룩한 새끼 사슴들은 엄마의 배 밑으로 고개를 들이밀었다. 암사슴들이 꿈틀거리자 사슴 등 위에서 진드기를 잡던 소새들이 균형을 잡으려고 날개를 펼쳤다. 말코손바닥사슴들이 웅덩이에 머무르고 있는 것은 애초에 들어간 것과 같은 이유에서였다. 즉, 빠졌기 때문이다. 그들은 웅덩이에 미끄러진 것이다. 사슴은 곧잘 미끄러져 들었다. 이 동작은 떨어지는 것과 비슷하지만 더 느리고 덜 극적이다. 자연의 유연성은 무한하지 않다. 떨어진 사슴이 올라가지 못하듯 미끄러진 사슴도 다시 올라가지 못한다. 얕은 웅덩이에서 빠져나오려면 힘을 내야 했는데, 사슴에겐 이 힘이 없는 것이 틀림없다. 그 힘이 있었다면 저 시시한 웅덩이에 애초에 미끄러져들지 않았을 테니까. 설상가상으로 비교적 작은 함몰부에는 사슴이 몇 마리밖에 들어갈 수 없으므로 그들은 길게 줄을 서서 미끄러져들 차례를 기다렸다. 사슴 병목현상이라고나 할까. 계획 변경! 차선의 경로는 모래 언덕을 갈지자로 지나가는 것이었다. 언덕은 맨땅이었으며 고양이 오줌 냄새가 났다. 그는 대담하되 용의주도하게 둔덕 사이를 뛰어넘었다. 고양이 한 마리가 통나무 더미 밑에서 나와 짧고 뚱뚱한 목에 얹힌 넓데데한 머리통을 까딱거렸다.

그가 고양이를 에돌아 탁 트인 초원으로 나가자 머리 위로 그림자가 지나갔다. 그림자는 언덕 위로 올라가 자취를 감췄다가 다시 돌아와 번번이 해를 가렸다. 그림자를 드리운 것은 검은수리였다. 놈은 한 발로 그의 머리를 통째로 움켜쥘 수 있었다. 수리의 다리 하나가 그의 목보다 굵었다. 사체 먹잇감 주변에서 으레 그러듯 검은수리들은 사슴의 내장을 꺼내는 데 전문 기술을 발휘했으며 필요 이상의 창의적 수법을 구사하는 경우도 많았다. 또한 그들은 기분파였다. 당신이 사체에 너무 가까이 가면 어떤 수리들은 당신의 목을 선뜻 찢어발길 것이다. 다른 수리들은 덜 선뜻 찢어발길 테고. 사체가 근처에 있든 없든 상관하지 않는 수리들도 있었다. 놈들은 여우를 찢어발기고 싶으면 찢어발겼다. 수리마다 성미가 제각각이었다. 분석하려다가는 일이 복잡해질 수 있었다. 사서 고생할 필요가 어디 있나? 또한 수리마다 기분도 제각각이었는데, 하나같이 고약했다.

풀밭 위쪽 노간주나무에서 나직이 우는 파랑새들은 가지 끝에서 수다 떠는 것을 좋아했다. 파랑새의 행동은 머리 위로 번번이 그림자를 드리우는 수리가 사냥을 하고 있지 않다는 좋은 신호였다. 아직까지는. 그는 달리는 동시에 새의 울음소리를 해석하며 제때 굴에 도착했다. 굴은 조용하고 평온했다. 입구의 바위 꼭대기에 갓 떨어진 새똥만 빼면. 하지만 그것은 다른 날 다른 여우의 과제일 것이다.

그는 푸석푸석한 절벽 아래의 굴 앞 풀밭에서 몸을 쭉 뻗고 엎드려 일광욕을 했다. 절벽 위에는 또 다른 풀밭과 또 다른 푸석푸석한 절벽이 있었다. 털이 짧고 크기가 말코손바닥사슴만 한 고양잇과 짐승 퓨마가 양쪽 절벽을 어슬렁거렸다. 대부분의 여우는 퓨마의 냄새를 맡으려고 항상 바람 불어오는 쪽으로 코를 향했지만 그는 한 수 위였다. 일광욕을 하는 가장 안전한 방법은 등의 털로 바람을 느끼며 귀를 기울이는 것이었다. 절벽에서 돌멩이 떨어지는 소리가 바람소리와 동시에 들리면 아무 문제 없었다. 하지만 바람이 불지 않는데 돌멩이가 떨어지면 버려진 오소리 구멍으로 잽싸게 뛰어들어야 했다.

이튿날, 회오리손과 파란지붕으로 향하는 그늘진 코스의 유일한 도로가 사슴똥으로 덮여 있었다. 암컷 사슴의 행렬이 길을 따라 이어졌다. 각자 자기 앞에 있는 사슴의 항문에서 일제히 뿜어져나온 알똥에 미끄러졌다. 사슴은 풀을 먹는 짐승이기에, 주변을 꼼꼼히 분석해야 할 책임이 면제되었다. 수컷 한 마리가 자갈밭 둑에 미끄러졌다. 앞서 미끄러진 또 한 마리는 엉덩이부터 몸을 일으키고 있었다. 저러니 다리를 저는 사슴이 많을 수밖에. 방금 내리기 시작한 비가 본격적으로 퍼부으면 어쩌려고.

집 가까이에 세이지브러시가 하나 있었는데, 줄기가 길어서 비를 막아주었다. 하지만 그곳은 배불뚝이 까치의 둥지 근처여서 소란스러웠다. 그녀는 육아에 매인 채 긴 꼬리의 남편이 음식을 가져다주길 기다리며 시끄럽게 울어댔다. 세이지브러시와 집 사이에서는 사슴들이 겅중거리며 떫은 떨기나무의 매끄러운 잎을 뱉었다. 물론 버려진 오소리 구멍이 그에겐 더 조용한 피난처였지만, 안 그래도 구름과 비로 세상이 쪼그라든 마당에 어두운 구멍 속에 틀어박혀 세상을 더 좁힐 필요는 없었다. 게다가 세이지브러시 옆에서는 창밖을 내다보는 회오리손을 볼 수 있었다.

비가 그친 뒤에도, 마지막 물방울 하나까지 세이지브러시에서 떨어진 뒤에도, 해가 구름을 밀어낸 뒤에도, 회오리손은 여전히 실내에 있었다. 저렇게 일 안 하는 동물은 처음 봤다. 아무리 기다려도 그녀가 밖으로 나오지 않자, 지루함을 좀처럼 견디지 못하는 그는 축적된 에너지를 소비할 장소를 찾아 떠났다.

그날 저녁 그가 집에 돌아오는 길에 곤죽이 된 떨기나무 무더기가 발밑에 널브러져 있었다. 그날 아침 끈적끈적한 잎을 게운 바로 그 사슴들이 돌아와 자신들이 먹은 잎보다 더 많은 잎을 뱉어낸 것이 틀림없었다. 사슴들은 내일도, 모레도, 가을까지 매일같이 같은 떨기나무에서 잎을 뜯어 먹을 것이다. 매일같이 잎을 뱉어내고는 긴 턱을 이리저리 돌리며 놀란 표정으로 서로 쳐다볼 것이다. 마치 이렇게 묻는 것처럼. 맛이 이렇게 지독한 걸 왜 아무도 몰랐을까?

비의 물결이 철제 지붕을 때리는 소리에 잠에서 깨면 기분이 싱숭생숭하다. 나처럼 지붕 위에서 쿵쿵거리는 까치 무리와 함께 사느라 신물이 난 사람에겐 딱히 그렇지도 않지만. 게다가 폭풍우의 모양은 소리보다 더 오싹했다. 나는 창문에 코를 갖다 대고 펼친 손바닥을 붙였다. 우블렉이었다.

닥터 수스는 그림책 『바살러뮤와 우블렉*Bartholomew and the Oobleck*』을 한 가지 색깔로만 칠했다. 그의 의도는 인간과 날씨의 관계를 탐구하는 것이었는지도 모르지만, 글이 미지의 바다로 출항하고 나면 악의 없는 해적(독자)을 누가 말릴 수 있으랴? 검은색, 흰색, 초록색으로 그려진 수스의 책에서 얻을 수 있는 교훈은 이것이다. 진정하고, 대자연을 상대로 법석 떨지 말라. 이 이야기에서 눈과 비를 비롯한 평범한 기상 현상이 지겨워진 국왕은 마법사에게 새로운 형태의 강수降水를 만들어내라고 명령한다. 자신이 하늘을 다스린다는 사실을 일깨우기 위해 대자연은 투정 부리는 국왕에게 우블렉을 떨어뜨린다. 우블렉은 걸쭉하고 끈적끈적한 물질로, 녹지도 증발하지도 않는다. 지겨움이 이 새로운 물질보다 낫다는 사실을 깨닫고서 국왕은 자신의 명령을 철회한다.

오늘 나는 무정형의 잿빛 우블렉을 내다보면서 더없는 절망감을 느꼈다. 레이니어산의 황야에서 레인저 일을 할 때에도 오늘처럼 짙은 안개가 해를 가려 하늘과 땅이 분간되지 않은 적이 많았지만, 그 때문에 기분이 침울해진 적은 한 번도 없었다. 안개가 허벅지를 감싸면 쪼그려 앉아 심장 모양 족두리풀 잎 밑에 숨은 대롱 모양의 적갈색 꽃을 찾으며 공기의 늪에서 벗어날 피난처를 찾았다. 근처에서 점박이 바나나민달팽이를 발견하면 폴리프로필렌 장갑을 벗어 고무 같은 몸통을 집게손가락으로 눌렀다. 일주일 동안 사람 한 명 못 볼 때도 있었지만, 민달팽이와 만나기만 해도 외롭다는 생각은 전혀 들지 않았다. 저지대에 비가 내리는 날엔 노거수老巨樹의 숲지붕 아래를 걸었고 고지대에 비가 내리는 날엔 흰 돌 지붕 아래로 곰작곰작 걸었다. 물론 당신에게 폐소공포증이 없다면 아담하고 보송보송한 오두막에 들어앉아 콜맨 난로에 불을 붙일 수도 있었겠지만.

나는 낮에 푸른 하늘이 보이지 않는 실내에는 결코 있고 싶지 않았다. 폐소공포증이라는 낱말을 들으면 아마도 당신은 옷장, 엘리베이터, 공중화장실이 떠오를 것이다. 나는 엘리베이터를 타지 않고 내 키만 한 옷장도 없으며 청바지 지퍼를 채우지도 않은 채 화장실에서 뛰쳐나오는 일이 많지만, 무엇보다 갑갑한 것은 묵직하고 낮게 깔린 구름이다. 그러면 마음이 불안해진다. 심리학자들은 폐소공포증을 좁은 장소에 대한 '비합리적 공포'라고 부를지도 모르지만 나의 행동은 비합리적이라기보다는 본능적이다.

그럼에도 당신이 이제는 오지 레인저가 아니라 생태학 수업 두 개를 가르치는 동시에 중등 숲 생태 교재를 집필하기로 첼시하우스 출판사와 계약한 대학 강사라면 실내에 머물러야 한다. 폐소공포증이야 있든 말든.

결국 나는 잿빛에 쫓겨 창문이 적은 아래층 방으로 내려왔다. 오전 7시에 무소부재無所不在하던 우블렉은 오후 7시가 되자 불멸의 존재처럼 보였다. 내가 창문을 쳐다보면 창문도 나를 쳐다보았다. 열두 시간 중에서 일한 시간은 여섯 시간이었다. 이 방 저 방 돌아다니고 창밖을 내다보고 암흑 속에서 햇빛이나 달빛의 미광을 찾으며 날씨로부터 달아나는 데 쓴 시간이 보고서를 채점한 시간과 맞먹었다. 나는 채점을 끝내지 못한 채 무지개방으로 돌아가 온라인 생태학 수업을 듣는 학생들과 함께 먹잇감 분포의 군집 패턴과 산재 패턴에 대해 토론했다.

무지개방은 욕실이 딸려 있었으며 한 끝에서 다른 끝까지가 9미터로, 위층 전체에 걸쳐 있었다. 내가 일하던 슈라이너피크 산불 감시탑만큼 작았으며 사방에 창문이 나 있었다. 건설업자는 내게 실내에서도 선글라스를 써야 할 거라고 주의를 줬다. 그의 말이 맞았다. 오두막은 언덕 비탈에 지어졌기 때문에 무지개방 뒤쪽은 지면과 높이가 같았다. 밖으로 통하는 유리문이 두 개 있었는데, 앞문은 데크로, 다른 하나는 뒷들로 이어졌다. 이중창이 여섯 개, 단창이 두 개, 문이 두 개나 되다 보니 그림 걸 자리가 거의 남지 않았다. 그래도 레이니어산, 크레이터호, 옐로스톤, 아치스 국립공원의 사진들을 비집어넣었다. 글레이셔 국립공원 사진은 천장에 매달았다. 덕분에 연기 탐지기의 붉은빛 조명에 수면을 방해받지 않을 수 있었다. 조지아 오키프의 거대한 추상 꽃 그림 프린트 세 점은 책상 뒤 벽에 걸어두었다.

책꽂이, 사진, 무지갯빛 프레임 방문 거울이 남은 벽 공간을 채웠다. 욕실에 갈 때마다 거울 앞을 지나쳤지만 사실 거울은 장식품이었다. 나는 헤어스타일이나 화장에 무심했다. 어쨌든 내 외모가 싫진 않았다. 위 앞니 사이로 도톰하게 비어져 나온 분홍색 조직만 빼고. 그건 싫었다. 사람들은 늘어진 주름띠•에 대해서는 대체로 아무 말도 하지 않았다. 나의 신체 부위 중에서 언제나 가장 관심을 끄는 곳은 튀어나온 광대뼈였다. 정말이지 툭 튀어나왔다. 당신이 내 뒤에 서 있어도 내가 미소 짓고 있는지 아닌지

• frenum, 입술과 잇몸을 연결하는 얇은 막처럼 생긴 띠 모양의 주름.

알 수 있을 정도이니까. 하지만 치과의사들은 왜 우리 부모가 주름띠를 치료해주지 않았느냐고 늘 물었다. 지금의 치과의사(와 그 전의 두 명)는 이렇게 말했다. "이건 다 어릴 때 치료받아요." 그는 주름띠가 앞니 밑까지 커진 성인은 한 번도 못 봤다고 했다. 나도 못 봤다. 내가 주름띠를 본 시간이 그가 본 시간보다 길 거라 확신한다. 주름띠는 내가 응석받이로 자라지 않았다는 증거였다. 그것 때문에 슬프냐고? 글쎄. 너무 활짝 미소 짓거나 너무 빨리 미소 지으면 주름띠가 찢어져 피가 났다. 웃음을 터뜨릴 때도 마찬가지였다. 주름띠에서는 언제나 피가 나는 것 같았다. 나의 대답은 말 안 해도 아시겠지?

무지개방에는 보라색에서 파란색, 초록색, 노란색, 주황색, 빨간색, 감청색까지 저마다 다른 색깔의 허니콤 블라인드•가 창문마다 걸려 있었다. 늦봄을 지나 여름까지 며칠에 한 번씩 무지개가 드리웠다. 쌍무지개도 흔했다. 이따금 구름이 '비의 개raindog'라는 불룩한 무지개 조각을 뱉어내기도 했다. 나는 마크 트웨인의 『유랑』을 읽고서 비의 개에 대해 알게 되었고, 트웨인은 1866년 샌드위치 제도를 탐험하다 뱃사람들에게서 들었다. 트웨인은 무지개와 비의 개에 어찌나 깊은 인상을 받았던지 쿡 선장이 샌드위치 제도라고 이름 붙인 섬들을 무지개 제도로 바꿔야 한다고

• honeycomb blind, 두 겹의 천이 겹쳐져 측면에서 벌집 모양을 이루는 블라인드.

주장했다. 물론 트웨인이 찾아갔을 때 섬들은 이름이 필요하지 않았다(쿡 선장이 찾아갔을 때도 마찬가지였다). 역사상 최초로 이 섬들을 통일한 카메하메하 1세는 쿡이 침입하기 수십 년 전에 이미 '하와이'라는 이름을 붙였다. 오만함을 눈감아줄 수 있다면, 트웨인의 제안은 무지개의 카리스마에 대한 확고한 선언이다. 그렇다. 무지개는 드물고 찰나적이다. 하지만 내가 자연을 판단하는 기준은 평소에 무엇을 하느냐가 아니라 무엇을 가장 잘 하느냐였다. 언젠가 나도 같은 기준으로 평가되었으면 좋겠다.

『모비딕』에서 이슈메일은 '하늘'이 향유고래로 하여금 콧구멍에서 무지개를 뿜어내도록 함으로써 특별한 애정을 표시한다고 믿는다. 그의 동료 뱃사람들은 고래가 하늘의 축복을 받을 자격이 있다는 것은 고사하고 포유류라는 것조차 믿지 않는다. 그래서 그를 놀리는 사람이 있냐고? 그렇진 않다. 그건 사회 분위기가 달라졌기 때문일 수도 있고, 몸무게가 140킬로그램이 나가는 식인종을 가장 친한 친구로 둔 사내에게 시비를 걸 사람은 없기 때문일 수도 있다.

짝짓기 철이 지나고 한참 뒤에 여우는 나이 많은 수컷을 맞닥뜨렸다. 엄마의 친구로, 미루나무 관목림을 거처로 삼고 있었다.

그는 꼬리가 닿을 거리에서 멈춰 고개를 쳐들고 나이 든 여우의 눈을 들여다보았다. "꽈아."

나이 든 여우는 암여우를 비롯한 말썽거리를 피해 느긋한 오후를 음미하고 싶었기에 피곤한 울음소리를 내고는 미루나무 뒤로 물러나 거죽이 팽팽한 버섯 군집 사이에 앉았다.

여우는 나이 든 여우의 어깨 너머로 캐나다두루미들을 염탐했다. 다들 날개를 활짝 펴고 개구리를 사냥하고 있었다. 긴 부리를 습지에 처박은 모습이 마치 세 발 달린 새 같았다. 여간해서는 고개조차 들지 않았다. 나이 든 여우는 부드럽고 축축한 흙 속에 주둥이를 모로 기울인 채 미심쩍어 보이는 버섯을 흡입했다. 죽거나 오후 내내 고생할 게 뻔했다. 어쨌거나 이제 우리 여우의 급선무는 무릎 아래로 고개를 숙인 세 발 달린 새들을 성가시게 하는 것이었다.

그는 올망졸망한 흰색 열매의 무게로 휘어진 스노베리 가지 아래를 지나듯 두루미들의 다리 아래로 미끄러져 들어갔다. 놈들은 펄쩍 뛰어올라 공중에서 그에게 발길질을 했다. 그가 종종걸음으로 원을 그리는 동안 놈들은 길고 날카로운 발톱으로 그에게 다가가 요란하고 실속 없는 울음소리로 위협했다. 놈들에 의해 알팔파밭까지 밀려난 그는 구불구불한 관개 파이프의 그늘을 피해 다니며 놀았다.

키로나 덩치로나 코요테보다 큰 검둥개 두 마리가 멀찍한 헛간에서 뛰쳐나왔다. 그를 향해 오고 있었다. 그는 관개 수로를 따라 언덕 아래로 달리며 미루나무 통나무를 뛰어넘고 말코손바닥사슴 냄새의 구름을 통과했다. 강에 도착하니 얼음덩어리들이 강둑을 따라 흔들흔들 떠내려가고 있었다. 계획 변경! 그는 아직 앙상한 버드나무 관목의 나긋나긋한 줄기를 따라 잽싸게 이동했다. 그러다 돌아서서 다시 언덕 위로 올라갔다.

개들이 뒤를 쫓았다. 언덕 위로? 그럴 리가. 개들은 목걸이를 둘렀고 과체중이었으며 갇혀 지낸 탓에 허약했다. 핸디캡은 신체적인 것만이 아니었다. 언덕이 잠시 평평해졌을 때부터 개들은 속도가 느려졌다. 그리고 다음 언덕이 너무 일찍 나타나자 깽깽거리기 시작했다. 그들의 짖는 소리는 여우를 겨냥했다기보다는 삶 전반에 대한 푸념에 가까웠다.

저 위쪽에서는 눈으로 메워진 도랑 위에 얇은 얼음 더께가 앉았다. 그는 얼음 더께를 뛰어넘으며 날개가 기다란 매가 된 기분이었다. 뒤따르던 무거운 짐승 둘은 얼음 속에 처박혔다. 그가 마른 모래만큼 포슬포슬한 눈밭에서 뒹굴고 나자 개들이 기진맥진한 채 헐떡거리며 다시 나타났다. 뾰족한 얼음에 정강이를 베이고 찧은 것이 틀림없었다.

그가 파란지붕에 도착했을 즈음 해가 저물었다. 이곳은 그에게 친숙한 구역이었다. 하지만 개들에게는 그렇지 않았다. 놈들은 집 앞 초지를 내달리면서 새로운 냄새와 장애물에 불안과 혼란을 느꼈다. 이것이 놈들의 정신적 핸디캡이었다.

여기서는 개가 짖는 일이 거의 없다. 나는 소리를 듣고 밖으로 나왔다. 양만 한 개 두 마리가 앞들을 가로질러 여우를 쫓고 있었다. 나는 생각할 겨를도 없이 대걸레를 집어들고서 개들을 쫓아갔다. 들판은 선인장이 드문드문 자라고 있었고 미끄러웠으며 오래된 눈으로 진창이었다. 토끼나 사슴이었다면 그냥 내버려뒀을 것이다. 하지만 여우에 대한 나의 반응은, 그땐 몰랐지만 본능적이었고 아마도 원초적이었을 것이며 도저히 주체할 수 없었다. 나는 추격에 실패하여 심란한 마음으로 집에 돌아왔다. 여우는 내가 자신을 쫓고 있는 건지 개들을 쫓고 있는 건지 알 도리가 없었다. 그는 구름에 갇힌 달 아래로 열 개의 다리와 세 마리의 발광한 동물로부터 달아나고 있었다. 달이 구름을 피해 높이 올라갈수록 구름은 더 끈질기게 달라붙었다.

공교롭게도 내가 전화번호를 받아 적은 유일한 이웃이 개 임자였다. 마르코가 자신을 밝히자 내가 더듬더듬 말했다. "당신이 누구인지 알아요. 당신 번호를 눌렀으니까요. 당신 개들이 여우를 쫓고 있어요. 여우 말이에요." 나는 과장된 단언을 쏟아냈다. 악랄하다와 간교하다 같은 낱말을 들먹였으며 개들을 단속하지 못한 마르코의 부주의를 탓했다. 딴 사람 개들이었는지도 모르지만.

존재하지도 않는 여우보호법을 빠르게 주워섬기며, 마르코가 대답하려 할 때마다 말을 끊었다.

마르코는 이탈리아어 억양의 콧소리로 전 부인, 도시, 한 마리, 미안해요, 미안해요, 미안해요 같은 낱말을 늘어놓았다.

나는 가설적 사례로 전략을 전환했다. 개가 다리가 부러지거나 발이 찔리면 수의사가 치료해주지만 "다친 여우는 죽어요. 혼자서. 싸늘하게. 고통스럽게 말이에요."

"여우라고요? 여우는 개보다 빨라요. 흰여우는 아주 빠르다고요."

나는 거짓말을 했다. "야생동물은 법으로 보호받아요. 애완동물이 야생동물을 쫓게 내버려두면 안 돼요." 그나저나 그의 말은 자신의 전 부인이 한 마리 있던 개를 데리고 도시로 떠났다는 소리로 들렸다.

통화가 끝났을 때 여우는 우리 집 계단 가장자리에 앉아 있었다. 내가 현관 조명을 켜자 그는 빰이 눈썹에 닿을 정도로 눈을 몹시 찡그렸다. 나는 겁나게 해서 미안하다고, 개들을 쫓으려 했을 뿐이라고 말했다. 그가 처음으로 내게 말했다. "꽈아." 소리를 듣자마자 그에게 성대가 없다는 사실을 알 수 있었다.

내가 불룩불룩한 오리털 코트를 꿰입고서 나의 자그마한 방문객을 지키는 동안 그는 앞들에서 코를 킁킁거렸다. 누가 보면 밭쥐가 있는지 점검하는 줄 알았을 것이다. 하지만 나는 그가 내 냄새를 익히고 있다는 것, 내가 개나 고양이와 함께 살지 않음을 확인하고 있다는 것을 알고 있었다. 그를 따라 이랑 위로 90미터를 올라갔을 때 그는 종적을 감췄다. 개들은 아직도 간간이 짖고 있었다. 폭스하운드는 빠르거나 똑똑하지는 않지만 끈기와 고집이 있다. 그들의 전략은 여우가 지쳐 나가떨어질 때까지 몰아대는 것이다. 수십 년의 선택 교배로 시간은 우리 편이다라는 주문이 놈들의 뇌리에 새겨졌다. 그러는 동안 달은 여전히 갇혀 있었고 나는 어둑어둑한 길을 걸어 집에 돌아왔다.

감각 능력이 있고 단명하는 동물이 다 그렇듯 여우는 자신의 시간을 세세하게 헤아렸다. 오늘 하루도 경착륙은 너무 많았고, 밭쥐는 너무 적었다. 다리에 털이 난 매는 사라졌고 그는 알팔파 밭에서 자신이 소를 몰아붙이도록 도와줄 청소년 매 없이 사냥하고 있었다. 하지만 개를 쫓는 소녀와 기묘하게 만나면서 그에게 아이디어가 떠올랐다. 이제 그에겐 계획이 생겼다.

그는 흙길에서 언덕으로 뛰어올라 노간주나무와 가시덤불 사이에 착지하여 자신의 굴을 향해 나아갔다. 그는 코를 허공에 쳐들고 가파른 비탈을 뛰어다니면서도 쉬거나 지치지 않고 수월하게 집에 도착할 수 있었다. 하지만 그렇지 않고 공터에 기어 들어가 자신과 (자신을 뒤따르던) 회오리손이 서로를 볼 수 있도록 너럭바위 위에 올라섰다. 그녀는 사슴보다 별로 크지 않았으며 끊임없이 덤불과 어둠 속으로 사라졌다. 그는 그녀가 몇 걸음 앞으로 다가올 때까지 기다렸다가 언덕 위쪽으로 돌아서서 어슬렁거리기 모드로 전환하여, 말코손바닥사슴들이 일렬로 걷던 길을 선택했다. 거위 깃털 냄새가 나는 소녀는 길이 넓어지자 더 빨리 걸을 수 있었지만, 밤길에서 여우와 맞먹을 수 있는 사람은 아무도 없다. 그는 그녀가 뒤처지고 있는 것을 감지하자 멈춰 서서 땅에 묻은 생쥐를 파내고는 소녀가 따라잡을 때까지 가만히 흙을 쓰다듬고 있었다. 그녀는 한동안 페이스를 유지했지만 이내 비틀거리다 끈적끈적한 토끼덤불을 움켜쥐었다(토끼덤불 위로 쓰러진 건지도 모르겠다). 그는 그녀가 집으로 돌아갈 수 있도록 앞으로 달려가야 했다. 새 파트너를 탈진하게 하는 것은 분명 계획에 없던 일이었다. 그녀는 천천히 길들여야 할 것이다.

그는 보름달을 활용하여, 구름이 달을 가리면 걷고 달이 구름을 뚫고 나오면 달렸다. 그러는 내내 그의 주문이 흘러나왔다. 시간은 누구의 편도 아니다. 끈끈한 잎의 커런트 덤불에 쓸리지 않도록 바위에 뛰어오른 뒤 그는 마지막 골칫거리인 잠자는 사슴의 둔덕을 에돌았다. 그들은 멍청한 짐승이었지만, 홀로 살 만큼 멍청하진 않았다.

비의 여우

도깨비불, 무지개의 실종, 수수께끼 같은 현관문 노크까지— 기이한 날이었다. 나는 사슴고기 스튜에게 물었다. "저기 누구 있어?" 당근 물이 든 손가락을 청바지에 닦으며 유일한 논리적 대답을 추론해냈다. "아무도 없어." 저기 아무도 없는 이유는 '저기'에 오려면 우리 진입로를 찾아내야 하기 때문이었다. 진입로는 좁고 덤불에 덮여 있어 도로에서는 거의 보이지 않는다. 설령 진입로를 발견하더라도 135미터 길이의 자갈길을 따라 몰래 들어오는 것은 불가능했다.

하지만 그날은 논리에 구애받는 날이 아니었다. 새벽녘에 구름 하나가 온 하늘을 덮고 눈 쌓여 줄무늬진 산의 중턱까지 다가와 나를 조롱했다. 구름은 위압적이지만 엉성했다. 찰나 동안만 중력으로부터 벗어나 팔을 들고 손바닥을 벌린 채 하늘을 누빈다면 저 구름을 손가락으로 꿰뚫을 수 있을 것 같았다. 한낮이 되자 구름은 내 발목을 휘감고 나를 집어삼켰다. 저녁에는 가랑비가 흩뿌리며 구름을 흩어 뾰족뾰족한 산이 모습을 드러냈다. 무지개를 찾아보았지만 하나도 나타나지 않았다. 대신 도깨비불이 습한 저녁 속으로 내려앉았다. 하도 희미해서 젖은 풀조차 빛나게 하지 못했다.

두 번째 노크는 없었다. 내가 저어야 할 스튜는 1층에 있었는데 라디오는 2층에서만 전파가 잡혔다. 뉴스가 중요하리라는 걸 알았다면 스튜를 끓이는 게 아니라 육포를 먹고 있었을 것이다.

방문객이 왜 초인종을 누르지 않았느냐고?

설마 내게 초인종이 있다고 생각하시는지?

여느 정상적인 저녁이라면, 나는 책이나 바벨에 걸려 넘어지지 않을 만큼 자연광이 남아 있는 동안은 블라인드를 걷고 조명을 꺼두었을 것이다. 이 습관은 환경 보호나 근검절약과는 아무 관계가 없었다. 매달 전기 요금은 사슴 식별 표지 가격과 비슷했으며 전화선 인터넷 서비스 요금을 조금 밑돌았다. 불을 얼마든지 켜놓아도 거뜬히 감당할 수 있었다. 마음을 가라앉히고 오늘 하루를 마무리하려면 어스름의 원시적 빛이 필요했지만, 오늘 밤의 빛은 어수선하고 으스스했기에 안에 들어오지 못하도록 블라인드를 치고 흔들거리는 촛불을 켠 참이었다.

현관문의 창을 덮은 낭창낭창한 알루미늄 블라인드에 한 손을 넣어 엄지손가락과 집게손가락으로 틈새를 벌린 다음 밖을 엿보았다. 아무도 없었다. 어쨌거나 노크를 했을 만큼 가까이 있는 사람은 아무도 없었다. 하지만 빈 현관 너머, 돌을 던지면 거뜬히 닿을 거리에 누군가 똑바로 앉아 나를 바라보고 있었다. 작고 젊은 여우였다. 나는 문을 열었다. 거북처럼 오두막에서 목만 뺀 채 말했다. "안녕." 여우는 고개를 숙이고는 목을 틀어 진입로를 내려다보았다. 나는 그의 시선을 따라갔다. 아무것도 없었다. 누가 내 자추국紫錐菊을 먹는지 보려고 설치한 부슈넬 감시 카메라는 어두워질 때까진 켜지지 않았다.

그가 여우가 아니라 사람이었다면, 나는 그의 행동을 가상의 노크객이 진입로로 달아났다고 암시함으로써 실제 노크객인 자신으로부터 주의를 돌리려는 수작으로 해석했을 것이다. 아마도 이렇게 생각했을 것이다. 그는 나를 속이려 하고 있어. 그는 어떤 정신 나간 저녁 노크객 때문에 우리 둘 다 이 중대한 불편을 겪는 척하고 있어. 하지만 바깥에 있는 자는 사람이 아니었다. 전설과 신화가 뭐라고 하든 과학자들은 여우를 모사꾼이나 사기꾼의 범주에 넣지 않았다. 그런 성격에는 선견, 계획, 의도, 야생 여우와는 전혀 무관하다고 알려진 그 밖의 수많은 특징이 필요했다. 그게 내가 박사 과정에서 배운 것이었다.

여우는 계속해서 나를 올려다보다가 진입로를 내려다보다가

했다.

나는 침입자가 있는지 확인하려고 진입로로 내려가 누구도 대답하길 바라지 않을 때 낼 법한 음량으로 "누구 있어요?" 하고 물었다. 뒷들을 둘러보다 암사슴 눈망울을 한 암사슴 한 마리와 누워 있는 새끼 사슴 두 마리를 발견했다. 내가 들은 두 번의 노크 소리는 저들 중 하나가 나무 문을 차는 소리였는지도 모른다. 누구도 오두막 주변을 배회할 만큼 대담해 보이진 않았지만. 앞들에 굴을 파고 사는 스컹크들이 밀어낸 돌멩이가 문에 부딪쳤을 수도 있다. 그들이 헤매다가 문간에 발이 걸리는 소리를 곧잘 들었으니까. 그들은 대개 벌을 미행하고 여러해살이풀의 뿌리를 뽑고 내 감시 카메라 앞에서 상스러운 포즈를 취하느라 바빴다. 하지만 자정 전에 그런 짓을 하는 경우는 드물었다.

위층으로 올라가 라디오에 귀를 기울였다. 머지않아 심상찮은 냄새와 끈적끈적한 연기가 올라왔다. 약간 불쾌하긴 했어도 뉴스보다 강렬하진 않았기에 무시했다. 연기 경보는 스튜를 구하기엔 너무 늦게 울렸다. 저녁 식사 메뉴는 흰 세라믹 접시 위의 배 한 알과 진홍색 사슴고기 소시지로 변경되었다. 배 뒤쪽에는 금박지로 싼 네모난 초콜릿 세 조각을 늘어놓아 배 껍질의 매끈매끈한 초록색을 보완했다. 나는 길쭉한 나무 쟁반에 저녁 접시를 받쳐 든 채 가는 세로줄 무늬의 장미색 소파에 퍼더앉았다. 블라인드를 끝까지 내린 것만 빼면 어느 모로 보나 훌륭한 저녁 식사였다.

두꺼운 허니콤 블라인드는 은은한 초록색이었고 벽과 양쪽 문은 장밋빛 벽돌색이었다. 흔히 '프레리 스모크'라고 불리는 야생화 게움 트리플로룸*Geum triflorum*의 꽃과 잎을 연상시키는 이 색상 조합은 레이크옐로스톤 호텔 일광욕실을 본뜬 것이었다. 이따금 소파가 텔레비전 방향으로 놓인 집들을 떠올리면 차분한 색깔이나 산, 구름을 바라보지 않으면서 밥을 먹는다는 게 어떤 것일지 궁금했다. 그저 텔레비전이 있다는 게 어떤 느낌인지 궁금할 때도 있었다.

라디오에서는 종소리 뒤로 외국어 기도문이 그윽하고 근엄하게 흐르고 있었다. 라틴어 같았다. 나이, 성별, 억양이 다양한 인터뷰 대상자들은 최근에 타계한 성인의 선행을 회상했다(나는 그에 대해 아는 게 거의 없었다). 다들 이구동성으로 오늘은 슬픈 날이고 수백만 명이 그를 애도할 것이라고 말했다. 조종이 계속 울리는 가운데 더 엄숙한 목소리들이 망인의 선행 목록에 살을 붙였다.

누군가 죽었을 때 대체로 내가 알고 싶은 것은 사망 원인이었다. 나도 저렇게 죽게 될까? 하지만 오늘 밤은 나의 선행을 망인의 선행과 비교하고 싶었다. 사람들이 나도 저렇게 애도해줄까? 내가 가장 뿌듯해하는 업적은 살아남았다는 것, 말 그대로 죽지 않았다는 것이었다. 나는 아빠의 말 한마디를 간직하고 있었는데, 그것은 그의 말이 인상적이었기 때문만이 아니라 그가 내게 말을 한 것 자체가 인상적인 일이었기 때문이다. "나는 자식을 갖고 싶지 않았다. 네가 자식을 가질지 알고 싶지 않다. 네가 어떻게 되든 내 알 바 아니다." 그는 조금 있다 이렇게 덧붙였다. "좋은 소식은, 네가 인생에서 뭐라도 이루게 된다면 적어도 내게 감사할 걱정은 하지 않아도 된다는 거다." 그가 이 말을 한 것은 내가 열두 살 때였다. 나에 대한 그의 태도를 한눈에 보여주는 이 말들은 나의 감정 상태와 나의 모든 관계와 그 뒤로 내가 한 모든 일을 짓눌렀다. 나는 그가 일부러 잔인하게 굴려고 이렇게 말했다고 늘 생각했으며, 그와 함께 집에 사는 내내 내가 사라지길 바랐음을 알리는 경고로 해석했다.

나는 사라지는 일에 매우 능숙해졌다. 내가 아직 학부생일 때 아빠가 나를 찾아내 학자금 대출 서류에 서명하라고 말했다. 그는 돈을 챙겨 사라졌다. 대출금은 내가 갚았다.

나는 사라지는 일에 더 능숙해졌다. 그것은 내게 살아남기 다음으로 큰 업적이었지만 선행 축에 들지는 못한다. 물론 (내가 이전에는 이름을 몰랐던) 지금 애도받고 있는 남자는 나보다 나이가 많았고 40년 일찍 삶을 시작했다. 그래도 오늘 나를 위해 조종이 울렸다면 종소리는 매우 짧았을 것이다. 비쩍 마른 여우를 뒤룩뒤룩 살찐 개에게서 구해줬으니 내세울 선행이 하나는 있었다. 또 다른 선행은…… 어디 보자…… 뒤룩뒤룩 살찐 개는 두 마리였다.

팔이 들어갈 만큼만 문을 열었다. 젖은 걸레처럼 후줄근한 여우는 움직이지 않았다. 하지만 비는 그쳤다. 아까 비가 오긴 했지만, 하도 드문드문 와서 통통한 짐승이 아니고서는 젖을 리가 없었다. 작고 날쌘 짐승은 얼마든지 빗방울을 피할 수 있었다. 나는 저 큰 개들이 그를 도랑에 빠뜨렸을 가능성을 고려했다. 어느 도랑이길래? 그보다는 그들이 여우를 강으로 몰아갔을 가능성이 더 컸다. 여우는 쫓기다 보면 물에 뛰어들고 심지어 헤엄쳐 건너기도 하니까. 하지만 오늘은 강물이 하도 불어서 얕은 지점에서 짧은 거리를 건넌 게 아니라면 영영 돌아오지 못했을 것이다.

그가 나를 똑바로 쳐다보았다. 일반적인 여우라면 문이 열렸을 때 달아났을 것이다. 그의 대담함은 내가 그의 영역에 속해 있음을 암시했다.

나는 문을 닫고 한참 동안 거기 서서 블라인드를 몇 번 올렸다 내렸다 한 뒤에 완전히 걷은 채로 고정했다. 밖을 내다보며 상황을 따져보았다. 결론은 명확했다. 교황 요한 바오로 2세가 선종하고 몇 시간 뒤, 흠뻑 젖은 채 오들오들 떨며 문턱 너머 바로 저기에 앉아 있던 것은 여우였다.

춤추는 파리

작은 오두막, 많은 창문, 유연한 여우. 그를 피해 다니는 것은 수학적으로 불가능했다. 이 사실을 입증하는 알고리즘은 분명히 존재한다.

2층짜리 오두막.

층마다 방 1개+욕실 1개.

네 방향을 바라보는 창문.

가시도可視度: ∞.

여우 피하기=확률 0.001인 사건.

오두막에 대한 요약: 감시할 것 없는 감시탑, 종 없는 종루.

내게 폐소공포증을 일으키는 평형 상태.

폐소공포증 말고도 내겐 오래 앉아 있지 못하는 장애가 있다. 여우의 18분보다는 길지만 사람에게 정상적으로 기대되는 시간보다는 짧다. 나는 열다섯 살까지 초등학교, 중학교, 고등학교를 다니면서 얼마나 오래 앉아 있어야 정상인지 절감했다. 미국의 학생은 지구상에서 진화할 수 있는 가장 고착성固着性 높은 생물과 맞먹을 정도로 오래 앉아 있을 수 있다. 물론 지나치게 오래 앉아 있는 건 내겐 일종의 신체적 고문이었다. 하지만 정신적 고문은 아니었기에, 신체적 고충에도 불구하고 (나를 비롯한) 많은 사람들은 고문을 감수했다.

인터넷 덕에 나는 실외에서 선 채로 강의할 수 있었다. 실내에서 일할 때는 넓은 창턱을 책상 대용으로 썼다. 수업 관련 업무를 끝낸 뒤에는 울타리를 고치고 돌덩이를 모으고 배수로를 청소하고 딸기나무에 깔짚을 덮고 눈을 치우고 자갈을 붓고 가지치기를 하며 새의 마릿수를 셌다. 밖에서 일하지 않을 땐 밖을 내다보았다.

그러니 교황 요한 바오로 2세의 선종 며칠 뒤 여우가—우리 집 문간에 나타났을 때 아무리 가련하고 궁해 보였을지언정 내가 그 뒤에 일부러 찾아보지는 않은 여우가—다시 한번 내 눈에 띄었다는 사실은 합리적인 사람이라면 누구도 이상하게 여기지 않을 것이다. 나는 매일 그를 만났다. 그는 내 진입로를 오르내렸고 내 바위에서 햇볕을 쬈고 내 초지에서 사냥했고 내 밭쥐를 데리고 도주했다. 밭쥐의 창궐은 리아트리스 참사와 (생식기가 있어 보이지 않는 짐승임에도 불구하고) 불굴의 번식력 때문이었다.

여우는 돌담 위에 서서 뒷발을 단단히 디디고 목을 뺀 채 집 앞을 둘러보았다. 회오리손은 위험하리만치 묵직한 연장을 휘두르고 있었는데, 어찌나 함부로 휘두르는지 오히려 자기가 휘둘리는 것처럼 보였다. 그게 아니라면 저 연장이 달아나려 하는 것인지도. 그는 자기 머리 두 배만 한 돌덩이를 담장에서 밀어 떨어뜨리면서도 회오리손에게서 눈을 떼지 않았다. 동작을 멈추고 돌덩이가 돌담에서 뚜르르 굴러떨어져 마른 풀을 스치고 지나가 딱딱한 진흙땅에 부딪혀 튕기는 소리에 귀를 기울였다. 그 모든 소음에도 회오리손은 아무것도 알아차리지 못한 듯 꿈쩍하지 않았다. 그는, 영리한 여우는 눈에 띄지 않았으며 계획이 있었다.

앞으로 며칠 뒤면 회오리손을 지켜볼 시간을 낼 수 있었다. 하지만 당장은 중요한 임무가 기다리고 있었기에 게으름 피울 수 없었다. 나이 든 여우가 굴을 만들어놓지 않고 떠났다. 이로 인해 버려진 영역은 그의 차지가 되었다. 건조한 위쪽 언덕바지의 주인 없는 영토는 어찌나 빨리 풀에 덮였다가 다시 드러났다가 하던지 마치 상상의 산물 같았다.

집 뒤의 자갈길을 걸으며 이따금 새 영역에 표시하려고 오줌을 누면서 그는 자신의 발소리 장단에 귀를 기울였다. 장단이 무척 단조로워서 리듬감이 무딘 사람이라면 곯아떨어졌을 것이다. 하지만 귀 밝은 관찰자는 단조로운 장단에 오히려 귀를 쫑긋 세워 당김음을 더 뚜렷이 듣는다. 이내 특이한 박자가 끼어들었다. 엇박자로 길게 끄는 희미한 소리였다. 통통한 검은색 딱정벌레가 긴 다리를 뻗어 돌멩이 위로 몸을 끌어올렸다. 잠시 정적이 흐른 뒤 딱정벌레의 머리가 여우 앞발의 억센 모서리에 짓눌려 으깨졌다. 머리가 달아난 곤충은 광란의 원을 그리며 이리저리 방향을 바꾸더니 다시 제자리로 돌아왔다. 머리가 없는 축소판 회오리손이었다.

지독한 암스컹크 냄새에도 방향을 바꾸는 일은 있을 수 없었다. 오늘따라 그가 어찌나 빨리 움직이던지 그녀는 그에게 길 위의 잡초 한 포기에 지나지 않았을 것이다. 앞쪽의 작은 언덕은 은닉처로 제격이었다. 눈에 띄는 마루지(랜드마크)이고 지하수면 위쪽에 있어서, 궂은 날을 대비하여 남은 먹이를 묻어두기에 좋았다. 언덕은 몇 걸음이면 한 바퀴 돌 수 있었다. 꼭대기에 올라가는 데는 뜀박질 세 번이면 충분했다.

작은 언덕은 엉성하게 쌓인 조약돌로 이루어졌다. 구조는 오소리무덤*을 닮았다. 곰만 한 오소리여야 하겠지만. 잠깐, 곰만 한 오

* 두더지가 굴을 파면서 밖에 쌓은 흙더미를 일컫는 '두더지무덤'에 빗댄 표현.

소리라고?

족제비 오줌! 그는 땅에 처박혔다. 정상에서 미끄러지고 말았다. 회오리손이 집 밖에서 기다란 금속 연장으로 콩 덤불을 공격하고 있었다.

저 나긋나긋한 손가락과 저 연장으로 곰만 한 오소리를 아스팔트 위의 흙파는쥐처럼 납작하게 두드려 팰 수 있을까? 물론이지! 작전 개시! 그는 뛰어내려 언덕 바깥에 오줌을 누어 이곳을 자신의 영역으로 표시했다.

그는 제 영역의 가장 높은 낭떠러지 위에서 몸을 돌려 언덕 아래를 향했다. 들어올린 다리 밑으로, 벌린 발가락 위로 또 다른 오줌 줄기가 알팔파밭 굴을 향해 발사되었다. 그의 손위 형제자매들은 자취를 감췄다. 이제 올해의 한배들이 뒤따를 것이다. 그가, 형제들 중 제일 꼬맹이가 고지대의 임자였다. 새끼 여우들은 그가 이런 위업을 달성했으리라고 상상하지 못한 채 조만간 그가 남긴 선물을 놓고 다툴 것이다. 그것은 배에 스티로폼이 든 채 반쯤 먹히다 만 생쥐였다.

그는 작은 언덕을 떠나 임무를 계속 수행했다. 그가 노상 방뇨를 다 끝내자 드넓은 새 영토가 오줌으로 둘러싸였다. 남은 일은 우쭐우쭐 이 바위 저 바위 다니며 새로 획득한 영토를 말쑥한 꼬리로 쓰다듬는 것뿐이었다. 가장 큰 바위의 냄새를 맡으려고 멈췄을 때 아주 울퉁불퉁한 표면의 작은 홈들에 물이 점점이 고여 있는 것을 발견했다. 이거면 나중에 배를 마사지하러 돌아와서 피부 보습도 할 수 있을 것이다.

그는 가장 높은 바위 위에 서서 끄트머리가 하얀 꼬리를 넓게 흔들어 이곳을 호시탐탐 노리는 악당들을 향해 새 함장이 난투극을 벌일 준비가 되었다고 선포했다. 하지만 악당은 하나도 보이지 않았다.

바위는 여우 코처럼 새까맸으며 일광욕을 할 수 있을 만큼 매끄럽고 보송보송하고 따스했다. 그는 다리를 양옆으로 벌려 양발의 가장 큰 발가락으로 바위에 매달렸다. 밭쥐 한 마리가 바위 밑동에서 냄새를 맡고 있었다. 가련한 짐승 같으니. 누군가 굴려주지 않는 한 밭쥐는 결코 위를 올려다볼 수 없음을 여우는 알고 있었다. 왜가리 목을 한 여우의 눈으로 보기엔 밭쥐들은 목이 없었으니까.

작은 언덕 뒤에서 밭쥐는 꽉 물리긴 했어도 완전히 꿰뚫리지는 않았다. 옴쭉거리는 움직임이 여우의 입술에 느껴졌다. 여우는 어금니를 악물어 가죽은 하나도 찢지 않은 채 밭쥐의 등뼈를 절단했다. 두 발 깊이로 묻힌 목 없는 밭쥐는 여우가 땅속에 숨긴 커다란 보물 상자의 첫 번째 보물이 되었다.

나는 나무 계단에 앉아 동토쑥을 발가락으로 만지작거렸다. 파리 한 마리가 무릎의 새 딱지에 달라붙어 작고 추잡한 주둥이로 피를 빨았다. 호호 바람을 불어 날려 보냈다. 하지만 놈은 몇 차례 선회하며 정찰하더니 이내 다시 딱지에 달라붙었다. 다시 바람을 불자 왱왱거리며 나를 계속 희롱했다. 나는 파리를 쫓아내는 일보다는 바라보는 일에 흥미가 생겼다. 집중력을 한층 끌어올려 저 추물이 궁둥이를 대고 앉아 '손'을 비비고 머리를 쓰다듬는 광경을 시간 가는 줄 모르고 바라보았다.

내가 그를 보았을 때 그는 2미터도 채 떨어져 있지 않았다. 그는 웅크린 채 뱀처럼 몸을 흔들었다. 대롱 같은 몸통이 구불텅거릴 때마다 내 무릎 위의 파리를 향해 조금씩 다가오는 것 같았다. 집파리를 저렇게 집요하게 쳐다보는 그의 눈에 내가 조금이라도 보일는지 궁금했다. 그는 내 팔보다 가까이 다가와 멈춰서는 눈을 굴려 내 눈을 바라보았다. 생쥐 꼬리 끄트머리가 윗입술 왼쪽에 달라붙어 있었다.

내가 속삭였다. "여우야." 그는 코를 내 무릎 쪽으로 기울여 매끈매끈한 주둥이를 드러낸 채 나하고 눈을 맞췄다. 그때 내 눈에 보인 것은 파리 한 마리와 호박색 눈 두 개뿐이었다. "여우우우우우우야." 나는 숨이 하나도 안 남을 때까지 '우'를 끌었다. "여우우우우우우야." 그러자 파리도 소리도 냄새도 움직임도 사라졌다. 두 개의 호박색 눈뿐. 무언가 찰칵했다. 나는 그의 이미지를 포착하여 머릿속에 보관했다. 그 뒤로는 내가 원할 때마다 눈을 감으면 마치 여전히 그를 응시하고 있는 것처럼 또렷하게 여우의 얼굴을 볼 수 있었다. 그 이미지가 나타날 때마다 고마운 마음이 들었다. 그의 눈은 아름답고 젖어 있었으며 놀랍도록 볼록했다.

멀리서 보았을 때는 여느 작은 짐승과 다를 바 없었다. 몸무게는 나보다 45킬로그램이나 가벼웠고 키는 내 무릎 높이에도 미치지 못했다. 하지만 우리의 시선이 어찌나 완벽하게 맞닿았던지 우리가 서로를 마주 보았을 때 크기의 차이는 사라졌다. 누군가에게서 그렇게 다정한 눈빛을 기대한 적이 있었는지 모르겠지만, 분명히 그에게선 기대하지 않았다. 그의 눈이 그렇게 다정하다는 걸 어떻게 알았느냐고? 누군가의 눈을 이렇게 가까이서 들여다본 게 처음이었기 때문에 틀림없이 직관적인 느낌이었을 것이다. 그는 내가 미소 짓고 있다는 걸 알았을 리 없지만 아마도 느리고 일정한 내 숨소리에서 환영의 기색을 감지했을 것이다.

그의 오른쪽 앞발이 아주 살짝 움직이는 것을 보았을 때 파리 대신 그의 관심을 잡아둘 게 필요하다는 걸 알았다. 손을 주머니에 넣자 커다란 구슬인지 작은 공인지 뭔가 서늘하고 동그란 게 잡혔다. 돌멩이가 분명했다. (재활용한) 놋쇠 소총 탄피를 제외하면 주머니에 들어 있을 만한 물건은 솔방울, 깃털, 콩꼬투리, 달팽이 껍데기, 세이지브러시 잎, 노간주나무 열매, 오므린 장미꽃 봉오리 같은 자연물이 전부였다. 누가 물을 때마다 나는 이 물건들이 저절로 내 주머니에 들어왔다고 말했는데, 그러다 언젠가 동료에게서 진상을 알게 되었다. 커티스와 내가 전국을 돌며 국립공원관리청의 연료 비축량을 점검하고 있을 때였다. 우리가 휴식을 위해 연못으로 향하고 있을 때 앞서가던 그가 멈추더니 바위에 기댔다. "이봐요! 또 시작이군요. 주머니에 물건 넣는 거 말이에요."

"아니에요." 나는 아니라는 걸 강조하려고 머리뿐 아니라 온몸을 내두르며 말했다. "난 안 그래요."

"방금 그랬잖아요."

내가 주머니에서 손을 꺼내자 보들보들하고 발그레한 로키산맥단풍나무(글라브룸단풍) 이파리가 나왔다. 그것이 사람 눈알이었어도 그보다 더 놀랄 수는 없었을 것이다.

"내가 보고 있어요. 무슨 일이 일어나는지 안다고요. 당신 아무래도……." 커티스는 눈을 희번덕거리며 고개를 쳐들었다.

나는 서늘한 돌멩이를 주머니에서 꺼냈다. 둥그스름한 정동•으로, 결정질 표면에 테두리는 진분홍색이었다. 돌멩이를 계단에

• 晶洞, 석회암이나 일부 엽암의 내부 빈 공간에 빽빽한 상태로 들어차 있는 결정.

올려놓고서, 그의 주의를 붙들어둘 수 있는 노리개를 찾으려고 야외용 조끼 뒷주머니에 손을 넣어 보송보송한 분홍바늘꽃 씨앗, 연남색 깃털, 니퍼를 한 무더기 꺼냈다. 무게가 달라질 때마다 조끼와 (지퍼, 단추, 찍찍이, 덮개가 달린) 아홉 주머니가 시소처럼 기울었다. "돌이야." 내가 호두만 한 정동을 또 하나 계단에 털썩 내려놓으며 말했다.

"정말로 정동이야. 맘에 들어?" 나는 정동을 얼굴 앞에 쳐들어 이것을 어디서 채집했는지, 이걸 발견했을 때 누구랑 함께 있었는지, 내가 무엇을 하고 있었는지 말해주었다. 정동을 계단에 두어 번 내려치자 여우는 똑바로 앉아 있다가 귀를 뒤로 잡아당기고 입을 다문 채 노려보았다. 날카로운 이빨을 보이면 내가 놀라리라는 걸 알고 있었던 것 같다. 나는 그와 함께 있게 되어 들떴다. 이렇게 행복한 적은 아주 오랜만이었지만 행복감은 오래가지 못했다. 누군가 우리를 볼 거라는 생각, 여우와 소통하는 것이 금기라는 생각을 떨쳐버릴 수 없었다. 잘못을 저지르고 있다는 두려움이 금세 행복감을 압도했다.

연남색 깃털을 가지런하게 쓰다듬으려 했지만 깃털은 뒤틀려 꼴사납게 뭉치기만 했다. 나는 여우에게 사과했다. "썩 근사하진 않네." 하지만 지금도 충분히 예쁘다고 생각했다. 여우의 반짝이는 눈을 보자, 깃털은 어찌 됐든 깃털이라는 생각이 들었다. 나는 주머니에서 깃털을 하나 더 끄집어내어 최근에 벌어진 파랑새 대학살에 대해 아는 게 있느냐고 물었다. "네가 앉아 있던 바위에서 이 깃털들을 발견했어."

그 바위는 분홍색, 흰색, 검은색이 섞여 있었다. 칼륨장석과 석류석은 바위에 분홍색을 입혔다. 흰색은 대부분 칼슘장석이었다. 여러 광물질이 검은색 얼룩을 남겼다. 지구 나이와 비슷하게 삼십 몇억 년 된 커다란 이 바위는 뒷들의 명당자리에 놓여 있었는데, 바위를 볼 때마다 우리 지구가 처음부터 아름다웠다는 것을 새삼 실감했다. 이 계곡을 통과하여 북쪽으로 이동한 빙하가 약 1만 5000년 전에 바위를 여기 떨어뜨렸다. 여우가 내 파랑새를 몇 마리 낚아채도 상관은 없지만, 나의 소중한 선캄브리아기 바위에서 그들을 먹지는 말았으면 하고 생각했다.

그는 얼굴을 내게 더 가까이 들이민 채 코를 낮추고 눈을 둥글게 떴다. 당신이 여우를 한 번도 본 적이 없더라도 여우가 이토록 순진무구한 얼굴로 앞에 앉아 있으면 그가 결코 파랑새를 미행하지 않았고 절단한 적은 더더욱 없으리라는 결론을 수긍했을 것이다.

내가 눈을 굴리며 말했다. "그래, 여우야. 황조롱이도 파랑새를 잡아먹어. 내가 잘못했어."

마른 뿌리는 작고 허여멀건 당근처럼 생겼다. 루이시아*Lewissia*라는 속명은 루이스·클라크 탐사대의 메리웨더 루이스를 기리는 이름이다. 1806년 7월 1일 지금의 몬태나와 아이다호 경계선 근처에서 루이스는 필라델피아 자연과학원에서 몇 달간 건조 보관되었다가 소생한 비터루트를 손에 넣었다. 종명 레디비바*Rediviva*는 '회춘하다'를 뜻하는 라틴어다. 우리가 흔히 비터루트라고 부르는 이 식물은 지름이 5센티미터인 자홍색 컵 모양 꽃을 피운다. 줄기가 없어서 꽃은 바닥에 달라붙어 있다. 나는 뿌리를 나무 계단에 올려놓았다. 조끼 주머니에서 큰 우표만 한 마닐라지 봉투를 꺼내어 고래 모양 씨앗들을 비터루트 옆에 부었다.

"아마도 매발톱꽃 씨앗일 거야. 붓꼬리숲쥐의 은닉처에서 꺼냈어. 레이니어산 스리레이크스 숙소에서 있었던 일이야. 여분의 맨틀 양말이 사라졌을 때 쥐무덤을 급습했지." 집고양이 발에나 꼭 맞을 맨틀 양말•은 내 프로판 랜턴의 가스관에 씌우는 도구였다. 내 콜맨 랜턴은 불을 붙이려면 좋은 양말 두 짝이 필요했다. "어쨌거나 나는 쥐가 양말을 가지도록 내버려뒀단다." 나는 한숨을 내쉬며 고개를 저었다. "사방에 이빨 구멍이 나 있었거든." 나는 집게손가락과 가운뎃손가락을 움직여 이빨로 물어뜯는 흉내를 냈다. 여우는 반짝거리는 검은색 씨앗에 코를 바짝 갖다 댔다. 나는 씨앗을 빼돌린 것은 더는 쥐가 좀도둑질을 못 하게 하기 위해서였다고 말했지만, 거짓말이었다. 붓꼬리숲쥐와 마찬가지로 나도 반짝이는 노리개에 사족을 못 썼다.

관계가 시작될 때는 서로를 마주 보고 있지 않아야 대화가 수

• mantle socks, 가스 랜턴 심지.

월한 법이다. 나는 내 노리개들에 집중하느라 여우에 대해 잊었고, 그는 온갖 노리개의 냄새를 맡느라 나에 대해 잊었다. 그게 '보여주며 말하기'의 비결이다. 독백으로 시작하여 시나브로 대화에 스며드는 것. 유치원에서 교사들이 이 방법을 쓰는 것은 놀랄 일이 아니다. 자의식을 가라앉힘으로써 수줍은 아이들도 남들 앞에서 이야기할 수 있도록 유도하기 때문이다.

나는 손을 오므린 채 아름다운 .30-06 탄환의 놋쇠 탄피 두 개를 달그락거렸다. 여우가 벌떡 몸을 세웠다. "이건 어디서 났는지 모르겠어." (물론 알고 있었다.) 두 손가락으로 굴리자 놋쇠 탄피가 햇빛을 받아 반짝거렸다. "어…… 어쩌면 노새사슴이었는지도 몰라. 듀푸이어 근처 동면東面에서 말이야. 확실하진 않아." 그가 가까이 다가왔다. 창문을 들여다보았다면 노새사슴 박제가 벽에 걸려 있는 것을 보았겠지만, 그는 다시 초대받고 싶어하는 여느 손님처럼 못 본 체했다.

나는 언제나 총이 좋았다. 개머리판과 손잡이가 나무로 된 구식 총 말이다. 어릴 적에 할아버지는 나를 티버드• 뒷좌석에 권총과 함께 태우곤 했는데 그는 운전하면서 나에게 경찰이 있나 잘 보라고 말했다. 아마도 농담이었을 것이다. 하지만 나는 이 놀이가 맘에 들었다. 뭔가 중요한 일을 한다는 흥분이 좋았다. 우리는

• T-Bird, 포드 선더버드 자동차.

한 번도 단속당하지 않았다. 할아버지는 나를 폭력적으로 대하지 않았기에 나는 총기를 두려워하거나 총기에서 폭력을 연상하지 않았다.

여우가 떠나려는 듯 고개를 돌렸을 때 나는 또 다른 노리개를 꺼냈다. 우리는 밀고 당기기를 하며 팔 하나 반 거리에 안착했다. 그 지점에서 내가 5센티미터 다가가면 그는 5센티미터 물러났고 내가 5센티미터 물러나면 그는 5센티미터 다가왔다. 마치 둘리틀 박사님의 머리 둘 달린 푸시미풀유•처럼 우리의 동작은 딱 맞아떨어졌다.

그는 앞다리 하나를 올리고 등을 활처럼 구부린 채 노획물 하나하나에 코를 박았다. 금방이라도 달아날 수 있는 자세였다. 그 뒤로 몇 달간 나는 식료품점에서 수다쟁이에게 붙들렸을 때 바로 이 자세를 흉내 냈다. 나를 구석에 몰아붙인 두 사람은 내가 어깨를 내밀고 싫은 티를 내도 아랑곳하지 않았지만, 나는 배에 힘을 주고 다리를 살짝 들어올리고서 재빨리 달아날 수 있었다.

며칠 뒤 나는 보라색 창턱을 책상 삼아 학생들의 에세이를 붙들고 씨름을 하고 있었다. 여기서 '씨름'이라 함은 『랜덤하우스 영어사전』 완전판에서 표절하다의 완곡어법 표현을 찾아보았다는

• 『둘리틀 박사 이야기』에 등장하는 동물로, 가젤과 유니콘이 합쳐졌는데 머리가 둘이지만 몸은 하나여서 따로따로 움직이지 못한다.

뜻이다. 이 4.5킬로그램짜리 책은 20년 전 몬태나주 캘리스펠에서 10센트짜리 커피잔과 함께 샀다. 랜덤하우스는 표절하다 대신 '-napping'을 제안했다.• 여기다 단어word, 아이디어idea, 사실fact을 붙이면 된다. 아니면 '올가미를 씌우다'라는 뜻의 라틴어 어원에서 파생한 더 점잖은 낱말인 도용appropriation을 쓸 수도 있다. 사전 위로 창밖에서는 사냥을 위해 코를 쫑긋거리며 여우가 필박스언덕을 끈기 있게 가로지르고 있었다. 모른 척하기엔 너무 가까웠고 안에서 제대로 보기엔 너무 멀었다. 단어를 납치하는wordnapping 학생은 좀 기다리라지.

여우는 갈지자로 오르내리다 완만한 모퉁이에서 방향을 돌려 조금씩 내 쪽으로 다가왔다. 그가 내 샘에 도착했을 때 적갈색 옆구리 뒤쪽에서 언뜻 맨살이 보였다.

옴이었다.

내가 이 땅을 처음 매입하여 등기증을 거머쥔 채 주변을 둘러보았을 때 잘 익은 푸른그라마풀의 초승달 모양 이삭들이 회갈색과 황갈색 들판 위로 힘겹게 올라와 나를 반겼다. 나는 사랑에 빠졌다. 바로 그 순간 이 땅과 여기 사는 모두에 대한 책임을 기꺼이 떠안았다. 내가 돛대 꼭대기에 서 있는 한 아무도 옴으로 죽게 하지 않을 작정이었다.

• '납치하다'를 뜻하는 영어 단어 'kidnap'에 빗댄 표현.

"옴진드기 옴sarcoptic mange은……" 석관sarcophagus이라는 낱말이 떠올라 잠시 딴생각을 하다가 인터넷 문서를 계속 읽어 내려갔다. "진드기에 의해 발병하며 일반적으로 여우를 천천히 고통스럽게 죽인다." 영국국립여우복지협회(NFWS)에서 제공하는 이 웹사이트에는 의료 정보, 조언, 그리고 합성 의약품이나 (비상시에는) 마늘로 치료한 여우의 전과 후 사진이 올라와 있었다. 당신의 여우가 마늘에 질색하면 NFWS에서는 의약품을 무료로 보내준다.

어쩌면 그 무료 의약품이 300년간의 여우사냥에 대한 보상이라고 생각했는지도 모르겠다. 말, 장거리 추격, 여우를 찢어발기는 사냥개 무리로 이루어진 현대의 여우사냥은 1750년 한 영국 십대의 사냥개 번식 계획에서 시작되었다. 1910년 즈음에는 여우사냥이 어찌나 단단히 자리 잡았던지 여우가 희귀해져 유럽 대륙에서 수입해야 할 지경이었다.

여우사냥은 2004년 잉글랜드에서 그럭저럭 불법화되었지만, '스포츠'로서의 여우사냥(내게는 여우를 잔인하게 학살하는 의식처럼 보이지만)은 금지 이후에도 여전히 인기를 끌었다. 내가 옴에 걸린 여우 한 마리를 구하려 애쓰던 해에 잉글랜드에서는 사냥개들이 여우 2만여 마리를 죽였다. 이 숫자에는 사냥개의 미각을 유지하려고 주인들이 산 채로 먹인 새끼 여우들은 포함되지 않았다. 인터넷에서 발견한 정보 중에는 경악스러운 것도 있었다. 사체를 검사한 수의사들은 여우들이 여러 군데 중상을 입고 "고통 속에서 죽었"다고 보고했다. 하운드오프라는 비영리 단체에서는 여우가 자신의 내장을 배에 두르고 있는 사진을 공개했다.

내 친구 더그와 천에게서 줄리언 펠로스의 드라마 〈다운튼 애비〉를 추천받지 않았다면 여우사냥을 전혀 이해하지 못했을 것이다. 나는 PBS에서 전체 시리즈를 DVD로 구입했다. 6부는 1925년을 배경으로 시작되는데, 엽사들이 검은색 실크해트와 빨간색 블레이저 차림으로 말을 탄 채 하인과 집사들에게 음료(내 생각엔 샴페인 같다)를 대접받는다. 엽사들 주위로 흥분한 사냥개 무리가 보이는데, 놈들은 여우를 살해할 준비를 하고 있다. 다들 얼마나 세련되어 보이던지. 그땐 동성애자가 진실을 숨겨야 했고, 결혼하지 않은 남녀가 호텔에 함께 묵었다가는 협박당해 돈을 뜯겨야 했고, 사생아를 임신한 여자는 외국에서 아이를 낳아야 했다. 자동차와 전화는 드물었고, 스커트는 종아리 중간까지 내려와야 했다. 그로부터 100년도 채 지나지 않아 〈다운튼 애비〉의 도덕관은 기억 속 과거가 되었다. 여우사냥만 빼고.

'여우사냥foxhunting'이 한 단어인 것은 박새titmouse가 생쥐mouse가 아니듯 여우사냥도 사냥이 아니기 때문이다. 엽사들은 여우의 고기나 가죽을 취하지 않는다. 유해조수를 박멸하는 수단이라기엔 경제적으로 효율적이지도 않다. 여우사냥은 많게는 60마리나 되는 사냥개들이 으르렁거리며 조그만 여우를 쫓고 그 뒤로 성인 남녀가 키 큰 백마를 타고서 "탤리 호Tally ho!"라고 외치며 언덕과 계곡을 달리는 의식이다. 그러는 내내 빨간색 양모 블레이저와 (방울뱀이 출몰하는 지역에서 신으라고 만든) 무릎 높이 부츠 차림을 하고 있다. 이보다 더 우스꽝스러운 광경이 어디 있을까?

이 모든 일에 여우가 꼭 필요하냐고? 내 말이 그 말이다.

셰익스피어의 『오셀로』에서는 "영광된" 전쟁이 "장쾌함, 화려함, 호사로움"으로 이루어졌다고 말한다. 여우가 없으면 여우사냥의 화려함은 호사로움을 잃을 것이다.

여우를 죽이는 이유로 이보다 더 어처구니없는 것은 상상하지 못하겠다.

여우는 말라버린 샘의 어렴풋한 흔적을 조심스럽게 디뎠다. 마늘과 날달걀의 혼합물이 담긴 채 일렁거리는 그릇이 기다리고 있었다. 그는 한 번 길게 냄새를 맡더니 뒤로 물러났다. 앞다리 사이에 약을 둔 채 그릇 테두리에 코를 갖다 댔다. 하지만 혀를 달걀에 적시진 않았다. 노른자 하나를 더 넣어도 소용없었다. "넌 누구에게 가정 교육을 받았니, 여우야?"

"난 알아. 나도 그랬거든."

그가 몇 걸음 더 물러났다.

"하지만 내 말 들어봐. 몸에 좋은 음식은 맛이 없단다. 그게 인생이야. 누구나 아는 사실이라고."

생각해보라. 맛없는 음식은 건강을 증진하는 반면에 기름지고 짭짤하고 달짝지근하고 맛있는 음식은 건강을 해친다. 안 그러면 구역질 나는 음식을 사람들이 뭐하러 먹겠는가? 맛없기로 말할 것 같으면 케일만 한 게 없기에 집 안에 들어가 냉장고를 열어 그에게 보여줄 거리를 가져왔다. 나는 여우에게 우리가 혐오스러운 식품을 먹는 이유는 '설루브리어스salubrious'(건강에 좋다)하기 때문이라고 말하고는 케일을 한 입 베어물어 씹었다. 찌푸려진 오만상을 간신히 펴고서 설루브리어스라고 한 번 더 말했다. 자주 발음할 일이 없는 낱말이었기 때문이다. 그랜드티턴 국립공원을 탐방하다가 수강생들에게 이 낱말을 썼더니 그들은 마치 내가 안쓰럽다는 듯 멋쩍게 웃었다.

나는 퀴퀴한 케일 이파리를 여우 면전에 대고 흔들었다. 냄새는 케일의 없음을 웅변했다. 짭짤함이 없고 달콤함이 없고 고소함이 없다는 것을. 누가 케일을 좋아서 먹겠어? 어떤 여우도 그러지 않을 거야. 우리가 앉아서 서로 마주 보는데, 그의 뒤에서 볼록한 상현달이 산 위로 솟아오르고 있었다. 나는 그를 무시한 채 달이 봉우리에 올라와 보라색 구름으로 줄무늬진 누르스름한 하늘로 떠오르는 광경을 바라보았다. 그 어디의 그 누구라도 저런 광경 앞에서는 숨을 죽였을 테지만, 여우는 미심쩍은 푸성귀를 주시해야 했기에 푸른 산등성이 위로 달이 뜨는 장면을 놓쳤다.

내가 케일을 한 입 더 베어물며 말했다. "이건 맛없는 걸 만회하고도 남을 만큼 몸에 좋단다." 맛은 정말로 지독했다. 몸에 여간 좋지 않고서는 먹으라고 권할 수 없을 정도였다. 몸에 지독히 좋다 해도 내키지 않았다. 나는 냉장고에서 케일을 몽땅 꺼내 여우가 등을 돌리고 있는 사이에 토끼 퇴치용으로 라일락 주변에 뿌렸다. 케일이 저 맛을 만회하려면 얼마나 건강에 좋아야 하는 걸까?

불로초는 되어야 하지 않을까.

그래 보이진 않았기에 그 뒤로 다시는 케일을 사지 않았다. 여우는 달걀흰자에 대해 그런 심정이었던 것 같다. 마늘이 들어 있든 안 들어 있든 먹지 않았을 것이다. 달걀을 통째로 주자 그는 혀를 숟가락처럼 써서 흰자와 노른자를 분리했다. 그릇 안에서 흰자를 돌돌 핥아 골프공만 한 멍울을 만들었다. 달걀흰자와 타액을 뭉친 공이 접시 테두리에 달라붙어 반짝반짝 흔들리는 동안 여우는 마늘과 노른자 혼합물을 후루룩 마셨다.

그때부터 나는 마늘이 함유된 생노른자를 그릇에 담아 토닉 아래 놓았으며 달걀껍데기는 흙이 뭉그러지지 않고 물빠짐을 좋게 하려고 으깨서 진흙에 박아넣었다. 예전에 테니스공은 노른자가 든 껍데기를 부리에 물고서 날아올랐지만 이제 껍데기가 사라지자 그릇의 미끌미끌한 테두리를 발가락으로 움켜쥐고 서 있느라 애를 먹었다. 균형을 잡으려고 날개를 위로 앞으로 퍼덕이며 발톱을 마구잡이로 휘둘러 그릇을 할퀴어도 소용이 없었다. 그릇 옆에 서서 테두리 위로 목을 늘여도 부리가 몰랑몰랑한 노른자에 닿으려면 딱 1센티미터가 모자랐다. 그릇이 더 작거나 노른자가 더 많았으면 문제가 해결되었을 것이다. 하지만 그건 그녀의 문제이지 내 문제는 아니었다. 예전에 그녀는 달걀껍데기를 식료품 봉투처럼 써서 아직 깃털도 나지 않은 새끼들에게 노른자를 가져다주었다. 굶주린 어린 까치의 울음소리를 들어본 적 있는지. 당신이 나였더라도 그들을 닥치게 할 수만 있다면 어떤 법적 조치와 실력 행사도 마다하지 않았을 것이다. 나는 울음소리를 무시했다. 테니스공의 고뇌를 목도하면서 고소해했는지도 모르겠다. 우리의 관계가 이런 식으로 흘러간 것은 내가 이사 왔을 때 그녀가 여기에 둥지를 틀었기 때문이다. 따라서 내가 그녀를 좋아하지 않은 것은 그녀의 잘못이었고, 경멸당하는 데에 과민하게 반응한 것은 나의 잘못이었다.

한마디 덧붙이자면 법적 조치와 실력 행사를 한꺼번에 추진하는 것은 불가능하다.

여우가 마늘을 먹고도 상태가 나빠졌다면 나는 그를 별채에 보관된 하바하트 이동장에 넣고 차에 실어 수의사를 찾아갔을 것이다. 기꺼이 진료하겠다는 수의사가 없으면 지역구 상원의원을 찾아갈 작정이었다. 몬태나에 옴을 들여온 것은 연방정부이므로 그 피해를 해결하는 것은 그들 책임이다. 게다가 옴이 들어온 것은 우연한 사건도 아니었다. 연방정부는 코요테와 늑대가 정착민들의 가축을 잡아먹는다고 생각하여 1900년대 초중반 내내 옴을 동원했다. 방법은 이렇다. 토지 관리인들이 양과 소의 사체를 모아

옴진드기를 옮긴다. 그러고는 사체를 굴 근처에 둔다. 여우, 늑대, 코요테가 옴진드기 옮은 사체를 먹는다. 사체에 있던 옴진드기가 살아 있는 짐승에게 옮아가 최대한 많은 늑대, 여우, 코요테의 최대한 많은 털을 여섯 개의 지저분한 다리로 감싼 채 옴균을 포식자의 혈류에 주입한다.

토지 관리인이 일부러 감염시켜 풀어놓은 '유다 짐승'*도 옴을 퍼뜨렸다. 유다 기법이 어찌나 인기를 끌었던지 1905년 몬태나주는 감염 동물을 이용한 포식자 개체수 억제를 의무화하는 법률을 제정했다. 주州 수의사는 늑대 여섯 마리와 코요테 여섯 마리를 옴균에 감염시킨 뒤 이 유다 짐승 열두 마리를 놓아주어 동료들을 감염시키게 했다.

옴에 대한 정보를 검색하다가 무분별한 잔학 행위를 성토하는 설교를 접했는데, 설교문에는 농부들이 여우를 학대한다는 1944년 〈라이프〉 잡지 기사가 인용되어 있었다. 기사에 묘사된 여우 살해 방법에 따르면, 다수의 남자, 여자, 아이가 여우를 은신처에서 들판으로 몰아내어 에워싸고는 두들겨 패며 천천히 죽였다고 한다. 사진도 몇 장 보았다. 굵기가 빗자루만 한 무기로는 치명타를 가할 수 없었다. 어떤 사진에서는 한 무리의 사람들이 손에 작대기를 들고 얼굴에 웃음을 띤 채 상처 입은 여우 한 마리

* 다른 염소들을 도살장으로 이끄는 염소를 '유다 염소'라고 부르는 것에 빗댄 표현.

에게 다가가고 있었고 다른 사진에서는 어린아이가 여우를 때리고 있었으며, 또 다른 사진에는 사냥꾼이 때려 죽일 여우를 들고 있다라는 설명이 달려 있었다. 기사를 읽고 나서 내린 결론은 고통과 굴욕을 극대화하는 방식으로 여우들이 학살되었다는 것이었다.

여우 학살이 벌어지던 날 누군가는 뒤로 물러서 있었으리라 믿는다. 어쩌면 그는 『어린 왕자』를 읽고 감동받은 어린 소년이었을 것이다. 나도 그랬으니까.

내가 글레이셔 국립공원에서 계절 일자리를 구해 일하고 있을 때 강 안내인과 교환한 책이 『어린 왕자』였다. 스키 캠핑을 갈 때 이 페이퍼백을 가져갔다. 래슨 국립공원의 휑한 야영지에서 홀로 책을 읽으며 어린 왕자를 사모하게 되었다. 여우에 대해서는 별로 기억나지 않았다. 인생이란 이런 거지라는 생각이 들었다. 자신이 있는 자리에서 출발하여 앞으로 나아가는 거야. 어린 왕자가 했던 것처럼 말이야. 뒤를 돌아보며 자신에게 바보 같은 질문을 던지면 안 돼. 내가 그를 사랑한 것은 그가 어린 동시에 늙었기 때문이요, 그에게 그럴싸한 배경 설명이 전혀 없었기 때문이다. 탓할 과거지사는 아무것도 없었으며 모든 것은 미래의 일이었다. 내가 원한 미래는 동물과 함께하는 것이었다. 글레이셔 국립공원에서 온갖 야생동물과 더불어 일하고 살아가면서 내린 결정이었다. 그 주에 야영지를 떠나기 전 몬태나 대학교 동물학과에 입학 지원서를 썼다. 동물에 대한 글을 쓰고 싶다고 적었다.

매주 수요일 오후 2시, 술집 안주인은 두 시간 짬을 내어 몬태나주 윈체스터의 유일한 사서가 된다. 여느 수요일처럼 오늘도 소년 하나가 술집의 2인용 초록색 벨벳 소파에 앉아 만화경을 돌리며 차례를 기다린다. 밖에서는 임신한 암양 수백 마리가 술집 앞을 지나쳐 저지대 분만장으로 향한다. 술집에 딱 하나 있는 화분 식물의 뾰족하고 매끄러운 잎 사이로 소년은 말을 탄 양치기들 중에서 자신의 형을 발견한다. 유리창을 더럽히고 싶지 않아, 치켜든 손을 유리창에 닿지 않을 만큼만 최대한 가까이 가져다 댄다. 철분이 풍부한 먼지가 하늘로 소용돌이치다 양들의 곱슬곱슬한 등에 내려앉아 검붉은 줄무늬를 그린다.

도로가 텅 비자 소년이 가죽 가방을 어깨에 메고 사서를 따라 육중한 참나무 문 밖으로 나간다. 그녀가 말똥 무더기를 가리키며 말한다. "신발 조심하렴!" 굳이 돌아서서 소년이 고개를 끄덕이는지 확인하진 않는다. 그가 오줌 웅덩이와 암양 똥 무더기를 조심조심 피하느라 삐뚤빼뚤 걷는 소리가 들린다. 술집이 짙은 색 통나무로 지어진 것과 달리 도서관은 흰 물막이 판자와 붉은 뼈대로 이루어졌으며 창문 달린 문이 하나 있다. 돌로 경계를 지은 꽃밭이 주위를 둘러쌌다. 건물 앞면을 보니 수학 시간이 떠오른다. 정사각형 외벽에 이등변 삼각형이 얹혀져 있다.

도서관에 들어서자 장식품으로 뒤덮인 카드놀이 탁자가 그를 반긴다. 냄비 받침, 찻주전자 덮개, 아기 턱받이는 모두 그레인지 농민회 회원들이 뜨개질한 것으로, 판매 수익으로 조성한 기금은 도서 구입과 건물 난방에 쓰인다. 그는 곧장 신간 바구니로 가서 담황색 머리의 소년이 행성에 홀로 서 있는 표지의 책을 발견한다. 행성은 몬태나의 새벽 색깔인 감청색의 하늘에 떠 있다. 책이 뉴욕시에 풀린 지는 5년이 다 되어가지만 이곳 몬태나 양치기 마을의 역대 도서관 위원회들은 요상한 이름의 외국 태생 저자들이 쓴 책을 들여놓기를 꺼렸다. 소년은 도서관 연필을 깎아 필기체로 이름을 쓰고는 흑연가루를 불어 날린 뒤 대출증을 내민다. 집에 오는 길에 갯보리 줄기를 꺾어 세 번 접은 다음 책갈피 삼아 페이지 사이에 끼워넣는다.

환상적인 그림이 책을 장식하고 있다. 뱀, 양, 사업가, 왕 같은 등장인물들은 푸딩처럼 평범하다. 가시 돋힌 장미들은 무례하다. 소년의 아빠는 소와 양을 치고 단발기를 날리고 개인 비행장을 가지고 있다. 엄마는 빨간색과 노란색의 장미들을 문간 아치에 매단다. 장미들은 번번이 아치에서 떨어진다. 아빠는 장미에 머리를 맞을 때마다 중얼거린다. "구제 불능이군. 내 양치기 개가 당신의 망할 장미만큼 제멋대로라면 쏴버릴 거요."

여우를 학살하는 날이 되자 소년은 양치기들과 으르렁거리는 개들을 따라 도살장으로 간다. 그때 기둥과 가로대를 일렬로 엮어 만든 소막이도랑이 그를 막아선다. 소막이도랑은 쇠 파이프들을 딱 소 발굽 너비만큼 띄워 깊은 구덩이를 덮은 것으로, 소들이 못 지나가게 하는 데 효과적이다. 미끌미끌한 쇠 파이프 위에서는 발굽으로 균형을 잡을 수 없기 때문이다. 반면에 사람들은 느릿느릿 조심조심 발을 디디며 건넌다. 소막이도랑을 건넜다는 것은 그날 울안에 들어간 모든 마을 사람들이 신중하고 의도적인 선택을 했다는 뜻이다.

소년은 여우들이 비명 지르는 소리를 듣고 피 냄새를 맡고 상처를 상상하고 새 책에 나온 여우에 대해 생각한다. 살아 있는 여우는 멀찍이서 어렴풋이 본 게 전부였지만, 이젠 여우에 대해 알고 싶어진다. 휴경지에 가만히 앉아 있으면 온순한 여우가 다가올까? 올해 소년은 소막이도랑을 건너지 않는다. 그는 『어린 왕자』 표지의 소년처럼 자신도 이 행성에서, 너무 작아 자신과 은퇴한 블루힐러 양몰이개가 있을 공간밖에 없는 행성에서 혼자인 건 아닌지 궁금해진다. 교장이나 저녁 밥상에 앉아 있는 여자, 말들에게 꿀을 가져다주는 남자가 자신과 전혀 다른 행성에 사는 건 아닐까 하는 생각이 이따금 든다. "어떻게 이럴 수 있지?" 그가 혼잣말을 한다. "나와 같은 시간과 공간에서 살아가는 사람들은 낯설게 행동하는데 오히려 내가 한 번도 가보지 못할 대륙의, 내가 전혀 모르는 언어를 쓰는 나라에서 온 비행기 조종사가 온 세상을 통틀어 내게 양 그려주는 법을 아는 유일한 사람이라니."

양을 제대로 그리는 법을 아는 상상 속 외국인과 저녁 밥상에 앉은 소년을 이어주는 것은 무엇일까? 그것은 영혼이다. 어린 왕자의 여우에 따르면, 그것은 우리가 "가슴으로만" 볼 수 있는 본질적인 것이다. 혈연, 법률, 상거래, 물리적 근접성은 우리를 가족, 이웃, 친척, 동료와 이어주지만, 가슴의 연결은 시간과 공간을 초월한다. 생텍스는 알고 있었다. 그의 어머니 마리 드 퐁스콜롱브 자작 부인이 아들에게 걸맞은 친구들을 줄 세우려 했다면 레옹 베르트는 일차 후보에도 들지 못했을 것이다. 하지만 스위스의 엘리트 기숙 학교 졸업생 앙투안 드 생텍쥐페리는 자신보다 스무 살 많은 공립 학교 중퇴생 레옹을 "이 세상에서 가장 친한 친구"로 묘사했다. 레옹은 신랄한 재치의 칼럼과 미술·사회 비평으로 유명했으며, 보헤미안이자 무정부주의자이자 유대인이었다. 1940년 히틀러 군대가 파리를 침공하자 레옹은 걸어서 쥐라 산맥으로 도피했다. 가톨릭 신도로, 이미 환대받고 유명해져 있던 생텍스는 당시 뉴욕 맨해튼에서 안전하게 살고 있었다. 가장 친한 친구가 쥐라에서 춥고 배고프고 절망적인 상황에 빠진 것을 알게 된 생텍스는 나치와 싸우기 위해 유럽으로 돌아갔다. 그 결정으로 인해 그는 지중해 상공에서 비행기 추락으로 목숨을 잃는다. 어린 왕자와 조종사, 어쩌면 심지어 어린 왕자와 여우의 소설

속 우정은 레옹과 앙투안의 이러한 실제 관계를 근거로 삼았을 것이다.

춤추는 여우

나의 동쪽 초지에는 로키산맥노간주나무(스코풀로룸향나무) 네 그루가 정사각형에 가까운 마름모의 모서리를 이룬 채 서 있다. 한가운데에서는 100년 동안 햇빛을 본 적 없는 물이 자분천•에서 흘러나왔다. 개울은 부들밭을 통과하여 언덕 아래로 새어나와 배수로에 모여 흐르다 결국 옐로스톤강에 합류하여 북쪽으로 올라가서는, 동북쪽으로 방향을 틀어 미주리강과 합쳐진 뒤에 마지막으로 멕시코만으로 흘러나간다.

노간주나무 네 그루는 키가 4.5미터가량이었으며 줄기는 가시도치가 깍지를 끼고 안을 수 있을 만큼 가늘었다. 노간주나무는

• 自噴泉, 지표면보다 수두압이 높아서 땅속의 자연수가 지표로 솟아나오는 샘.

측백나무과에 속하는데, 구과毬果는 근방의 어떤 구과와도 다르게 생겼다. 소나뭇과에 속하는 소나무, 가문비나무, 전나무와 달리 노간주나무는 암수딴그루여서 암구과만 맺거나 수구과만 맺지 둘 다 맺지는 않는다. 암나무 진과 수나무 토닉은 마름모 모서리 중 오두막에서 가장 가깝다. 멀리 있는 모서리의 이름 없는 노간주나무 둘도 각각 암나무와 수나무다. 이 노간주나무들은 수령이 300년가량이다. 다른 나무가 햇빛을 가리지 않으면 앞으로 700년은 너끈히 살 것이다.

진은 여느 암나무가 그렇듯 수나무보다 파랬다. 넓고 우아한 호를 그리며 성기게 뻗은 낭창낭창한 가지는 파랑새 한 마리의 무게에도 다소곳하게 하늘거렸다. 사람과 마찬가지로 진도 난자를 생산했다. 진의 난자는 구과 안에 있다가 정자에 의해 수정되어 씨앗으로 발달했다. 연한 파란색에 완두콩만 한 구과는 비늘이 두툼하고 융합되어 있어서 베리처럼 생겼다. 돋보기로 들여다보면 축구공 같은 솔기와 소행성 B-612의 화산처럼 위로 뾰족하게 솟은 포엽*을 볼 수 있다.

토닉의 가지들은 빽빽하게 모여 있었으며 검은지빠귀 부대에게 공격받아도 휘어지지 않았다. 댕기 머리 모양 소엽 끄트머리에서 벌어진 연약한 구과는 하늘을 향해 꽃가루를 퍼뜨렸는데,

* 苞葉. 잎의 변태로, 꽃이나 꽃받침을 둘러싸고 있는 작은 잎.

이따금 거대하게 뭉쳐 산불 연기로 오인받을 때도 있었다. 꽃가루의 임무는 정자를 난자에게 전달하는 것이지만, 종종 엉뚱한 데로 빠지기도 한다. 산의 호수에 내려앉아 독특한 패턴으로 소용돌이치고 나면 청록색 물을 황금색 알갱이에 덮인 근사한 액체 대리석으로 탈바꿈시킨다. 한번은 벌어진 구과에서 뿜어져나온 꽃가루 구름이 주차된 내 해치백 승용차 앞유리에 달라붙었다. 나는 먼지 같은 더께에 집게손가락을 문질러 가장 가까운 암노간주나무 쪽으로 커다란 화살표를 그리며 그곳에서 기다리는 난자들에게 행운을 빌었다.

몇 주 동안 늦은 오후가 되면 여러 종의 새들이 노간주나무에 앉았는데, 네 그루 중 하나에만 앉고 나머지 세 그루는 비워두다시피 했다. 날마다 다른 나무를 선택했지만 예측 가능한 패턴은 전혀 없었다. 내 호기심을 자극한 것은 고르는 과정이 아니라 함께하는 행위 자체였다. 새들은 종이 다른데도 끼리끼리 모이지 않고 다 함께 앉았다. 인간이 보노보와 오랑우탄과 나란히 피크닉 테이블에서 식사를 한다고 상상해보라. 우리는 자신의 종하고만 어울리고 싶어하는 걸 당연하게 여긴다. 그런데 새들은 왜 안 그러는지 궁금했다. 우리 인간은 종 범주를 진지하게 받아들인다. 적어도 속 범주에 대해선 진심이다. 우리는 이엉개미가 진딧물을 지키듯 사람속 명칭을 애지중지 지키며, 인류와 네안데르탈인이 짝짓기를 하고 (생식 능력이 있는) 자식을 낳았음을 알면서도 네안데르탈인을 우리 속屬에 선뜻 넣어주지 않는다. 하지만 새들에게는 계통이 중요하지 않아 보인다.

지금 나는 노간주나무가 잘 보이는 곳에서 쌍안경을 목에 건 채 지의류로 덮인 바위 꼭대기에 쪼그려 앉아 젖은 양털 냄새가 나는 합판 클립보드를 움켜쥐고 있다. 새들의 수를 가능한 한 정확하게 세어서 종 간의 우애가 단지 나의 상상이 아님을 확인하고 싶었다. 어제는 네 종 열여덟 마리가 먼 암나무에 앉았는데 나머지 나무에 앉은 새는 네 마리도 채 되지 않았다. 나는 밑창이 말랑말랑한 머클럭 방한화로 라임색 지의류를 단단히 디뎠다. 벌써 파랑새 무리가 진에 앉았는데, 초조함을 타고난 새치고는 꽤 가만히 있었다. 사실 조류학자들은 파랑새를 '초조한 새'가 아니라 참새목으로 분류한다. '목'은 조류의 범주 중 하나로, 위로는 '강'이 있고 아래로는……. 자, 초등학교에서 배운 암기 방법을 떠올려보자. '필립왕이 근사한 섹스를 요구한다King Philip Calls Out For Great Sex.' 당신이 내 수강생들처럼 눈알을 부라리며 자신은 가톨릭 학교를 다녔다고 투덜거리는 사람이라면 '계kingdom, 문phylum, 강class, 목order, 과family, 속genus, 종species'으로 외우고 있을 테지만. 목은 과보다는 일반적이고 강보다는 특수한 범주다. 참새목은 앉아서 노래하는 것을 좋아하는 성향이 있다. 예외로는 (적어도 우리 땅에서는) 까치와 도래까마귀가 있는데, 이 괴짜들은 하늘을 날면서 비명 지르는 걸 좋아한다.

도래까마귀는 여기에 둥지를 틀지는 않았지만, 검독수리가 사슴을 찢어발길 때면 종종 날아와 떼로 몰려들었다. 사체를 두고 벌어지는 광란은 우애와는 어울리지 않는 이기심을 자극했다. 심지어 같은 종끼리도 그랬으니 까치와 도래까마귀 사이에서는 말할 것도 없었다. 테니스공과 찢긴꼬리가 친구를 찾고 싶다면 딴 데 가서 알아봐야 했을 것이다. 하지만 나머지 참새목은 그렇지 않았다. 까치는 육식성이지만 그보다 작은 참새목 조류는 초식성이다. 놈들은 우리 땅에서는 씨앗과 곤충을 먹었지만 읍내에서는 야외 카페 테이블 밑을 돌아다니며 빵 부스러기를 먹었다. 공원에서는 명금鳴禽들이 피크닉 테이블에 뛰어올라 남은 음식물을 슬쩍했다.

당신은 수리와 매가 까치와 친하게 지낼 거라 생각할지도 모르겠다. 하지만 수리와 매는 다른 목(매목)에 속하며 오로지 고기만 먹는다. 내가 보건대 조용한 에피쿠로스학파(평온한 정신적 쾌락을 추구한 사람들)는 시끄러운 잡식동물을 무리에 넣어주지 않는다. 테니스공과 찢긴꼬리는 외로운 부적응자의 운명을 타고났다.

내가 참새류를 모조리 추적한 것은 아니다. 범주가 너무 다양해서 일일이 나누는 것은 의미가 없었기 때문이다. 대신 새들을 BB와 '나머지'로 나눴다. BB는 '빵 부스러기를 줍는 거리의 악사 breadcrumb busker'의 약자다. BB는 시차를 두고 이곳에 이주했는데, 파랑새, 울새, 여새, 검은방울새, 휘파람새, 초원종다리, 온갖 검은지빠귀, 각종 참새는 파수꾼을 내보낸 뒤 작은 무리의 단순하고 잘 조직된 패턴을 이루며 등장했다. 춘계 침공의 첫 물결인 파랑새는 3월 이후로 오두막 처마에 자리 잡았다. 5월이 지난 지금은 모든 BB가 도착했다.

방어 수단을 갖추지 못하고 새 서식처에서 우왕좌왕하는 철새 BB들은 아홉 달의 동면에서 깨어난 계곡 아래쪽 땅다람쥐가 그렇듯 매의 손쉬운 먹잇감이었다. 시차를 두고 이주하는 새의 물결을 아침, 점심, 저녁 식사라고 생각해보라. 각 물결 사이에 매들은 음식을 소화하고 시장기를 다시 돋웠다. 이주가 진행되는 동안 매들은 미루나무 가지에 앉아 물컹물컹한 창자를 후루룩 들이마시고 연약한 뼈를 부러뜨렸다. 이따금 나는 매들이 식사할 때 나무 아래 서 있다가 예쁜 BB 깃털을 낚아챘다.

BB들이 모두 한꺼번에 도착했다면, 과묵한 노새사슴과 함께 겨울을 나느라 한껏 예민해진 나의 청각 신경이 감당하지 못했을 것이다. 명금들이 우리 들판에 펼쳐놓은 밝은 색깔들은 3월에는 그럭저럭 괜찮았고 5월에는 굳이 필요하지 않았으며 6월에는 달갑지 않았다. 그즈음이면 들꽃들이 소음이나 소란을 피우지 않으면서도 똑같은 서비스를 제공했기 때문이다. 얼음의 무게에 늘어진 울타리 철선을 팽팽히 잡아당길 때 눈알을 간수하고 싶다면 집중력을 유지해야 하는데, 해마다 5월이면 내가 울타리를 고치는 동안 붉은날개검은지빠귀들이 쉼 없이 마라카스*를 연주했다. 5월마다 나는 화려한 색깔의 온갖 BB들이 정신없이 날아다니며 얼굴 주위에서 폭죽의 폭발음을 내는 사이사이로 피해 다녀야 했다.

오늘 아침 울새가 큰 소리로 '치리오'(작별 인사) 노래를 부르고 또 불러 나를 깨운 것은 고맙게 생각한다. 하지만 그 소음은 젖은 손가락으로 촛불을 눌러 끌 때처럼 나를 움찔하게 했다. 견디다 못해 일어나 창문을 닫았다. 내게 필요한 위로는 침묵의 위로였다. CD를 트는 건 아령을 들거나 청소를 할 때뿐이었다. 소란하면 심란해졌다. 나 자신에 대해 한 가지를 바꿀 수 있다면 이걸 바꾸고 싶다. 예기치 못한 소음을, 트랜지스터 라디오처럼 켜고 끌 수 없는 소리를 더 잘 참을 수 있으면 좋겠다.

클립보드를 집어들고 쌍안경을 등 뒤로 넘긴 다음, 여전히 건들거리는 파랑새들을 기죽이려는 듯 일사불란하게 도착하는 브루어검은지빠귀 여섯 마리의 소리를 녹음했다. 갈색 암컷들과 노란 눈의 수컷들은 나무 중간께의 윤생지**에 내려앉아 그늘진 안쪽 우듬지를 향해 엿걸음질했다. 진의 비어 있는 꼭대기 가지는 튀어오르는 매들의 등쌀에 헐벗고 휘어졌는데, 손바닥을 위로 펴서 기다란 손가락을 나긋나긋 흔드는 것처럼 보였다. 여덟 음의 후렴을 반복하는 초원종다리 한 마리가 결국 맨 위 가지를 차지했다. 가지런한 청색의 검은지빠귀들, 꼬리를 흔들며 바람에 아슬

• maracas, 라틴 아메리카 음악에서 쓰는 리듬 악기. 마라카의 열매를 말려서 그 속에 말린 씨를 넣은 것으로, 흔들어서 소리를 낸다.

•• 輪生枝, 원줄기나 원가지와 거의 같은 위치에서 세 개 이상 나온 가지.

아슬하게 균형을 맞추는 좁은부리딱따구리 두 마리, 고개를 단호히 돌린 채 울새에게 조금씩 다가가는 풍금조까지 누구 하나 초원종다리에게 박자를 맞추지 않았다.

파랑새의 수치심, 검은지빠귀의 자부심, 풍금조의 수다는 녹음되지 않았다. 그래프용지의 모눈에 담긴 것은 말이 아니라 숫자였다. 나는 한 마리 한 마리를 차트 위의 간단한 체크 표로 나타냈다. 새들을 다른 식으로 바라본다는 것은 그들을 객관화하지 못한다는 것이다. 짹짹거리는 파랑색 불꽃이 노간주나무에 배어들어 가스레인지 불꽃처럼 흔들리는 모양을 본다는 것이다. 그러면 당신은 실제로 벌어지고 있지 않는 일을 상상하게 된다. 파랑새와 울새가 같은 떨기나무에서 열매를 먹고 있을 뿐인데 둘이 수다를 떤다고 상상한다거나, 검은지빠귀가 근시로 고생하고 있을 뿐인데 초원종다리에 대해 험담을 늘어놓는다고 상상하는 것이다. 내가 정보를 객관적 수치로 기록한 것은 마음이 내게 속임수를 쓰지 못하게 하기 위해서였다. 모든 사람의 마음은 속임수를 쓴다. 그러지 않으면 마술사들은 일자리를 잃을 것이다. 자연은 기회만 있으면 당신을 속일 것이다. 자연은 마술의 달인이다. 다행히도 나는 과학적 방법을 배웠기에 직관을 억누르는 법을 알고 있었다.

『바람과 모래와 별들』에서 생텍스는 자신을 사하라 공군 기지에 착륙하게 한 일련의 폭풍에 대해 쓴다. 그는 "이륙 준비 완료"

라는 통보를 받은 뒤 다른 조종사와 정비사들과 함께 밖으로 나와 하늘을 점검한다. 다들 이륙하기에 알맞은 날씨라고, 심지어 생텍스의 단발기로도 거뜬하다고 말한다. 하지만 생텍스는 조종석에 앉기 전에 사막에 나갔다가 잠자리가 폭풍에 휩쓸려온 것을 보고 돌풍이 다가오고 있음을 알아차린다. 그는 상급자들의 견해를 반박하며 축 처진 바람자루(풍향기)가 3분 안에 쫙 펴질 거라고 예견한다. 그의 말은 사실로 밝혀진다. 잠자리에 대한 그의 직관 덕에 동료들은 이륙했다가 위험한 모래 폭풍을 만나는 참사를 면한다. "바스락거리는 소리에도 미래 전체에 관한 계시를 받는 원시인처럼" 생텍스는 죽어가는 잠자리의 힘없는 날갯짓에서 사막의 분노를 감지했다. 그는 "야만적인 기쁨"에 사로잡혔다.

나는 이 BB들이 뭘 하고 있는지 직관으로 이해할 수 있었다. 그들이 같은 떨기나무에 모여 있는 것은 인위적 장벽을 사이에 두고서는 공동체를 설계할 수 없기 때문이다. 하지만 나는 새들을 마치 풍속계를 스치는 돌풍인 양 숫자로 나타내고 있었다. 몇 주가 지났을 때 여우가 이 어리석음으로부터 벗어나는 길을 보여주었다. 나는 그에게 읽어줄 책을 찾고 있었다. 『어린 왕자』의 화자가 우리에게 말한다. "삶을 이해하고 있는 우리들에게는 숫자 같은 것이야 우습다!"

오후 4시 30분경 여우가 진입로를 따라 걸어오다 오두막 반대편에서 사라졌다. 짐작건대 현관 계단 근처에서 자취를 감춘 것 같았다. 나는 진 꼭대기에 있는 호리호리한 새를 동정同定하려고 애쓰면서 면 재킷을 뚫고 팔을 데우는 햇살을 음미하고 있었다. 그를 기다리게 둔 채 새의 마릿수를 헤아렸다. 나중에 새들은 우리 땅이 맹금으로 가득하다는 것을 알고서 더 살기 좋은 보금자리를 찾아 떠나갔다. 한참 뒤에 그가 다시 시야에 들어왔을 때 나는 바위 위에서 몸을 비튼 채로 그가 짹짹거리는 울새를 살펴보려고 세이지브러시에 주둥이를 밀어넣는 모습을 바라보았다. 그의 온몸에 식물 파편이 비처럼 쏟아졌다. 그는 코르크뽑이처럼 몸을 흔들어 털었다. 옆구리의 엉덩이 쪽 부분은 양쪽 모두 여전히 맨살을 드러내고 있었다.

이튿날 저녁 5시경 우리의 '보여주며 말하기' 무대이던 계단 주위를 걸으며 여우가 나를 알아보고 다가오도록 팔을 흔들었다. 내가 운이 좋다면 그는 2미터 이내로 접근하여 내가 돌멩이를 마주치고 깃털을 흔들고 이야기를 들려주는 광경을 지켜볼 것이다. 나는 그를 길들여 내가 부르면, 적어도 내가 편한 시각인 오후 6시에는 나타나게 하여 옴 상태를 확인하고 싶었다. 북아메리카의 저명한 야생동물 전문가 에이덜프 뮤리는 1940년대 알래스카에서 늑대를 연구하다가 여우에게 먹이를 주면서 호루라기 신호를 따르도록 훈련했다. 생텍스의 어린 왕자는 자신의 발소리가 "마치 음악인 것처럼" 그에 맞추어 춤추도록 여우를 길들였다. 오늘 저녁 6시 현재, 그는 나를 무시했다.

여우가 인간 음성을 구별한다는 사실을 밝혀낸 러시아의 유전학자 드미트리 벨랴예프 박사는 실험 대상을 길들이는 데 50년이 걸렸다. 그는 사람들이 다가오면 꼬리를 흔들고 조련사의 시선과 손가락질을 따라가도록 여우를 훈련하는 데 성공했다. 그의 연구가 시작된 1952년 스탈린은 소련에서 이런 종류의 유전학 연구를 금지했는데, 이 조치를 위반했다가는 사형까지 당할 수 있었다. 말하자면 벨랴예프는 길들이기의 유전적 성격을 죽도록 이해하고 싶었던 셈이다. 벨랴예프의 여우들 중 일부는 가축에게서 흔히 볼 수 있듯 흰색과 검은색 반점이 있었다. 이 길든 여우들이 내 삶에 들어온 것은 생물학과 1학년생들에게 형질 계승의 유전적 토대를 강의하려고 준비하던 때였다. 내가 벨랴예프의 여우에 대해 많이 생각한 이유는, 눈이 파란 흑백 무늬 여우야말로 대학 신입생을 대상으로 진화에 대한 강의를 준비할 때 떠올릴 수 있는 가장 유쾌한 소재 중 하나이기 때문이다.

1985년에 애석하게도 암으로 세상을 떠난 벨랴예프가 여우를 길들인 방법은 인위 선택이었다. 이것은 육종가들이 나그네비둘기와 대다수 가축을 만들어낸 방법이다. 찰스 다윈은 1859년에 발표한 『종의 기원』에서 이 방법을 서술했다. 인위적이든 자연적이든 선택을 위해서는 변이가 필요하다. 육종가들이 바람직한 형질을 선택하려면 애초에 선택지가 있어야 한다. 벨랴예프는 대부분의 여우가 우리를 두려워하거나 싫어하거나 둘 중 하나라는 데

주목했다. 그가 고른 실험 대상은 겁이 많지도 않고 사람에게 적대적이지도 않은 제3의 여우들이었다.

일반적으로 우리가 야생 여우를 대하는 태도는 야생 여우가 우리를 대하는 태도와 같다. 적대시하거나 두려워하거나. 물론 벨랴예프는 그렇지 않았다. 나도 마찬가지다. 내가 첫눈에 우리 여우를 길들일 수 있겠다고 생각한 것은 이 때문이다.

벨랴예프는 러시아의 모피 농장에서 입수한 여우들을 시작으로 가장 온순한 개체들을 선택하여 끼리끼리 교배했다. 이렇게 생겨난 자식들 중에서 다시 가장 상냥한 개체들을 끼리끼리 교배하는 과정을 여러 차례 거쳤다. 시간이 지나면서 벨랴예프의 실험 개체군에서는 온순한 여우의 비율이 커졌다.

이렇게 훈련받은 여우들은 행동만 특이한 것이 아니었다. 겉모습도 달라졌다. 꼬리는 말리고 귀는 누웠다. 털에는 반점이 생겼다. 야생의 붉은여우 중에는 은색, 남색, 금색, 황갈색, 불꽃색(연주황색), 회색은 있어도 점박이는 없다. 주된 털색이 무엇이든 다들 꼬리 끝은 흰색이며 발은 검은색이다. 벨랴예프는 일부러 점박이 여우를 교배한 것이 아니었다. 털색의 변화는 의도하지 않은 결과였다. 가축화에 알맞은 유전자를 가진 여우를 선택했는데 점박이 유전자가 딸려온 것이다. 싹싹한 태도가 유전적 토대에서 비롯한다는 벨랴예프의 주장에 따르면 내 주변에 사는 많은 여우들이 왜 쌀쌀맞은지, 금색이거나 빨간색이거나 회색 일색인 여우를 길들이는 것이 왜 불가능에 가까운지 이해할 수 있었다.

이튿날 오후 5시 30분에서 6시 사이 여우가 필박스언덕 저쪽에서 사냥할 때 나는 그의 주의를 끌려고 주기적으로 손을 흔들었다. 팝콘 모양 구름이 잿빛 하늘을 외로이 가로지르면서 불그스름하게 물들었다. 구름은 가장자리가 하도 뚜렷해서 고체처럼 보였다. 노을이 저문 저녁 8시에는 사방이 잿빛으로 어둑어둑해진 탓에 작고 덜 훈련된 여우를 계속 염탐할 수 없었다.

여우 훈련을 시도한 지 나흗날 나는 오후 4시가 막 지났을 무렵 부엌에 앉아 있었으며, 전화 요금, 전기 요금, 가스 요금 청구서가 내 관심을 바라고 있었다. 회색 플란넬 같은 사슴 귀 두 개가 불쑥 나타나더니 부엌 창문을 문질러 얼룩지게 했다. 귀에 붙어 있는 것은 비교적 작은 수사슴으로, 호색적인 시선만 빼면 여느 사슴과 다를 바 없었다.

사슴이 있는 바깥으로 나가다가 여우에게 발이 걸릴 뻔하여 보니, 그는 코를 사슴 쪽으로 향한 채 진입로 가장자리에 서 있었다. 사슴은 작은 털북숭이 짐승과 놀아주기에는 너무 지쳤으며 여우도 딱히 의지가 없어 보였다.

앞발 하나를 들어올린 여우는 브리타니스패니얼을 빼닮았다. 나는 그의 메이데이!• 신호를 알아차렸지만 가슴 앞에 팔짱을 낀

• May Day, 무선 전화의 조난 신호.

채 가만히 서 있었다. 달빛에 흙투성이 개들을 뒤쫓는 것은 나름 폼 나는 일이었지만 펄쩍펄쩍 뛰는 사슴은 좌천처럼 느껴졌다. 저 수사슴은 더더욱.

"재가 초식동물인 거 알잖니, 여우야. 송곳니도 없고 발톱도 없어. 재는 걸어다녀. 간신히 움직일 뿐이라고." 나는 여우가 사슴을 좋아하지 않는다는 걸 알고 있었다. 사슴들이 여우에게 끌리는 걸 감안하면 유감스러운 일이었다. 예전에 사슴이 옆에 앉으면 그가 일어나서 가버리는 광경을 본 적도 있었다. 사슴이 여우의 새 휴식처에 다가가면 여우는 다시 일어나 자리를 옮겼다. 그런데 이번에는 자리를 옮기지 않았다.

나는 무심한 척했다. 여우는 다리를 구르며 몸을 떨었다. 사슴을 두려워하는 것이 틀림없었다. 나를 시험하는 것이기도 했다. 내가 자신의 부탁을 어디까지 들어주는지 알아볼 작정이었다. 나는 여우가 사슴과 함께 있는 것에 익숙해지고 자존감을 키울 수 있도록 사슴을 내버려두었다. 하지만 그는, 여우는 계속해서 몸서리쳤다. 목을 높이 쭉 뻗고 작은 몸통을 여전히 떨면서 찡그린 눈으로 나를 노려보았다. 나는 여우의 시선에 들어 있었다. 그의 초조감이 점점 커졌다. 사슴을 쫓아내야 했다.

나는 손뼉을 쳐서 사슴에게 가라고 말했다. 사슴은 페인트칠하지 않은 잔디밭 장식물인 양 가만히 서 있었다. 나는 계속 손뼉을 쳤다. 사슴은 마치 고무찰흙으로 이루어진 공기 속에서 움직이는 것처럼 느릿느릿 내게 얼굴을 돌렸다. 나는 그가 콧구멍을 넓히고 배를 들썩이며 호흡하는 횟수를 세면서 그보다 더 빠르게 씩씩거리녀 숨을 쉬려 했다. 내가 자신의 박자에 맞추어 숨을 내쉬는 소리를 몇 분간 들은 뒤 사슴은 나의 퇴장 신호를 알아차리고 눈을 깜박거렸다. 하지만 그땐 이미 시간을 너무 오래 끈 뒤였다. 현관 계단으로 몸을 돌렸더니 여우는 보이지 않았다. 그는 보송보송한 나뭇잎 위의 민달팽이와 맞먹을 만큼 신진대사가 느린 두 짐승 간의 숨 쉬기 시합을 참고 볼 인내심이 없었다.

닷샛날. 저녁 먹고 나서 오후 5시 30분, 모든 순간을 여우 기다리는 데 쓸 순 없었다. 옐로스톤강 너머에서 비의 빗자루가 능선을 쓸어 어둑어둑한 솜털 구름을 들쑤셨다. 구름은 먼지답쌔기처럼 풀풀 날려 언덕바지 사이 틈새에 내려앉았다. 밤새 번개가 번득였다. 우리 땅도 산불을 대비해야겠다는 생각이 들었다. 대봉건지주가 정착하면 봉토의 느리고 드문 자연적 화재 패턴이 강화되기 마련이다. 이것은 번치그래스, 개울, 돌 언덕, 듬성듬성한 나무가 자리 잡은 이 땅에서 예상할 수 있는 것이기도 했다. 하지만 발밑에서 반란이 일어나고 있었다. 시베리아에서 들어온 솔장다리가 밭쥐숲을 만들었다면, 유럽과 아시아에서 유입된 낯선 풀은 나름의 화재 패턴을 조장하고 있었다. 빠르고 잦게. 토종 풀이 군락을 이루어 불에 강한 흙과 자갈로 스스로를 둘러싸고는 번개 철이 지나갈 때까지 축축한 상태를 유지하는 반면에, 불청객 풀은 맨땅에 넓게 퍼져서는 덥고 바람 부는 계절에 바싹 말랐다.

털빕새귀리는 번개 철이 시작될 즈음 죽었는데, 이것은 산불을 부르는 초대장이었다. 마른 털빕새귀리는 소, 사슴, 말코손바닥사슴의 먹이가 아니었기에 구릿빛 추한 몰골로 바닥에 널브러져 있었으며 뾰족뾰족해서 맨손으로 만질 수도 없었다. 털빕새귀리의 가장 고약한 습성은 (대다수 식물과 달리) 가파른 비탈에서 자라는 것이었다. 불은 비탈을 올라갈 때 가장 빠르게 이동하기에, 나는 우리 비탈을 바위투성이 헐벗은 땅으로 유지해야 했다. 왜 불이 언덕 위로 질주하는지 이해가 안 된다면 들판에 서서 불꽃 시늉을 해보라. 사방을 둘러보고 팔을 뻗으라. 당신이 댕길 수 있는 연료는 어디에 있을까? (정답: 땅 위에.) 풀이 발목 높이로 자랐다면 당신이 데울 수 있는—어쩌면 옮겨붙을 수도 있는—공간은 발바닥에서 발목까지다. 이제 언덕에서 비탈을 바라보고 서서 팔을 뻗으라. 이곳에서는 연료가 이미 당신을 마중 나와 있다. 당신 바로 옆에는 발에서 허리에 이르는 공간이 있으며 비탈이 가파를수록 공간이 커진다.

산불과의 전쟁은 군인 없이는 치를 수 없다. 누군가 털빕새귀리를 몰아내고 언덕에서 쫓아버리고 물을 빼앗아야 한다. 리아트리스는 언덕을 오를 수 있었지만 꽃 피는 시기가 너무 늦어서 상대가 되지 못했다. 리아트리스가 싹이 트기도 전에 털빕새귀리는 이미 씨앗이 여물었으니까. 어쨌거나 발쥐 대란 이후로 나는 우리 땅에서 리아트리스를 자라게 하는 일에 경계심을 품게 되었다. 서양우엉은 꽃이 일찍 피었다. 꽃잎 끄트머리가 뾰족뾰족하고 달걀프라이처럼 납작하게 생겼는데, 크기와 모양 둘 다 야구공 같은 두상화•를 맺는다. 이삭에 무수히 들어 있는 씨앗은 최종적으로 기다란 축에 보송보송한 회전자(갓털)가 달린 모양이 된다. 서양우엉 이삭에 입김을 불면 씨앗이 떠올라 마치 헬리콥터 편대처럼 차례차례 날아간다. 기분 전환에는 그만이지만 군인으로서는 별로다. 서양우엉은 은자隱者처럼 띄엄띄엄 자리 잡는 반면에 털빕새귀리를 비롯한 가연성 풀은 서양우엉 주위의 빈 공간을 쉽게 파고든다.

난쟁이산망초는 털빕새귀리 침입자들을 몰아낼 만큼 빽빽하게 모여 자란다. 동전만 한 통꽃 둘레로 로데오 셔츠의 술처럼 곧고 가는 혀꽃이 돋는다. 난쟁이산망초는 식물학자들이 '국화과'라고 부르는 분류군에 속하는데, 통꽃과 혀꽃이라는 두 가지 꽃이 달걀프라이 모양을 이룬다. 통꽃이 노른자, 혀꽃이 흰자다. 갈기처럼 길게 뻗은 흰색 꽃잎은 각각의 혀꽃에 속하며, 따라서 씨방이 있고 씨를 맺는다. 노른자 부분은 수백 송이의 통꽃으로 이루어지는데, 하도 빽빽해서 꽃잎이 돋을 자리가 없다. 당신은 내 말을 무작정 믿는 수밖에 없을 것이다. 통꽃 하나하나는 맨눈으로 볼

• 頭狀花, 꽃대 끝에 많은 꽃이 뭉쳐 붙어서 머리 모양을 이룬 꽃.

수 없기 때문이다. 물론 꽃 전체를 보려고 해도 얼굴을 땅바닥에 바싹 들이대야 할 테지만. 발목 높이의 줄기 끝에서 까딱거리는 난쟁이산망초가 종아리 높이의 털빕새귀리 밭에 침투하려다가는 그늘에서 시들기 십상이다.

버터꽃은 넓은 무더기 바깥쪽으로 연한 회색 잎을 펼친다. 연약한 줄기는 주황색 달걀프라이 꽃의 무게에 휘어진다. 별다른 것은 전혀 없다. 삐죽삐죽한 꽃잎이 눈에 띄긴 하지만 동정심을 자아낼 만큼 봉두난발은 아니다. 버터꽃은 어수선한 것이 매력이다. 마치 어린아이가 꽃잎을 하나하나 뽑았다가 서둘러 다시 꽂아놓은 듯한 모양이다. 어떤 꽃잎들은 틈이 넓게 벌어져 있고 어떤 꽃잎들은 다닥다닥 붙어 있다. '버터꽃'이라는 일반명으로 불리는 식물은 모두 금방망이속이다. 이 속은 100만 종을 아우른다. 차라리 잘된 일인지도 모르겠다. 여기서 자라는 종이 무엇인지 알아맞힐 가능성은 어차피 달라지지 않을 테니까. 종명은 중요하지 않다. 버터꽃은 촘촘히 퍼졌고 일찍 꽃을 피웠다. 털빕새귀리에 그늘을 드리우고 가을에 바싹 마르지 않게 보존할 만큼 키가 큰 금방망이속 식물은 위험한 풀을 막아줄 최고의 수단이었다. 내가 해야 할 일은 이것들을 파내어 전략적 요충지에 옮기는 것뿐이었다.

엿샛날. 점심 시간. 자갈밭과 풀밭이 만나는 우리 땅 동쪽 가장자리를 어슬렁거리던 커다란 불꽃색 암여우는 우리 초지에 꼬리

그림자를 드리우지 않았다. 우리 여우가 오두막 근처에 오줌으로 영역 표시를 한 걸까? 그랬길 바랐다. 불꽃색 암여우가 근처에 있으면 한시도 마음이 놓이지 않았다. 그녀의 기척이 느껴지면 언제나 현관 쪽으로 발걸음이 옮겨졌다. 그녀가 그럴듯한 이유 없이 나를 공격하지 않으리라는 것을 알았지만, '그럴듯한 이유'에 대한 그녀의 정의는 나와 사뭇 다를 것 같았다.

우리 여우는 오후 4시 15분에 도착하여 지체 없이 몸을 말고 물망초 줄기를 핥았다. '제시간이 아닌데' 하는 생각이 들었다. 그가 하품을 하면서 분홍빛 혀를 내밀었는데, 모양이 조금도 흐트러지지 않은 파란색 꽃잎이 침과 섞여 있었다.

이렛날을 시작으로 여우는 날씨가 어떻든 오후 4시 15분에 찾아왔다. 거북했다. 나의 편의가 여우의 편의보다 앞서면 안 되는 걸까? 아니, 여우에게 편의라는 말을 갖다 붙일 수 있을까? 어쨌거나 그는 온종일 밖에서 아무거나 하고 있었고 내게는 일이 있었다. 그가 오후 6시까지 기다려줬다면 나는 일을 끝내 홀가분했을 것이고 까치는 둥지로 돌아갔을 것이다. 하지만 나는 자료를 읽고 테니스공이 거의 연속적으로 깍깍거리는 소리를 들으면서 그를 기다리기로 했다. 끔찍한 계획이었다. 테니스공은 자신의 깍깍 소리가 완전히 연속적이지는 않게 하려고 깍깍과 깍깍 사이에 1~4초의 침묵을 넣었다. 거슬리는 소음에 패턴이 있으면 시작점을 예측하여 일정한 배경 잡음처럼 의식에서 지워버릴 수 있다. 하지만 테니스공은 무작위 간격으로 울어젖혔다. 수학적 무작위. 어느 때든 덮칠 수 있었다. 말라리아처럼.

어쩌면 당신은 사회적 교류가 강점인 사람인지도 모른다. 낯선 사람들과의 교류에서 어색함을 줄이려고 '보여주며 말하기' 방법을 쓴 마지막 시기가 슈퍼맨 점심 도시락통을 가지고 다닐 때였는지도 모른다.* 회의, 학술 대회, 파티는 당신의 진을 빼지 않고 당신의 인내심은 예의를 차려야 하는 상황에서 무한정 발휘될지도 모른다. 하지만 당신이 사회적 교류에 수줍어하고 긴장하며, 식료품점에서 사람들이 당신에게 대화를 시도할 때 한쪽 다리를 살짝 들어올리는 사람이라면 날마다 손님맞이를 하는 일은 고역일 것이다. 당신이 보여주는 물건이 지겨워졌을 때 다짜고짜 떠나버리는 성마른 여우가 손님이라면 당신은 레퍼토리를 늘려야 한다. 당신이 병적으로 내성적이라면 이것은 특히나 번거로운 일이다. 내가 여우에게 말 걸기를 망설인 이유는 우리가 다른 종이기 때문이 아니라, 그가 벙어리이기 때문도 아니라, 내가 더는 스스로에 대해 말하지 않기 때문이었다. 사실, 『어린 왕자』의 화자가 그렇듯 나는 무엇에 대해서든 누구와도 좀처럼 이야기하지 않았다. 그러니 매일 오후 4시 15분에 손님을 맞아야 한다면 책을 읽는 것 말고는 선택지가 없었다. 우리의 독서는 그렇게 시작되

• 초등학교 시절이라는 의미.

었다.

나름 교육받은 사람이 계획한 하루하루 일정에 여우와 함께 책을 읽는 것보다 중요한 일이 하나도 들어 있지 않다고 해서 의아해하진 마시길. 나는 짧은 인생을 사는 동안 여우의 발소리를 기다리는 것보다 못한 일도 해야 했기에, 만일 해야 한다면 내 무릎딱지 위의 파리처럼 춤출 수도 있었다.

팬서크리크의 새끼 사슴

리버캐빈스 현장 수업 첫날 밤 나는 작은갈색박쥐를 피해 다니면서 나와 여우의 관계가 자연스러운 경로를 따랐고 완벽하게 실로 불가피하게 논리적이었으며 우리 사이에는 불변의 과학 법칙을 왜곡하는 일이 하나도 일어나지 않았음을 보여주는 지도를 그리기 시작했다. 그 밤이 끝나갈 무렵 지도 위의 길에는 마루지가 밭쥐숲 하나뿐이었다. 나흘이 지난 지금, 옐로스톤 국립공원에서의 또 다른 현장 수업을 위해 떠나기 전에 나는 먹파리, 보여주며 말하기, 옴 등 몇 가지를 더 표시했다. 수업은 아직도 이틀 남았다.

버스가 플로팅아일랜드 호수를 지날 때, 나는 가는 길에 볼거리가 별로 없다는 것을 알고서 강연을 중단하고 질문을 받았다.

뒷자리에 앉은 사람이 왜 내가 오지에서 나와 대학원에 갔느냐고 물었다. 자주 듣는 질문일 테니 간략한 답변이 준비되어 있었으리라 생각하는 독자가 있겠지만, 내가 준비한 것은 긴 이야기였다. 나는 마이크를 켜고 말했다. "팬서크리크의 새끼 사슴 때문이었어요."

이 이야기는 레이니어산 국립공원이 배경이며, 상사 밥과 내가 픽업트럭을 타고 카이유스패스 고개를 내려가는 장면에서 시작된다. 그 주 내내 우리를 옭아맨 사슴 사건을 처리하려고 나선 참이었다. 밥이 말했다. "이게 우리가 경험할 수 있는 가장 흥미진진한 일이었어." 그의 언급은 나의 공원 순찰 업무에 대한 것이었고, 그의 평가는 몇 건의 응급 처치, 한 건의 시신 수습, 한 건의 소형 산불로 분주했던 한 달에 대한 것이었다. 그의 말뜻은 상상할 수 있는 최악의 일이 일어나기 전에—고어텍스 장갑을 낀 손으로 들것을 들고 선라이즈 빙하 계단을 내려가서는 부목을 댄 채 일그러진 얼굴에 산소마스크를 쓴 조난자를 내려다보며 고작 이거예요?라고 묻기 전에—이 일을, 지금껏 내가 해본 최고의 일을 그만두라는 것이었다. 권태가 나를 사로잡으면 결코 놓아주지 않을 것임을, 내가 쌓은 모든 추억이 하찮아질 것임을 나는 알고 있었다. 소중한 추억을 가지고 떠나지 않는다면 내게 남는 것은 아무것도 없었다. 쥐꼬리만 한 월급으로는 미래를 기약할 수 없었다.

내가 오지를 너무 일찍 떠났다면 그것은 팬서크리크 탓이었다.

호출은 공원 파견 사무소에서 무전으로 발신되었다. 팬서크리크 비공식 야영지에서 목줄 풀린 개들이 사슴을 쫓고 있다는 신고가 접수되었다고 했다. 방문객들이 야영지를 이용할 때 가져가는 물건들은 언덕 아래로 가지고 내려가긴 쉽지만 굳이 가지고 올라올 만큼 귀중하지는 않은 것들이었다. 맥주병 같은 것들. 때로는 포도주도. 물론 개들은 스스로 언덕 위로 올라올 수 있었다. 하지만 규정에 따르면 목줄을 했든 안 했든 개를 데려가는 것은 금지되었다. '비공식'이라는 말은 공원관리청에서 야영지를 관리하지 않으며 이용을 결코 권장하지 않는다는 뜻이었다.

팬서크리크 대피소에서 호두만 한 솔방울을 저벅저벅 밟으며 전나무 가지의 커튼을 젖히자 야영지의 소셜트레일social trail이 나타났다. 소셜트레일은 짐승이 다니는 길에서 시작되어 몇 사람이 흙을 다지고 가지를 꺾어 원래는 도저히 들어갈 수 없던 숲에 사람 하나 간신히 들어갈 수 있을 만큼 낸 길을 말한다. 공원 레인저들은 소셜트레일에 축대를 짓거나 워터바•를 설치하지 않기 때문에, 이런 곳은 토양이 유실되었으며 가파른 구간에서는 유실 규모가 더욱 컸다. 나는 방문객을 차단하고 침식을 막기 위해 소셜트레일을 언제나 나뭇가지로 덮어두었다.

• water bar, 도로 침수로 인한 토양 유실을 방지하기 위해 파놓은 수로.

우리는 소셜트레일을 이용하지 않고 수풀을 헤치며 나아갔다. 밥은 시애틀에서 수석 과학자가 공원을 담방하러 왔다며 "얼마나 오래 머물지 누가 알겠어?"라고 말했다. 이것은 질문이 아니었다. '누가'는 '아무도 모른다'는 뜻이었다.

몇 분 뒤에 내가 말했다. "그런데요? 우리 구역에 온대요?"

몇 분이 더 지난 뒤에 밥이 말했다. "중요한 데는 아무 데도 안 갈 거야." 우리의 대화는 늘 이런 식이었다.

나는 비탈을 내려가면서 몸을 지면에 수직으로 세우려고 신경을 곤두세웠다. 발을 모으고 서보라. 당신의 뒤꿈치는 두 선이 만나는 점이다. 첫 번째 선은 당신의 뒤꿈치에서 등을 따라 머리로 이어지고(척추선spine line), 두 번째 선(보행선trail line)은 뒤꿈치에서 당신이 바라보는 땅바닥이나 길을 따라 뻗어나간다. 평평한 땅에서 있으면 보행선과 척추선은 자연스럽게 수직을 이룬다. 이제 당신이 언덕에 서 있다고 상상해보라. 아래쪽을 보든 위쪽을 보든 당신은 몸을 기울이게 될 것이다. 하지만 넘어지지 않으려면 보행선과 척추선이 90도를 유지하도록 해야 한다. 무거운 배낭을 짊어진 등산객이 가파른 오르막길을 올라갈 때 그는 비탈을 향해 앞으로 몸을 숙인다. 지쳐서 더 많이 숙이면 척추선과 보행선의 각도가 줄어 예각이 된다. 그러다 뒤꿈치를 누르던 무게가 사라지면 발가락이 뒤로 미끄러지고 그는 엎어져 코를 처박는다. 그의 손바닥은 넘어질 때 골절된 뒤 아래로 미끄러지면서 쓸려 생채기가 난다.

하산할 때는 반대로 급경사가 두려워 몸을 뒤로 젖힌다. 척추선과 보행선의 각도는 벌어져 둔각이 된다. 이 때문에 뒤꿈치가 미끄러져 그들은 엉덩방아를 찧고 배낭을 흙바닥에 처박은 채 뒤집힌 거북처럼 버둥거린다.

밥도 나도 10년 뒤 '멀티태스커'로 불리게 되는 부류는 아니었다. 나는 성격상 한 번에 둘 이상의 진지한 과제에 집중하지 못했다. 멀티태스킹multitasking이 영어 어휘에 비집고 들어왔을 때 내가 떠올린 것은 공원 레인저보다는 청서의 특징일 법한 신경과민증이었다. 청서가 가문비나무 줄기 아래로 질주하면서 열매 비축분의 개수를 헤아리고 잠재적 짝을 추적하고 새끼들을 점검하고 가문비나무 열매 속대를 자르고 새끼들을 꾸짖고 짝들을 차버리고 그와 동시에 경고의 울음소리를 낼 수 있다는 사실을 아는지? 그나저나 청서의 수명이 썩 길지 않다는 사실은 아는지?

단풍나무 가지가 내 뺨을 후려쳐 살갗에 긁힌 자국을 냈다. 나무들은 수천 년간 나보다 큰 포유류의 침략에 맞서 싸웠으며, 나는 가지를 헤치고 나아가는 동안 그들의 반격 속도와 민첩함에 대적할 수 없었다. 소나무들은 옹송그린 채 햇빛을 막아 내 시야를 흐리게 했다. 길은 가팔랐으며 지난겨울의 폭우로 낙엽이 전부 쓸려 내려갔다. 낙엽이 없으니 오래고 성난 뿌리들이 고스란히 드러났다. 전나무와 개잎갈나무는 방치된 길을 가로질러 높은 아치를 이룬 채 이끼투성이 발가락을 걸쳐놓았다가 마치 J. R. R. 톨킨의 짓궂은 엔트•처럼 900그램짜리 피베타 가죽 등산화를 잡아채 나를 넘어뜨렸다.

현장에 도착하니 팬서크리크에 나란한 융빙유수퇴적층••의 회색 자갈 띠에 빈 맥주병들이 처박혀 있었다. 쓰러진 나무를 디디며 개울 한가운데 통나무 더미에 이르렀는데, 새끼 사슴 한 마리가 도와달라고 울고 있었다. 궁둥이가 찢겨 있었다. 뼈는 하나도 부러진 것 같지 않았다. 우리는 그녀를 기슭으로 데려갔다. 밥이 말했다. "이봐, 우린 동물 정책을 따라야 해." 내가 새끼 사슴의 따스한 흉곽에 손을 얹어 얕고 불규칙한 호흡을 감지하는 동안 그가 말을 이었다. "수석 과학자가 집에 돌아갈 때까진 이 새끼 사슴에 대해 어떤 조치도 취할 수 없어."

"데리고 올라갈 수 있잖아요. 수의사에게 내려와달라고 하든가요."

"안 될 말이야. 야생에 개입하는 건 있을 수 없어." 내가 들은 밥의 말은 이것이었지만, 그가 아몬드 모양 눈을 찡긋했을 때 나는 그의 말뜻을 알아차렸다. 실크 스타킹 도로••• 출신의 고성과

• Ent, 나무 거인.

•• 融氷流水堆積層, 빙하의 얼음이 녹아 흐르는 물에 의해 운반되어 층상으로 퇴적된 모래와 자갈의 퇴적층.

••• Silk Stocking Lane, 상류층 주거지를 일컫는 관용적 표현.

자 관리자들이 자기네가 모르는 문제에 대해 정책을 수립하도록 해서는 안 된다는 것이었다. 동물과 숲과 자연보전구역Wilderness 같은 문제들 말이다.

'W'를 대문자로 쓴 건 오타가 아니다. 미 의회는 1988년 레이니어산을 자연보전구역으로 지정했다. 이 특수한 분류에 따르면 이 공원은 글레이셔나 옐로스톤 국립공원 같은 장소와 구별된다. 후자들의 경우 하루 종일 걸어도 여전히 숲속이고 큰곰을 만날 수도 있지만 자연보전구역은 아니다.

패러다이스메도스 초원이나 그로브오브더페이트리아크스 숲이 그렇듯 자연보전구역은 레이니어산을 규정하는 성격이었다. 이 성격은 우리의 관리 정책에 영향을 미쳤으며 자연을 경시하는 활동에 제재를 가했다. 자연보전구역법은 시끄럽거나 시각적으로 거슬리거나 요란하게 기계적인 장치뿐 아니라 신규 도로, 비상용이 아닌 길과 표지판, 영구 저장고를 금지했다. 나는 자연보전구역이라는 낱말을 사랑했으며 법률의 몇 가지 대목은 납득하지 못할 바도 아니었다. 하지만 사슴에 대해서는 납득할 수 없었다.

밥은 공원 방문객들이 입장료의 대가로 볼거리를 기대한다는 사실을 내게 상기시켰다. 그리고 그 볼거리에는 짐승이 고통받는 광경도 포함되었다. 단도직입적으로 말하자면 우리는 짐승이 수모를 당하는 장면을 구경할 권리를 파는 셈이었다. 찰칵거리는 카메라, 번쩍거리는 플래시, 만족스러운 표정의 낯선 사람들 앞에서 짐승이 고통스럽게 죽어가는 광경 말이다. 다른 개체의 잔혹한 죽음을 아무렇지도 않게 관찰할 수 있으면 자신의 자아상이 높아지리라거나, 자신이 더 박식하거나 과학적이거나 남성적으로 보이리라고 느끼는 사람들이 너무 많았다.

"그게 입장권에 기재된 서비스 항목인가요? 야생동물을 모멸적으로 대하는 것이요?"

밥은 새끼 사슴을 바라보며 다시 한쪽 눈을 찡긋했다. 바람눈물•을 떨어내기 위해서였다.

우리는 레인저로 일하는 동안 야생동물의 죽음을 '자연스러운 것'으로 규정한 정책 때문에 수많은 야생동물이 고통받고 죽어가는 광경을 보았다. 그런데 이제 처음으로 내가 작게나마 결과에 영향을 미칠 수 있는 지역에서 이 일이 일어나고 있었던 것이다.

분별없는 기준, 즉 어떤 사고방식이 우리를 짓누르고 있었다. 사고방식은 모호하고 끈적끈적한 물질이다. 닥터 수스의 우블렉처럼 어디서 왔는지 어떻게 제거해야 하는지 알 수 없다. 관행과 정책으로 말하자면, 교통사고를 제외하면 국립공원관리청 직원이 부상당한 야생동물을 안락사시킨 경우는 우리 둘 다 한 번도 못 봤다. 수의사에게 치료를 요청하는 일은 말할 것도 없었다. 밥과 나는 수석 과학자가 시애틀로 돌아가는 즉시 새끼 사슴을 구

• 바람을 받을 때 흐르는 눈물로 '풍루風淚'라고도 한다.

조하기로 뜻을 모았다. 나는 부상당한 새끼 사슴이 도움을 기다리는 동안 등산객의 접근을 막기 위해 팬서크리크의 비공식 통행로를 나뭇잎과 나뭇가지로 덮었다.

이튿날과 사흗날 아침에 수풀을 헤치며 팬서크리크로 돌아가 새끼 사슴에게 담요를 덮어주었다. 단풍나무의 채찍질, 무거운 배낭, 내리막 내달리기의 위험은 안중에 없었다. 내 나이 사람들은 그런 것 따윈 걱정하지 않았으니까. 그녀에겐 먹거나 마실 것이 전혀 없을 터였기에 알루미늄 시에라 컵에 개울물을 채워 옆에 놓아두었다. 젖은 손가락을 펴서 그녀의 주둥이 앞에 반투명한 주목 열매를 내밀었다. 그녀는 상처를 드러내고 턱을 발목에 기댄 채 누워, 도움을 청하는 눈빛으로 나를 쳐다보았다. 나는 수천 년 전에도 새끼 사슴이 부상당했을 때 사람들에게 도움을 청했으리라 믿는다. 그녀 위쪽으로 우람한 솔송나무가 가운데 가지 두 가닥을 위로 감아올린 모습이 초록색 물수리의 날개처럼 보였다. 나무의 우듬지는 팬서크리크 쪽으로 기운 채 송어를 찾듯 까딱거렸다. 드러난 뿌리는 막 이륙하려는 발톱처럼 땅을 움켜쥐었다. 나는 인류가 수천 년 동안 했을 행동을 했다. 손등으로 그녀의 어깨를 두드리며 이렇게 말했다. "걱정 마, 아가야. 내가 도와줄게."

밥이 괴성을 질렀다. "웬 암모니아 냄새지?" 나는 그를 뒤따라 차고에 들어갔다. 우리는 소방차 두 대 사이로 옆걸음질치며 빠져나와 암모니아 냄새의 근원을 찾아 뒤쪽으로 갔다. 구석에 구겨져 있는 것은 사슴 오줌에 푹 젖은 흰색 타월이었다.

내가 말했다. "아, 새끼 사슴에게 덮어주었던 담요예요." 밥은 팔짱을 풀 생각이 없어 보였다. 눈도 찡긋하지 않았다. 나는 계속해서 정보를 털어놓았다. "음……, 그녀가 일어서질 못해서요……. 추위에 떨고 있었고요……."

"누가 이런 짓을 하지?" 이것은 질문이 아니었다. '누구'는 나를 가리키는 말이었다.

나는 더듬거리며 해명을 이어갔다. "그게…… 그녀가 담요에 오줌을 싸서…… 제가 여기로 도로 가져오고 비상용 비품에서…… 새 담요를 꺼냈어요. 제겐 담요가 없어서요."

"하느님 맙소사."

우리가 암모니아 냄새에 질려 후퇴하는 동안 밥은 "내일이야!"라고 외쳤다. 내일이면 실크 스타킹 도로 출신의 '친구'가 아침 식사 전에 떠날 거라고 장담했다. 내일이면 새끼 사슴을 구할 수 있다고.

"새벽 여섯 시야. 정각에."

"좋아요."

"다섯 시면 더 좋고."

"그때 봐요."

우리는 어둠 속을 운전했다. 말없이 수풀을 헤치며 나아갔다. 가죽을 덧댄 빙하용 고글이 덤불의 채찍질로부터 내 눈을 보호했으며, 나는 가느다란 오리나무 가지를 움켜쥔 채 소음과 무음만을 길잡이 삼아 강을 향해 미끄러지듯 나아갔다.

그날 카이유스패스 고개를 넘어 돌아오는 길에 밥이 말했다. "이게 우리가 경험할 수 있는 가장 흥미진진한 일이었어." 내가 다른 일을 하게 된다면 더 흥미로운 게 뭐가 있을 것 같으냐고 그에게 물었다. 밥이 말했다. "대학원 어때? 그 친구처럼 박사 학위를 따는 거야. 이름이 뭐더라. 벌레 친구 말이야."

벌레 친구라고? 그 자원봉사자? 국립공원관리청에서는 오지 순찰을 하는 대가로 내게 임금을 지급했다.

밥은 내가 가난하다는 걸 알고 있었다. 나는 정부 기숙사에 입주하는 날 내게 배정된 직사각형 주차 공간을 이용하지 않고 관리소의 원형 진입로에 볼보를 세워두었다.

그가 말했다. "이 차는 후진 기어도 없군!" 그러고는 이렇게 덧붙였다. "동료가 된 걸 환영하네."

내가 응대했다. "나머지 기어는 넷 다 있어요. 그리고 만나서 반가워요."

볼보를 산 것은 대학생 시절 히치하이킹을 한 날이었다. 은발의 남자가 나를 태워주며 두 가지 설교를 했다. 하나는 히치하이킹은 위험하다였고 다른 하나는 중고차는 싸다였다. 첫 번째는 흘려들었지만 두 번째는 솔깃했다. 내가 차를 살 수 있다고? 달에 보낸 원숭이들이 착륙했다는 말을 들었어도 이 정도로 놀라진 않았을 것이다. 나는 급여와 별도로 숙식을 제공받으며 여자아이 둘을 돌보는 주말 아르바이트를 했으며 부업으로 점원 일을 하고 있었다. 우리는 내 매트리스 밑에서 현찰을 꺼냈고, 그는 나를 자동차 대리점에 데려갔다. 나는 차를 몰고 지하층 숙소로 돌아오면서 빨간불마다 보란 듯이 멈췄고 파란불마다 겁을 먹어 시동을 꺼트렸다. 이날까지도 그렇게 많은 경적소리를 들어본 적이 없다. 수동 변속기는 설명서가 딸려 있지 않았다. 연방 판사인 여자아이들의 아빠가 수동 변속 방법을 가르쳐주었고 나는 그 뒤로 수동 변속기만 고집했다. 나는 현찰을 매트리스 밑에 숨기는 게 아니라 가죽을 덧댄 천 좌석의 틈새에 끼워넣기 시작했다. 하지만 히치하이킹은 결코 그만두지 않았다. 차는 너무 오래됐고 너무 자주 고장 났다.

자이언 국립공원 오지 레인저라는 최고의 일자리를 비롯하여 오지에서 잔뼈가 굵은 밥은 더 안정적인 감독 자리로 승진했다. 더 중요한 사실은 그도 안정되었다는 것이다. 여자친구가 생겼으며 결국에는 아내와 아이를 얻었다. 내가 레이니어산에서 지내는 내내 그는 내가 정기적으로 교류하는 사람들 중에서 가장 나이가 많았다. 그때 나는 스물여덟 살이었고, 그는 마흔 번째 생일을 앞두고 있었다. 그의 대학원 아이디어에 일리가 있다는 생각이 들었다.

하지만 대학원에서 나를 받아줄까? 젊은 동료 하나가 대학원 입학자격시험(GRE)에 대해 알려주었다. 우리는 연습 문제를 풀어보고 시험을 신청했다. 나는 일반 언어 능력, 분석 능력, 생물학 과목에서 백분위로 상위 98퍼센트를 기록했다. 이 정도면 나를 받아들여줄 학교가 있을 것 같았다.

하지만 도시에서 사는 건 머릿속에 그려지지 않았다. 과학자가 된다는 것은 상상도 할 수 없었다. 언제나 나는 머릿속에는 그려지지만 손에는 닿지 않는 것을 향해 나아갔으며, 목표에 도달하면 다음 목표를 향해 나아갔다. 손에 닿는 것은 너무 가깝게 느껴졌고 머릿속에 그려지지 않는 것은 너무 멀게 느껴졌다. 나는 언제나 스스로를 어느 황무지의 아고산대 능선에 홀로 있는 모습으로 그렸다.

밥은 내 머리카락이 가장 큰 걸림돌이라고 생각했는데("당신은 오지 레인저처럼 생겼어"), 내겐 빗이 없었다. 나는 그의 말에 동의했다. 우리는 만성병 환자가 의사의 삶을 상상하거나 수감자가 변호사의 삶을 상상하듯 과학자에 대해 상상의 나래를 폈다.

밥이 말했다. "부디 과학자의 삶에 대해선 걱정하지 말아. 일단 학위를 받고 나서 그 사람들이 대체 무슨 일을 하는지 알아보라고." 이것이 내가 대학원에 대해 받은 유일한 조언이었다.

실은, 밥에게서 작별 선물로 받은 빗과 더불어 내게 필요한 유일한 조언이었다.

글레이셔 국립공원의 피라미 레인저 시절 이후로 나는 과학자들이 무슨 일을 하는지 늘 궁금했다. 한번은 국립공원관리청 본부의 과학자(박사 학위가 있는 사람)가 수생동물 연구를 위한 표본 채집을 도와달라고 부탁했다. 나는 그때까지 동물학 학사 학위도 없었기에 영광스러운 마음으로 임무와 더불어 유리병 두 개, 점안병,* 서면 지시 사항을 수령했다.

나는 아스펜 입목 옆에 자리 잡은 오지 오두막까지 걸어가 컷뱅크크리크 개울로 달음질하여 물을 유리병에 담고는 점안병에 든 정체 모를 액체를 한 방울 떨어뜨렸다. 개울물이 담긴 병을 햇빛 아래 쳐들어 살살 흔들면서 모기만 한 붉은새우가 유리로 된 작은 방에서 몸을 뒤집고 굴리는 광경을 바라보았다. 오두막에 들어가 침대맡 탁자에 병을 조심조심 내려놓았다. 화목 난로가 타닥거리며 뜨거워지고 찻물이 데워졌을 때 나의 작은 수탁물을 점검했다. 오……, 하느님……! 맙소사. 모기만 한 붉은새우가 모조리 가라앉아 있었다. 내가 전부 죽여버린 것이었다.

잠을 이룰 수 없었다. 동이 트자마자 700미터 위의 피타마칸 패스 고개까지 걸어 올라갔다가 다시 700미터 아래로 내려갔다. 27킬로미터를 걸었다. 숨 막힐 듯한 풍경 속에 사람은 나밖에 없

• 點眼甁. 눈에 안약을 떨어뜨려 넣는 데 쓰는 병.

었다. 큰곰의 서식 밀도가 높아서 사람들은 이곳을 좋아하지 않았다. 투메디신 관리소에서 차를 타고 나의 담당 초소인 이스트 글레이셔 관리소에 돌아와 이튿날 셔틀버스로 본부에 갔다.

그런데 이게 웬일이람. 과학자는 새우가 죽을 걸 알고 있었다. 작은 점안병에는 독이 들어 있었다. 그는 새우의 마릿수를 세고 싶었을 뿐이었다. 생물학 박사 학위가 있는 남자가 마릿수를 셀 수 있도록 하려고 내가 동물을 죽인 거였어? 더 정확히 말하자면, 나는 어류학 박사 학위를 가진 남자의 감독하에 수산생물학 석사 학위를 가진 남자가 실제 마릿수를 세는 동안 학부생이 숫자를 기록하도록 하려고 동물을 죽인 것이었다. 나는 비참하고 땀에 젖고 격분한 채 서 있었고 그는 양복 차림에 편안하고 서늘하게 앉아 있었다. 당신도 이런 상황이 친숙할 것이다. 누구나 흙 묻은 사람, 서 있는 사람, 머리를 빗지 않은 사람이 더 무식한 쪽이라고 지레짐작한다. 새우만 불쌍하지. 그래, 저 사람들이 뭘 하려는 건지 알아야겠어.

팬서크리크의 새끼 사슴이 왜 죽어야 했는지 알아야겠어. 아, 깜박했네. 죽음은 자연스러운 것이다! 자연은 잔혹하다! 이건 헬레나• 여우 학살 때 농장주들이 스스로에게 되뇐 말 아닌가? 여우 학살에 대해 설교한 목사는 여우 살해를 나사렛 예수, 기독교 하느님의 십자가 처형과 나란히 놓았다. 목사는 여기서 의문이 든다고

• 몬태나주의 주도.

말했다. 자애로운 하느님이 계시는 세상에 왜 무분별한 잔혹함이 존재할까요?

내가 레이니어산에서 레인저로 일할 즈음 사람들은 더는 잔혹함을 무분별한 행위로 해석하지 않았다. 우리가 야생동물의 고통을 방관한 것은 가난하고 무지한 양치기여서가 아니었다. 우리가 그들의 고통을 방관한 것은 부유하고 대학을 나왔고 화이트칼라여서였다. 짐승의 고통을 방관하면서 우리는 구정물을 뒤집어썼지만, 이것은 사실 우리가 바란 것이었다. 그래야 세상의 잔혹함을 아는 척할 수 있기 때문이다. 우리는 야생동물이 고통받고 죽는 광경을 지켜보면서 자신의 짧은 주둥이를 이리저리 놀렸다. 우리는 "자연은 잔혹하다"라고 말하고는 이 깨달음의 짐을 짊어지는 일이 우리의 나약한 영혼을 강하게 해주는 척했다.

한편, 리버캐빈스 수강생들을 태운 버스에서 나는 용납할 수 없는 짐승 이야기로 빠져버린 나의 사연을 정당화하려다 스스로를 올가미에 가두고 말았다. 내가 "버스 운행 중 일어나지 마시오"라는 표지판을 등진 채 수강생들을 바라보는 동안 그들은 곰이 들끓는 길을 따라 자신들을 인도하는 사람이 대체 어떤 작자인지 미심쩍어하고 있었다. 부상당한 새끼 사슴을 보살피는 일이 자연적이지 않다는 것을 모르는 사람이, 교수가, 자연 연구자가 대체 어디 있담? 그들은 내가 "저는 거미를 못 죽여요"라고 으스대듯 말하는 부류에 속하는 게 아닌지 의심했다.

버스가 급커브를 돌 때 바깥쪽 타이어가 질퍽한 갓길을 밟았다. 나는 학생들에게 팬서크리크 새끼 사슴이 나를 쳐다볼 때마다 연민을 애걸하더라고 말하고 있었다. 마지막으로 그녀를 보았을 때 그녀는 눈을 뜬 채 죽어 있었으며 나는 창자가 쏟아지는 듯한 슬픔을 느꼈다. 버스가 커다란 구덩이를 밟았을 때 나는 한 손만으로 몸을 지탱하기 힘들었다. "난 거미를 죽였어요. 똑바로 보면서face front 말이에요." 이렇게 말하자마자 관성 때문에 몸이 홱 돌아갔는데, 운전수 머리 위의 표지판에는 "전방 주시face front"라고 쓰여 있었다.

리버캐빈스에서의 마지막 날

문명의 한 가닥 선—갓 깎아 물을 준 왕포아풀(잔디)의 선명한 선—이 오두막을 옐로스톤강 기슭의 어수선한 버드나무 덤불과 구분했다. 나는 황갈색 유약을 발라 마치 버팔로 파이*에 오줌이 고인 자리처럼 무지갯빛으로 빛나는 세라믹 머그잔을 들고서 강둑에 서 있었다. 대학에서 후원하는 평생교육 과정의 마지막 아침 식사가 방금 끝났다. 이제 조금만 있으면 벽 너머로 기혼자 이웃의 목소리와 지직거리는 텔레비전 잡음을 듣거나, 그들이 우리 여우를 생텍스의 보아뱀처럼 모자로 착각할까봐 걱정하지 않아도 된다.

* buffalo pie, 아메리카들소 똥.

옐로스톤강은 코코아 같은 갈색이었다. 식물 잔해가 뭉친 부유물이 롤러코스터 파도를 탔다. 두 달 뒤면 이 물은 청둥오리가 발을 담그기만 해도 이 둑에서 저 둑까지 물결이 퍼져나갈 만큼 잔잔하고 맑아질 것이다. 나는 강변의 자갈을 달그락달그락 밟으며 걸었다. 샌들 안의 두툼한 플리스 양말은 싸늘한 공기가 서늘하게 느껴질 만큼 아늑했다. 한 시간도 채 지나지 않아 수강생들이 마지막 수업 탐방을 위해 모일 것이다. 나는 숨을 들이마시고 겨드랑이에서 김이 모락모락 나는 듯한 기분에 어깨를 한 번 털고는 다시 숨을 들이마셨다. 야외 교실에는 꿈쩍도 하지 않은 채 일주일 내내 우리를 괴롭힌 '코끼리'•가 있었다. 그것은 사람만이 가져야 마땅한 특질을 가진 여우였다.

내 수강생들은 사람과 야생동물이 성격 특질을 공유한다고 믿지 않았다. 몇 달 전 플로리다 주립대학교의 학부생 하나가 그 이유를 이해할 실마리를 내게 던져주었다. 나는 호모 플로레시엔시스*Homo floresiensis*에 대해 강의하고 있었다. 이 이름은 2003년 고고학자들이 화석을 발견한 인도네시아 플로레스섬에서 딴 것이다. 나는 학생들에게 〈내셔널 지오그래픽〉에 실린 그림을 보여주었다. 호모 사피엔스와 호모 플로레시엔시스가 나란히 서 있는 모습이

• 잘못됐다는 것을 모두가 알면서도 누구 하나 얘기하지 않는 상황을 일컫는 '방 안의 코끼리'에 빗댄 표현

었다. 이 병치는 인위적이었다. 사피엔스와 플로레시엔시스 둘 다 1만 3000년 전 동남아시아에서 살았지만, 둘이 나란히 선 적이 있는지는 누구도 모르는 일이었다. 그림에서 인류는 짐승 가죽으로 가슴과 치부를 가린 반면에 플로레스 사람은 똑같이 여성이었는데도 벌거벗은 채였다. 나는 학생들에게 복장의 차이를 설명해보라고 말했다. 우리 반 최고 우등생이 말했다. "기온 때문이에요. 플로레스 사람에게 옷이 필요하지 않은 건 열대 기후에서 살았기 때문이죠." 나는 같은 기후에서 사는 인류가 옷을 입는다는 점을 지적했다. 플로레스 사람이 (우리의 또 다른 자매종인) 네안데르탈인보다 2만 년 뒤에 등장했음을 감안할 때, 무엇보다 놀라운 것은 그들이 연장을 만들지 못했으리라는 가정이었다. 학생 하나는 이렇게 썼다. "뇌가 그렇게 작은 걸 보면 플로레스 사람은 옷을 디자인하지 못했을 것이다." 키 90센티미터의 플로레시엔시스종이 인류보다 뇌가 작았던 건 사실이지만 지능이 낮지는 않았다. 발굴지에서 발견된 유물에서 보듯 플로레스 사람은 연장과 직물을 만들었다.

몇몇 학생들은 플로레스 사람이 유인원과 비슷했고 털가죽이 두꺼웠으므로 옷이 필요 없었으리라고 추측했다. 이것도 틀렸다. 생물학자들은 사람속 구성원들에게서 몸털이 사라진 시기가 약 7만 년 전이라고 생각한다. 몸니의 종 분화가 증거다. 머리부터 발끝까지 털투성이인 짐승은 머리부터 발끝까지 이가 한 종류뿐이다. 우리 사람족은 털 난 부위 사이에 맨살이 넓게 퍼져 있어서 이가 이종 교배를 하지 못하기 때문에 사면발니와 머릿니 두 종류가 있다. 우리 몸에 사면발니와 머릿니가 둘 다 기생한 시기는 약 7만 년 전으로 거슬러 올라가므로 우리는 그 이전에 몸털이 전부 사라진 것이 틀림없다. 안 그랬다면 이의 종류가 하나뿐이었을 테니까.

내게 깨달음을 선사한 학부생은 미술가의 편견이 그림에 영향을 미쳤다고 말했다. 미술가가 무의식적으로 아담과 이브의 이야기를 그림의 토대로 삼았으며, 인류만이 알몸에 대해 부끄러움을 느낄 수 있으리라고 가정했다는 얘기였다. 플로레스 여성이 벌거벗은 것은 기후가 덥고 털이 많고 멍청해서가 아니라 부끄러움을 느낄 수 없었기 때문이라는 것이 그녀의 설명이었다. 부끄러움은 인간만 가진 특질이며 이것이 바로 아담과 이브 이야기의 핵심이라는 것이다. 그 학생이 옳다면, 부끄러움 같은 특질을 다른 사람족에게조차 부여하지 못하는 형편에 어떻게 인간의 성격 특질을 여우에게 부여한단 말인가?

나는 일주일 내내 최대한 적게, 최대한 가끔 여우에 대해 회상했다. 춤추는 파리 뒤에 있던 여우의 눈, 불편한 4시 15분 만남에 대한 나의 동의, 그가 잘 있는지 확인하려고 저녁마다 식사 전에 리버캐빈스에서 집까지 운전했던 일 등 너무 개인적이거나 오해를 살 수 있는 것은 전부 철회하거나 편집했다. 나는 수강생들에게 달걀노른자와 까치에 대해, 밭쥐와 리아트리스에 대해, 옴과 봉건지주의 의무에 대해 이야기했다.

거기까진 괜찮았다. 문제는 말이 헛나와 '여우와 나'라는 표현을 너무 많이 내뱉었다는 것이다. 수강생들이 그 말을 잊어버리게 해야 했다. 내게는 계획이 있었다. 실제 계획이라기보다는 희망에 가까운 막연한 탄원이라 할 그 계획은 자연사에 대한 유려한 웅변으로 수강생들의 혼을 빼놓아 나와 여우의 관계에 대해 질문하지 못하도록 한다는 것이었다. 40만 헥타르의 황무지에서 코끼리 한 마리가 누구의 눈에 띌 수 있겠어? 이윽고 아침 해가 능선 꼭대기에 올라와 나의 빈 머그잔에 빛을 비췄다. 나는 배낭을 꾸리려고 들어갔다.

"우리라고 말씀하신 건 당신들이 지금 커플이라는 뜻인가요?" 유휴 임도를 따라 비틀리지 능선을 향해 걷기 시작한 지 5분도 채 지나지 않았을 때였다. 걸음을 멈추고 일행을 돌아보았지만 누가 질문했는지 알 수 없었다. 어쨌든, 진짜 몰라서 묻는 질문이 아니었으므로 대답하지 않았다.

다른 학생이 쐐기를 박았다. "당신과 여우 말이에요."

대머리처럼 벗어지고 있는 자갈길은 농경지를 가로질러 마른 개울과 나란히 이어져 있었다. 물이 말랐을 때 죽은 미루나무들의 앙상한 그늘 아래서 어린 옻나무들이 무럭무럭 자라 단풍나무

잎처럼 생긴 매끈한 잎을 뽐냈다. 사방에서 식물들이 들고 나고 있었다. 춥고 건조한 지역에서 이주해 들어온 식물들은 자리 잡으려 애쓰고 있었고, 새 이웃이 마뜩잖거나 자신이 쫓겨날 처지에 내몰린 식물들은 고도가 높은 혹독한 기후대로 도피하려 안간힘을 썼다. 식물 개체군마다 나름의 사연이 있었다. 분명 아무도 여우와 나에 대해 생각할 겨를이 없을 것 같았다.

"이 키 큰 엉겅퀴(수레국화)는 시베리아에서 이주했고 라일락, 골담초, 사막보리수나무 같은 시베리아 이웃들과 더불어 온난한 몬태나에서 번성하고 있어요. 열한 달이 겨울인 나라에서 아홉 달만 겨울인 나라로 옮아온 것에 다들 만족하고 있답니다." 키 큰 여러해살이 수레국화 줄기는 사방으로 눈에 띄게 솟았다. "주홍금매화는 수천 년간 이곳에서 살았어요." 나는 쪼그리고 앉아 손을 오므려 드문드문 난 곱슬곱슬한 잎 사이에 보일락 말락 떠 있는 꽃차례를 감쌌다. "그런데 지금은 떠나려고 애쓰고 있지요. 무리로부터, 그늘로부터, 제초제로부터 탈출하려고 하죠."

한 남자 위에 얹힌 방수포防水布 모자가 내 옆을 따라다녔다. 일주일 내내 나를 안내하던 방수포는 이렇게 속삭였다. "저 사람들은 당신 여우에 대해 계속 물어볼 거예요. 우리가 어떻게 할 수 있는지 보자고요." 방수포는 나의 통역자다. 그는 텔레비전 드라마와 대중문화에 빗댄 표현을 내가 이해할 수 있도록 번역했다. 이를테면 허구한 날 함께 밥을 먹으면서 뒷담화를 나누는 '위기의' 여자들이란 허구의 '주부들'을 말하는 거라고 설명해주었다. 그는 유튜브의 알쏭달쏭한 철자를 번역했고 그에 못지않게 알쏭달쏭한 유튜브 용어를 설명하려고 애썼다(성공하지는 못했다). 방수포는 나의 탐색상*을 훤히 꿰뚫고 있었다. 모자 같은 눈에 띄는 액세서리가 없으면 매일 이야기를 주고받던 사람조차도 내게 한낱 익명의 얼굴이 되어버린다는 것을 알고 있었다. 방수포와 내가 일행의 앞에 서려고 발을 재게 놀릴 때 그가 내게 규화목** 조각을 하나 건네며 말했다. "이게 필요할 거예요."

나는 다음번에 걸음을 멈추었을 때 신발 끈 밑에 손가락을 넣어 야생감초 씨앗을 끄집어냈다. 게피 같은 갈색에 가시투성이였으며 크기는 땅콩꼬투리만 했다. "이 씨앗은 정자와 닮았어요, 그렇죠?" 수강생들이 동의한다는 뜻으로 고개를 끄덕였다. 그것은 오답이었다. 실은 질문에 함정이 있었다. 1800년 전이었다면 정답이었을 것이다. 당시 서양 과학자들은 호문쿨루스라는 온전한 형태의 사람이 정자에 들어 있다고 믿었다. 1694년에 제작된 유명한 판화에서는 정자 세포 안에 아기가 거대한 머리를 숙이고 무릎을 가슴 앞으로 끌어당긴 채 쪼그려 앉아 있다. 물론 정자 세

* search image. 찾고자 하는 대상의 이미지로, 학습에 의해 형성되지만 동물이 먹이를 발견하는 효율을 높이는 데도 도움이 된다.

** 硅化木. 이산화규소를 함유한 지하수 따위의 작용으로 땅속에 묻힌 나무가 단백석이나 마노로 변한 것.

포 안에는 작은 사람이 웅크리고 있지 않으며, 정자가 씨앗과 닮지 않은 것은 이 때문이다. "씨앗은 상자 안에 자기 점심과 함께 들어 있는 아기예요." 나는 그들이 1학년 때 아마도 들어봤을 비유를 다시 언급했다.

나는 세이지브러시 아래에 웅송그리고 있는 동부솜꼬리큰토끼를 가리키며 토끼가 임신했다고 상상해보라고 말했다. "토끼의 자궁, 그러니까 상자 속 아기를 꺼내 땅에 심을 수 있다면 씨앗과 매우 비슷할 거예요. 땅에 심은 자궁 속 태아 토끼가 땅속에서 발달하려면 자신을 보호해줄 덮개, 그러니까 자궁 조직보다 단단한 것—씨껍질 같은 것—이 필요하고 절단된 탯줄을 대신하여 식량이 충분히 저장되어 있어야 해요. 사실 식물은 대리모 제도에 우호적이에요. 씨앗이 태아 식물의 생장을 발아 때까지 뒷받침하는 것은 기본적으로 대리모 노릇이니까요."

방수포가 조류 도감에서 고개를 들어 뒤로 젖혔다가 한쪽으로 기울였다. 마치 훌륭한 쇼야! 잘했어!라는 몸짓을 하는 것 같았다. 내가 혼잣말로 웅얼거리는데, 누군가 말했다. "그래서 그는 옴이 없었나요?"

또 다른 학생이 선수를 쳤다. "그럼요, 없었고 말고요. 그 여우는 옴에 걸리지 않았어요." 그녀는 풀 죽은 표정으로 고개를 가로저었다.

앞쪽에 나란히 늘어선 돌벽이 모든 사람의 정신을 여우로부터 다른 곳으로 돌려줄 것 같았다. 하나의 너비가 약 9미터였으며 세이지브러시 위로 30미터나 솟아 있었다. 간격은 6미터를 넘었다. 주황색 진사가 벽 사이로 흘러들고 있었다. 이 수직 벽은 한때 수평이었다. 얕은 바다 밑의 퇴적층이었다가 시간이 지나면서 퇴적암으로 굳어진 것이었다. 수백만 년 전 지구가 격렬히 흔들리면서 퇴적층이 모로 기울어 수평의 지층이 수직으로 서고 바닥은 벽이 되었다. 지질학자들이 호그백hogback이라고 부르는 이 돌벽은 사암, 엽암(頁巖, 셰일), 이암 등 여러 종류의 퇴적암으로 이루어졌다. 암석의 종류는 풍화 작용에 나름의 방식으로 대응한 결과다. 돌벽 위 하늘에는 닳은 바니시 붓을 일필휘지로 휘두른 듯 구름 한 점이 떠 있었다.

"그래요. 맞아요." 내가 말했다. "그는 옴이 없었어요. 이 현상은 언제 일어났을까요? 퇴적암 돌벽의 생성 말이에요." 커다란 선글라스를 쓴 수강생들은 독침을 세운 말벌처럼 내 주위에서 붕붕거렸다.

옴으로 죽어가는 여우를 본 것은 그로부터 3년 뒤였다. 어린 울새처럼 보송보송한 깃털로 덮인 듯 보이던 그 여우는 제 살갗을 벗겨내려는 듯 뒷발톱으로 몸을 긁어댔다. 여우가, 우리 여우가 옴이 심하게 올랐다면 나는 돈을 내고 나의 일행이 된 생판 타인들에게 이 사실을 언급하지 않았을 것이다. 하늘에 구름이 한 점 밖에 없는 이런 날에는 더더욱. 이렇게 말하는 쪽이 덜 괴로웠을 것이다. "여기 오는 길에 교통사고 현장을 지나치다 내장이 삐져나온 남자를 봤어요. 짓이겨진 입안에 눈알이 매달려 있었는데, 쇠콘도르가 기다란 창자를 홱 잡아당기더라고요." 수강생들 중에는 옴 붙은 여우를 본 사람이 아무도 없는 게 분명했다. 그렇지 않다면 옴이 마치 수두인 것처럼 대수롭지 않게 물어볼 수 없었을 것이다.

"그러면 우리의 태블로tableau(작품)로 돌아가볼까요. 이 돌벽이 생겨난 것은……" 여우와 나에 대해 질문하려고 올라오는 손을 무시한 채 말을 이었다. "공룡보다 먼저일까요, 나중일까요?" 이 탐방로에서 공룡 이야기를 한 적은 한 번도 없었기에 할 말이 하나도 준비되어 있지 않았다. 누군가 공룡 미끼를 물어 나를 구해주었다. 바로 '육감'이었다. 첫날 밤 슬라이드 발표가 끝나고 그를 '폭시'라고 부른 여자. 그녀는 아침 내내 산책 속도로 우리 무리 사이를 갈지자로 다니다가 무언가를 조사하려는 듯 절벽 너머로 사라졌다가 팔짝팔짝 달음질하여 방수포 뒤에서 짠 하고 나타났다.

오른쪽에서 방수포가 귓속말을 했다. "태블로́가 아니라 태́블로예요."

육감은 옳게 대답했다. 캄브리아기 바다는 공룡보다 먼저였다. 다들 스티븐 스필버그의 영화를 보았기에 공룡이 쥐라기에 날뛰었다는 것을 알고 있었다. 또 누군가는 지구를 제패하기 100만 년 전부터 공룡이 활보하고 다닌 것도 알고 있었다. 이 말은 공룡이 트라이아스기에 처음 등장했다는 뜻이다. 어처구니없게도 우리 앞에 서 있는 퇴적층은 공룡보다 3억 년 전에 생긴 것이었다. 어안이 벙벙한 수강생들이 영문을 알고 싶어서 주위를 두리번거리자 색색의 모자챙이 이리저리 돌아갔다.

"그에게 치료를 해줄 작정이었나요?" 그러고는 도미노가 줄줄이 쓰러졌다. 질문을 일일이 기억할 수 없었지만, 이 말로 모든 질문에 답했다고 생각한다. "그래요. 치료. 수의사요."

첫 장에서 내가 묘사한 은유적 협곡 기억하시는지? 인류를 나머지 동물과 가르고 인간적 특질을 인간 아닌 동물에게 부여하지 못하게 하는 협곡 말이다. 수강생들은 '여우와 나'의 접선이 매일 이루어졌다면 우리 중 하나는 그 협곡을 넘었다고 판단했다.

질문이 중단된 것은 도로 밑 속도랑(暗渠)보다 딱히 넓지 않은 개울 위를 지날 때였다. 그곳에서 길이 홱 꺾여 우리는 산속으로 접어들었다. 나는 여우에 대한 관심이 되살아날 거라 예상하며 말을 이었다. "하지만 제게 계획이 있었다는 말은 아니에요. 제가 아는 수의사 중에는 야생 여우를 진료하는 사람이 없거든요."

적의 마음을 돌릴 수 없다면 현혹하라. 간헐천의 하얀 원뿔에서 뿜어져 나오는 구슬 크기의 물방울로 적을 홀리거나 깊은 붉은색 협곡으로 쏟아져 들어가는 초록색 강을 보여주라. 폭포 가장자리에서 100미터 위로 무지개를 뚫고 솟구치는 물거품을 바라보며 물안개에 젖게 하라. 하지만 주위를 둘러보아도 보이는 것은 구름

한 점뿐이었다. 닳은 붓을 한 번 휘둘러 파란 하늘 캔버스에 그린 구름 한 점. 구름 가지고 할 수 있는 일은 많지 않다. 당신이 영리하다면 구름은 입 밖에 내지도 않을 것이다.

나는 방수포의 규화목을 흔들었고 맨 먼저 내민 손바닥에 떨어뜨렸다. "새로운 새벽이라고 불리는 에오세(시신세)에 이 '암석'은 숨 쉬는 나무였어요. 미국삼나무 아니면 측백나무였을 거예요. 여기 서 있었죠." 나는 즉석에서 머리 위 암봉을 가리켰다. "이 나무의 그늘 아래로, 이 암봉 위에서 호랑이만 한 메소닉스Mesonyx가 웅크리고 있었어요. 그 시대에 가장 카리스마 넘치는 거대동물megafauna이었죠." 아무도 내게 이의를 제기하거나 틀렸을 것이 틀림없는 발음을 바로잡지 않았기에, 나는 계속 이야기했다.

"메소닉스는 뱀 꼬리를 한 늑대처럼 생겼어요. 하지만 발자국을 보면 발굽이 있었다는 걸 알 수 있죠."

며칠 전만 해도 수강생들은 아메리카들소, 말코손바닥사슴, 영양붙이를 보고서 카메라와 쌍안경을 달랑거리며 초원으로 달려갔다. 공원에 서식하는 아메리카들소와 말코손바닥사슴 수백 마리, 밤마다 숙소 앞을 지나는 영양붙이 무리를 보고 나서 수강생들은 포식자가 종종 그러듯 탐색상을 바꿨다. 이제 그들은 곰, 퓨마, 늑대를 찾아다녔다. 내가 그들을 야생 유제류*에 열광하게 만

* 有蹄類, 척추동물 포유류 가운데 발굽이 있는 동물.

들고 싶었다면, 그 동물들을 죽여서 빻아 파스타에 뿌려 대접하는 게 나았을 것이다.

"메소닉스는 포식자였지만, 정말 특이하게도 유제류 육식동물이었어요. 유제류 육식동물은 지금은 모두 멸종했어요. 왜 그랬을지 생각해보세요." 나는 말을 멈추고 뜸을 들였다. 그들은 나와 여우에 대해 생각했다.

"그러니까 강사님은 여우가 옴이 오르지 않았다고 확신하시죠."

말꼬리가 올라가지 않았으므로 나는 질문이 아니라고 판단했다. 팔짱을 끼고 턱을 당기고 어깨를 웅크린 채 수강생 무리를 헤치고 나아갔다.

방수포는 여우의 옴이 초기였으며 마늘과 달걀로 치료되었다고 주장했다.

여우가 달걀노른자와 함께 마늘을 많이 먹은 것은 사실이었다. 그럼에도 나의 과학적 배경은 증거를 내놓으라며 나를 들볶았다. 내겐 디지털 카메라가 없었다. 일안 리플렉스 카메라에 넣을 코닥 필름을 사려면 고갯길을 넘어 200킬로미터를 왕복해야 했다. 내가 길을 나서서 극심한 금전적 제약이 있는 사람에게 합당할 만큼의 필름을 사서 돌아왔을 때 그의 맨살 반점은 사라지고 없었다. 나는 방수포의 가설을 반박할 수 없었다. 마찬가지로, 내가 옴이라고 상상한 이유가 여우가 너무 가냘프고 너무 쇠약하고 너무 궁해 보였기 때문이 아니라고 확신할 수도 없었다.

내가 말했다. "어쩌면요."

우리가 꾸준히 위로 올라가는 동안 나는 걸음을 멈출 이유들을 찾아냈다. 꽃이 떨어진 달맞이꽃의 시든 잎을 감상했고 붉은꼬리말똥가리의 울음소리를 들었고 섬세한 흰달팽이 껍데기를 돌려가며 보았다.

내가 여우를 개와 불필요한 스트레스로부터 지켜줌으로써 그의 면역계를 강화했다고 누군가 주장했다. 지원 제도와 사회적 연결망에 대한 의견과 "그래요, 마늘이 틀림없어요"라는 말도 들렸다. 나는 미소 지었고 모두에게 감사했으며 약간의 의심을 남겼다. 지원 제도에 대해서는 아는 바가 전혀 없었다.

나는 뒤에서 헐떡거리는 소리가 너무 커지자 속도를 늦췄고 아예 사라지자 걸음을 멈췄다. 이번 휴식 핑계는 까치였다. 동해안 출신 수강생들은 흥미를 보였지만 내가 산통을 깨고 말았다. "아니요, 그들은 노래하지 않아요. 활공하지도 않고요." 나는 핑곗거리를 솔딱새와 발풍금새로 바꿨다. (코넬 대학교 온라인 조류 안내 자료에 따르면) 올리브옆구리솔딱새들은 "어서, 맥주 석 잔!Quick, three beers!" 하고 노래했다. 초록꼬리발풍금새의 울음소리는 내게 전자레인지의 팝콘 조리 완료! 벨소리처럼 들렸다. 전자레인지 얘기가 농담인 건 다들 알고 있었다. 내게 전자레인지가 한 번도 없었던 건 분명했으니까.

도로는 산을 에둘러 똬리를 틀듯 올라갔다. 우리는 길을 따라 걸었는데, 수강생들은 산을 끌어안다시피 안쪽으로 걸었고, 나는 낭떠러지에 바싹 붙어 바깥쪽으로 걸었다. 그들은 서로 귓속말을 했다. 여우에 대한 질문으로 나를 급습할 계획을 꾸미는 게 틀림없었다. 내게도 계획이 있었다. 어쨌든 나는 고기잡이였다. 얼음에 구멍을 뚫고 미끼를 떨어뜨렸다. 미끼는 연어알이 아니라 질문이었다. 도전에 응한 첫 번째 수강생은 호모 사피엔스가 홍적세나 빙하기의 포유류 중에서 가장 작은 축에 들었다고 대답했다. 포식자보다는 피식자에 가까웠다는 것이다. 나는 계속해서 솔깃한 질문들로 미끼를 드리웠다. 수강생들은 마침내 여우 이외의 무언가에 흥미가 동해 답을 내놓았다. 긴장을 한껏 고조시킨 채 내가 말했다. "그래요. 인류는, 기본적으로 혈거인穴居人은 늘 대형 포식자에게서 달아나고 숨어 지냈어요. 그런데 초대형 포식자들은 약 5000년 전에 크기가 줄었어요. 왜일까요?" 내가 질문을 던졌다. "5000년 전 무슨 일이 일어났기에 그렇게 됐을까요?"

"하지만 당신은 여우에게 책을 읽어주고 곁에 있었으니까 옴이 있는지 확인할 수 있었잖아요. 그런데 이제는 그에게 옴이 없었다는 건가요?"

"아. 좋은 지적이네요. 정말로요." (정말로 그랬다.) 고기잡이는 고기가 되었다. 깎아지른 낭떠러지 가장자리에 내몰린 채 나는 스스로를 방어할 수 없었다. 내가 서 있는 벼랑은 하도 좁아서 누구도 내 뒤를 받쳐줄 수 없었다. 작달막한 제나도, 심지어 챙 모자를 벗으면 말라깽이인 방수포도 그럴 수 없었다. 나는 옴이라고는 털 한 올에도 붙지 않은 여우를 괴롭혔다는 죄책감에 사로잡힌 채 홀로 서 있었다. 내 죄는 인간만이 가져야 마땅한 특질이 그에게도 있다고 상상한 것이었다. 나는 새가 없는 소나무 가지를 가리키며 모두의 주의를 끌 만큼 큰 목소리로 말했다. "얼른요, 곰 세 마리예요."

5000년 전 포식자의 몸집이 작아진 이유를 묻는 문제는 너무 어려웠던 것 같았다. 아무도 답을 내놓으려 하지 않았다. 생태학자들은 여전히 두 가지 가능성을 저울질하고 있다. 하나는 호모 사피엔스 사냥꾼이 늘었다는 것이고 다른 하나는 기후가 온난해져 작은 몸집이 유리해졌다는 것이다.

솔직히 얘기하든 얼버무리든 여우 이야기를 만족스럽게 끝맺을 가능성은 희박했다. 나는 내 생각을 솔직하게 털어놓으려 했던 또 다른 순간을 떠올렸다. 그때도 순탄치 않기는 마찬가지였지만. 한 해 전 그랜드티턴 국립공원에서 여자 수강생 세 명과 탐방로를 따라 내려갈 때의 일이었다. 삼인조는 펜실베이니아에서부터 함께 여행하고 있었다. 두 명은 전문직 여성이었으며 한 명은 연애 문제로 고민하는 싱글맘이었다. 레지던트인 아들이 곧 레지던트가 될 엄마 남자친구를 싫어하는 것이 원인이었다. 그녀는 조언을 빨아들이는 진공청소기였으며 연상의 두 여자는 기꺼이 조언을 베풀었다.

나는 몸무게의 3분의 1이나 되는 짐, 신발 속 모래 알갱이, 콧물에 치여 그들을 뒤따르던 자갈길에서 발을 헛디뎠다. 연상의 여자 둘 다 남자친구를 버리라는 쪽이었다. “남자는 한 다스에 한 닢이지만 아이는 값을 매길 수 없다”라는 이유에서였다(‘아이’는 ‘아들’을 의미했다). 싱글맘은 아들이 (자기만 느낄 수 있다는) 막연한 결점을 가지고 남자친구를 매도한다고 말했다. 그러자 두 여자 중 하나가 남자친구를 변호하여, 육감이 뛰어난 스물두 살짜리 아들이라면 둥지를 떠나야 마땅하다고 거들었다. 둥지를 떠나라고? 무심결에 터져나온 이 비유가 나를 토론으로 떠밀었다. 나는 남자친구와 아이에 대해서는 아는 바가 없었지만 둥지 트는 문제에 대해서는 일가견이 있었다.

“당신이 어떻게 해야 하는지 알아요.”

이 말을 세 차례나 반복했지만 그들은 내 말에 귀 기울이지 않았다.

“잠깐만요. 이것 봐요. 오늘은 개화한 산접시꽃을 아직 하나도 못 보셨죠?” 나는 분홍색 꽃무리를 손가락으로 휘감아 살살 잡아당기며 삼인조의 말을 끊었다. 그들이 살짝 나를 돌아보았다.

“당신이 어떻게 해야 하는지 알아요.” 내가 네 번째로 말하며 걸음을 내디디자 그들은 돌아서서 계속 걸었다. “옛날에, 2년 전에 스네이크강 기슭 가문비나무 그루터기에 흰머리수리 한 쌍이 둥지를 틀었어요. 8월 끝자락이 되자 새끼 중 세 마리는 여느 때처럼 나는 법을 익혔지만 한 마리는 그러지 못했죠. 그 새끼는 둥지에 머물며 울었어요."

그들의 단단한 유대감이 조금 느슨해지자 나의 소외감이 아까보단 덜 뚜렷해졌다.

"어른 새들은 마지막 새끼가 날아오르도록 하려고 갖가지 전략을 써봤어요. 처음에는 무시 전략을 썼어요. 먹이를 주지 않았죠. 그다음에는 유인 전략을 썼어요. 발톱으로 물고기를 움켜쥔 채 둥지 가까이서 날며 굶주린 새끼가 둥지에서 뛰쳐나와 물고기를 낚아채길 바랐죠. 하지만 어림도 없었어요. 엄마는 아래쪽 그루터기에 앉아 내려오라고 새끼를 불렀어요. 하지만 새끼는 덩치가 부모만 했는데도 둥지를 떠나려 들지 않았어요. 둥지 가장자리로 폴짝 뛰어 70피트(약 20미터) 아래 강물을 엿보다 넓고 아늑한 둥지를 돌아보고는 다시 둥지 안에 웅크렸어요."

"그래서요?" 가장 나이 많은 여자가 멈추지도, 뒤를 돌아보지도 않은 채 물었다. "어떻게 됐는데요?"

나는 그들의 뒤통수를 쳐다보고 있었지만 그들이 눈을 희번덕거리는 게 보였다.

"둥지는 70피트 높이에 있었군요. 하지만 당신은 수평 거리에는 미터를 쓰던데요." 다른 여자가 끼어들었다. 나는 그녀의 질책을 질문으로 해석했다. 일주일 내내 나는 그들에게 말코손바닥사슴으로부터 25미터 떨어지고 곰으로부터 100미터 떨어지라고 당부했었다.

“목표물까지의 거리여서 그랬나봐요. 저는 사격을 하거든요.”

그들은 우물우물 “당연히 그러시겠죠”라고 말했으며, 나는 내가 목격한 이 실화를 계속 들려주었다. 어른 수리 두 마리는 가을 눈이 내리기 전에 마지막 새끼를 날게 해야 한다는 압박감에 둥지를 부수기 시작했다. 고소공포증 새끼는 둥지 안에 남아 잔가지를 붙든 채 기운이 빠질 때까지 울며 도와달라고 애원했다. 둥지 해체 작업이 마무리되어 마침내 구조물이 무너졌을 때 새끼는 떨어지다가 본능적으로 날개를 들어 비행의 기적을 깨우쳤을지도 모른다. 아니면 불시착하여 영영 깨어나지 못했을지도. “어느 쪽이든 부모는 새끼로부터 해방되죠.” 나는 젊은 여자의 미소에 용기를 얻어 이렇게 덧붙였다. “새끼가 둥지를 떠나지 않으면 둥지가 새끼를 떠나야 해요.”

“의인화잖아.” 유부녀는 귓속말하는 시늉을 했지만 눈빛을 보니 나 들으라고 하는 소리였다. 그녀는 내가 과학적으로 부정확하고 감정적으로 미성숙했음을 암시하고 있었다. 나는 그녀가 그 모욕에 살을 붙일지 거기서 그만둘지 알지 못해 걸음을 멈추고는 영문을 모르겠다는 듯 손바닥을 위로 향한 채 기다렸다.

젊은 여자는 수리 이야기가 흥미로웠다면서도 자신은 결코 아들을 둥지에서 쫓아내지 않을 거라고 재빠르게 덧붙였는데, 그 이유는…… 좀 생각해봐야겠다고 말했다.

다른 일행이 끼어들었다. "그 이유는 인간은 결코……" 그녀는 걸음을 멈추고 쌍발 산탄총 같은 눈으로 나를 노려보며 마지막 말을 내뱉었다. "짐승이 아니니까요."

우리는 그 자리에 서서 각자 작디작은 표본과 크디큰 편향으로부터 결론을 도출하고 있었다.

새끼 수리가 살았는지는 모르겠다. 내 짐작이 맞으리라는 확신이 들지만.

여전히 탐방로를 걸으며, 리버캐빈스 수강생들과 나는 벌목장을 따라 조성된 숲 지대에 들어섰다. 오래전에 벌목이 중단된 탓에 (빗물 배수를 위해 경사져야 하는) 임도가 평평한 2차선 도로처럼 보였다.* 잎이 짧은 미송과 잎이 약간 긴 소나무가 우리에게 손을 흔들었다. 일행이 나를 따라잡을 때까지 기다렸다가 그늘진 숲속으로 들어갔다. 내가 걸음을 멈추자 그들은 비탈을 등진 채 나를 마주 보았다. 내가 그들보다 키가 컸거나 그들이 더 멀리 서 있었으면 화살축국화의 노란 띠가 줄무늬를 그린 연녹색 비탈면이 보였을 테지만, 그들의 몸이 내 시야를 가리는 바람에 노던로키 산맥에서 가장 근사한 경사면을 볼 수 없었다. 나는 모기잡이새 떼에게 습격당하는 난쟁이올빼미였다.

• 좌우의 바큇자국 사이에 풀이 자라서 길이 두 갈래로 갈라진 것처럼 보인다는 뜻.

결국 숲이 하늘을 가렸다. 그늘을 좋아하는 으아리 덩굴이 자주색 꽃받침을 달고서 체리와 채진목 떨기나무를 휘감았다. 녹아가는 눈밭 위로 매끈한 노랑백합이 삐죽삐죽 고개를 내밀었다. 방수포가 점심 도시락에 초콜릿 브라우니가 들어 있음을 상기시키자 우리는 숲에서 나와 흰수피소나무 한 그루가 서 있는 언덕에 올랐다. 길이가 2.5센티미터에 반짝반짝 광이 나는 자주색 솔방울이 지지대에 기댄 나무의 끄트머리를 둘렀다. 우리는 200~300미터 아래의 옐로스톤강을 향해 늘어선 돌의자를 찾아 뿔뿔이 흩어졌다. 몇몇 수강생은 쌍안경으로 강 건너 지저분한 눈밭을 들여다보면서 자신이 산양을 발견한 것이길 바랐다. 어림도 없었다.

일주일 내내 우리는 바위를 아메리카들소로, 아메리카들소를 바위로 착각했다. 나는 외로운 바위들이 관심을 끌려고 아메리카들소인 척한다고 그들에게 말했다. 이렇게 말한 것은 바위를 그만 뚫어져라 쳐다보게 하기 위해서였다. 아메리카들소가 바위인 척하는 것은 프라이버시를 지키고 싶어서라고도 말했다. 이렇게 말한 것은 사실일지도 모른다고 생각했기 때문이었다.

나는 물에 빠져 죽어가는 동료를 위로한 암컷 아메리카들소 이야기를 다시 꺼냈다. 아메리카들소 주위로 코요테 무리가 몰려들고 어스름이 깔리고, 나의 배낭 온도계가 영하 34도를 가리키고 있었다. 동료가 물에 빠지고 얼어붙은 연못에 갇히고 상황은 아무것도 호전되지 않았는데도 암컷 아메리카들소는 제자리에 머물며 가라앉은 친구를 덮은 얇은 얼음판을 발로 두드렸다. 첫날 밤 수업 때는 아무도 질문에 답하지 않았다. 그래서 다시 물었다. "그런 행동을 어떻게 분류하시겠어요? 동정이라고 부를 건가요? 존중, 아니면 신의라고 부를 건가요?"

수업이 끝나고 몇 달 뒤 나는 이 이야기를 미국멘사협회 잡지에 「아메리카들소의 마지막 몸짓Buffalo's Last Stand」이라는 제목으로 실었다. 나는 그녀의 행동을 신의라고 해석했다. 1800년대에 야생동물 생물학의 아버지 윌리엄 호너데이 박사도 암컷 아메리카들소에게서 비슷한 행동을 관찰했다. 하지만 1889년에 출간된 『아메리카들소의 멸종*Extermination of the American Bison*』에서 호너데이는 쓰러진 동료 옆에 서 있는 행동이 '어리석음'의 전형적 사례라고 썼다. 나는 호너데이를 존경했다. 그 구절에 밑줄을 긋고 여백에 메모를 적었다. 그는 아메리카들소에 대해 그 나름의 믿음을 품을 수 있다. 나는 내 나름의 믿음을 고수하고 있다. 하긴 그래서 믿음이라고 불리는 것이니까.

한 학생이 끼어들어 우리에게 아메리카들소의 행동에 대한 새로운 사실을 알려주었다. "아메리카들소가 꼬리를 쳐드는 건……" 그녀가 말을 멈추고 수강생들에게 손을 흔들자 그들이 일제히 외쳤다. "싸우거나 싸려고Charge or discharge!" 공원 해설사를 만날 때마다 이 오래된 농담을 들었으면서도 다들 여전히 자지러졌다. 그들은 아메리카들소가 먹고 싸고 짝짓고 죽을 수 있다는 생각을 받아들였다. 하지만 독자적으로 살아가는 인간 아닌 동물이 연민을 표현한다는 생각은 달가워하지 않았다. 이따금 우리가 먹고 싶어하지 않는 것이 우리 몸에 좋을 때가 있다. 나는 그들에게 케일을 먹는 사람이 있느냐고 물었다. 그들은 방수포를 쳐다보며 번역을 기다렸다. 그는 어깨를 으쓱하더니 조류 도감으로 얼굴을 가렸다.

윌리엄 호너데이 박사는 기온이 무엇보다 중요하다고 생각하여 정오까지 기다렸다가 온도를 쟀다. 그는 긴 면바지를 젖은 가죽 부츠 속에 욱여넣어야 했고 식량이 바닥난 채 텐트 없이 야영해야 했는데도, 산적한 과제를 아직 절반밖에 끝내지 못했다. 그는 말을 타고 보급품 수송 노새 행렬과 함께 이동하면서 소수의 인부들만 데리고 다녔는데, 그중에서 C. S. 웨스트 이등병은 이미 실종되었으며 아마도 사망한 것으로 추정되었다. 몬태나주 잉고마 동쪽, 나무 한 그루 없이 세이지브러시와 외딴 언덕만 자리잡은 지역에서 비박을 하면서 호너데이는 900킬로그램짜리 아메리카들소의 반쯤 언 사체의 뼈를 바르고 가죽을 벗겼다. 덤불에 뒤덮인 협곡이 평원을 갈랐고 눈 덮인 구렁이 부비 트랩처럼 도

사리고 있었다. 평지에 쌓인 눈은 바람이 전부 쓸어버렸다. 덜 혹독한 계절에도 이곳은 만만찮은 고장이었다. 노새를 빨아들이는 진창이 가장 낮은 지대를 덮었고 수직에 가까운 가파른 언덕이 가장 높은 지대를 호령했다.

하지만 어쨌거나 호너데이는 일기에 썼듯 "모든 위험을 무릅쓰고" 미국 최후의 야생 들소의 가죽과 골격을 채집하겠노라 다짐한 바 있었다. 스미스소니언연구소의 서른여덟 살 먹은 수석 박제사 호너데이가 1886년의 그 가을날 마지막으로 온도계를 확인했을 때 기온은 영하 21도였다.

목숨을 위협하는 실제 기후보다 더 무서운 것은 정치적 격변을 끊임없이 떠올려야 했다는 사실이었다. 호너데이가 아메리카들소를 조사하고 있던 지역은 소유권이 불분명했다. 미국 정부가 자신의 소유지라고 야심차게 선포한 지역은 원주민 부족들의 소유지와 겹쳤다. 커스터가 전사한 지 10년, 조지프 추장이 항복한 지는 고작 9년이 지났을 때였다.* 부족 토지를 사유지로 전환하는 도스법이 제정된 해였으며, 불과 4년 전 운디드니에서는 연방 군인들이 수Sioux족 수백 명을 학살했다.

(스미스소니언뷰트로 이름이 바뀌게 되는) 산 자락의 아늑한 거처

• 조지 암스트롱 커스터는 아메리카 원주민과 싸운 기병대 사령관으로 1876년 전사했으며 조지프 추장은 커스터 부대를 전멸시킨 원주민 지휘관으로 이듬해 항복했다.

에서 호너데이는 등을 기댄 채 바람에 펄럭거리는 일기장을 양팔로 눌렀다. 그는 24개월 넘게 텍사스, 다코타, 와이오밍, 몬태나의 가장 외딴 지역들을 누비며 미국 최후의 들소를 관찰하고 측정하고 기록했다. 그는 광물질 토양이 드러날 정도로 패인 곳곳의 들소 진흙 목욕탕•을 측량하고 개수를 셌는데, 대부분 수백 년 전에 형성된 것들이었다. 들소들이 "완전히 진흙투성이가 될" 때까지 뒹구는 광경을 보고서 호너데이는 그들이 "가장 친한 친구들조차 눈살을 찌푸릴 몰골"이 되었다고 썼다.

호너데이가 대학원에 입학하기 20년 전에 출간된 『모비딕』이 그에게 영향을 미친 이유는 대중에게 혹평받은 바로 그 이유였을 것이다. 그것은 고래잡이와 동물학에 대한 지나친 백과사전적 서술이었다. 책에서 멜빌은 예리한 통찰력을 발휘하여 아메리카들소의 멸종이 임박했음을 독자들에게 경고한다.

> 혹이 있는 고래 무리를 역시 혹이 있는 들소 무리와 비교해보자. 들소들은 40년 전만 해도 수만 마리씩 떼를 지어 그 뻣뻣한 갈기를 흔들며, 벼락이 응고된 듯한 이마로 오만상을 찌푸리며 일리노이주와 미주리주의 대초원을 뒤덮고 있었지만, 지금은 그곳 강변에 인구가 조밀한 대도시들이 세워져서 부동산중개인이 굽

• bison wallow, 들소가 뒹굴며 몸에 진흙을 바르는 곳.

> 실거리며 한 뼘에 1달러라는 비싼 값으로 토지를 팔고 있다. 이런 비교에서 생겨나는 필연적인 결론은, 이런 식으로 고래를 계속 사냥하면 고래도 급속한 멸종을 면할 수 없다는 것이다.
>
> 『모비딕』, 105장 "고래는 작아지는가? 소멸할 것인가?"

혹이 있는 아메리카들소 무리가 평원에서 사멸하는 동안 뿔이 있는—호너데이가 일기장에 쓴 바로는 가지뿔이 난antlered—말코손바닥사슴 무리는 사정이 나았다. 1880년대에 미국 정부는 퓨마와 늑대를 박멸하고 공유목장* 법률을 집행하여 적극적으로 목장주를 보호했다. 말코손바닥사슴은 이 조치로 이득을 보았으나 아메리카들소는 그러지 못했다. 말코손바닥사슴은 울창한 숲속에 쉽사리 몸을 숨길 수 있었고 큰 무리를 이루지 않았기에 포수들이 맞히기 힘들었다.

호너데이는 두 반추동물의 번식 행태도 조사했는데, 둘 사이에는 극명한 차이가 있었다. 아메리카들소가 수천 마리의 무리 안에서 (겉보기엔) 마구잡이로 짝짓기한 반면에, 말코손바닥사슴은 평균 15~20마리의 하렘 내에서 매우 선택적으로 짝짓기했다. 아메리카들소는 말코손바닥사슴에 비해 번식 기회가 많았으며 짝짓기 시기도 몇 달 더 길었다. 또한 아메리카들소 집단에서는 성숙한

* open-range, 토지 소유권과 무관하게 가축을 방목할 수 있는 목초지.

개체 대부분이 짝짓기에 참여했지만, 말코손바닥사슴 집단에서는 암컷이 짝을 골랐으며 수컷 중에는 짝을 얻지 못하는 개체도 있었다. 암컷은 어떤 식으로 짝을 선택했을까? 호너데이는 힘겨루기를 통해 가려진 가장 사납고 크고 강인한 수컷이 암컷에게 선택될 것이라 짐작했다.

120년이 지나 1990년대가 되자 과학자들은 DNA 기술을 통해 말코손바닥사슴 새끼를 대상으로 부계 혈통 검사를 할 수 있게 되었다. 검사 결과는 호너데이의 추측을 뒷받침하지 않았다. 힘겨루기에서 승리한 수사슴이 모든 암사슴을 독차지한 것이 아니었다. 오히려 힘겨루기에서 패한 수사슴, 작고 구부러지고 기형인 뿔을 가진 수사슴이 새끼를 낳았다.

캐프크리크 야영지로 가는 길에 호너데이는 아메리카들소 암컷들의 작은 무리를 우연히 발견하고 우두머리에게 총을 쏘았다. 암소의 콧구멍에서 피가 뿜어져 나오자 무리는 그녀의 몸에 코를 눌러댔다. 호너데이가 몇 발을 더 쏘았지만 아랑곳하지 않았다. 호너데이는 그전에도 위험에 처한 짐승에게 몰려드는 행위를 여러 번 목격한 적이 있었다. 그는 아메리카들소가 왜 다른 슬기로운 짐승과 달리 안전한 장소로 달아나지 않는지 의아했다. 그는 일기에 "놀랄 만큼 어리석다"라고 썼으며 아메리카들소가 위험 앞에서 물러서지 않은 것은 "자만심"에 사로잡혔기 때문이라고 결론 내렸다. 그가 보기에 "어리석은 짐승"은 멸종을 자초한 셈이었다. 하지만 호너데이가 『모비딕』의 아래 조언을 눈여겨보았다면 저 유감스러운 결론이 달라졌을지도 모른다.

> 이 고래들이 목장에서 사나운 늑대 세 마리에게 쫓기는 순한 양떼라 해도 그렇게 당황한 모습을 보여줄 수는 없었을 것이다. 하지만 이따금 이렇게 겁을 먹는 것은 군집 동물이 거의 다 갖고 있는 특징이다. 사자와 같은 갈기를 가진 서부의 들소는 수만 마리가 무리를 짓고 있어도, 한 사람의 말 탄 사람 앞에서 도망치지 않는가. 인간들을 보라. 극장이라는 우리 안에 모여 있을 때 화재 경보가 울리면 당황하여 어쩔 줄 모른 채 출구로 우르르 몰려가 서로 짓밟고 밀치며 남들을 참혹하게 죽음으로 몰아넣는다. 따라서 지금 우리 눈앞에서 기묘하게 식겁한 고래들을 보고 놀랄 필요는 없다. 지상에서 살고 있는 짐승이 아무리 어리석은 짓을 해도, 인간의 발광에 비하면 아무것도 아니니까.
>
> 『모비딕』, 87장 "무적함대"

스미스소니언뷰트 아래에서는 짝을 차지하려고 싸우는 수사슴들이 뿔을 걷고 있었다. 호너데이는 야영지로 돌아가는 길에 하렘의 암사슴 한 마리를 쏘았는데, 척수에서 떡심을 뜯어내어 방수포에 싸서 저녁거리로 구웠다. 양쪽 엉덩이 살을 노새의 옆구리에 걸쳐지도록 얹은 뒤에 나머지는 주위를 맴도는 코요테 몫으로 남겨두었다. 한편, 힘겨루기를 하는 수사슴들이 콧김을 내뿜고 앞다리에 오줌을 누는 동안 암사슴들은 그늘에 피해 있었다. 그들이 발굽을 두드리는 소리는 뿔 부딪히는 소리에 묻혀 들리지 않았다. 암사슴들은 각자 완벽한 짝을 물색하고 있었는데, 다년간 연구가 진행되었으나 어떤 과학자도 암컷이 짝을 고르는 기준을 알아내지 못했다. 어쩌면 그건 암사슴이 앞뒤 가리지 않고서 자기 엄마를 가장 화나게 하는 수사슴을 선택했기 때문인지도 모르겠다.

나의 여우 이야기에는 만족스러운 결말이 필요했다. 내겐 그런 결말이 없었다. 하지만 어떻게 끝나야 하는지는 알고 있었다.

나는 집에 돌아가면 여우가 죽어 있을지도 모른다고 암시하며 이렇게 말했다. "작은 야생동물은 오래고 안정적인 삶을 누리지 못해요." 실제로 야생 붉은여우의 수명은 3~5년에 불과하다. "평균적인 여우는 일찍 죽죠." 나는 육감의 시선을 맞닥뜨리고서 익살스러운 미소를 지었다. 그것은 우리의 농담이었다. 사건이 '평균적'이면서 '일찍' 일어날 수는 없으니까. 그녀는 눈썹을 치켜올리며 작은 주먹을 코 앞에 말아쥐어 표정을 숨겼다.

앞서 그 주에 우리는 암컷 영양붙이가 작은 새끼 두 마리를 돌보는 광경을 포착했다. 우리가 그녀의 긴 속눈썹과 쌍둥이의 모호크 헤어스타일*에 감탄하는 동안 코요테 두 마리가 다가왔다.

둘은 양옆에서 그녀를 몰아붙였다. 뒤쪽은 가파른 언덕, 앞쪽은 붐비는 도로였다. 코요테에게는 좋은 전략이었다. 영양붙이는 시속 100킬로미터로 질주할 수 있지만 언덕을 그렇게 빨리 오르지는 못한다. 버스가 꼬리를 물고 달리는 도로를 건너지도 못할 것이다. 그녀는 쌍둥이를 갯보리 덤불에 감춘 뒤 서쪽의 코요테에게 발길질을 하고는 내달렸다. 동쪽의 코요테가 쌍둥이에게 달려들었다. 그녀가 방향을 돌리자 서쪽의 코요테가 쌍둥이에게 덤벼들었다. 앞뒤로 공방이 이어졌다. 코요테들을 제압하려고 몇 차례 시도한 끝에 그녀는 절룩거리게 되었으며 더는 새끼들을 보호할 수 없었다. 우리가 구경하고 사진과 영상을 찍는 동안 코요테들은 새끼들을 잡아먹었다.

한 학생: "근사해. 고질라가 밤비를 잡아먹는 것 같아."

다른 학생: "우리 딸이 여기 없어서 다행이에요. 걔는 파리 한 마리도 못 죽일걸요. 거미가 들어오면 잡아서 밖에 풀어줘요."

그래, 딸은 다 그렇지. 누구의 딸도 거미를 눌러 죽이는 것을 유익하거나 즐겁게 여기지 않는다. 하지만 그렇다고 해서 모든 사람의 딸이 거미에게 공감한다는 뜻은 아니다. 그러는 동안 누구의 딸도 아닌 누군가는 코요테가 새끼 영양붙이를 찢어발기는 광경을

• Mohawk hairdo, 북아메리카 원주민의 머리 모양의 하나로, 정수리를 중심으로 정가운데만 곧게 뻗치게 하고 양옆은 삭발을 한다.

감상하는 군중을 바라보았다. 그것은 소파를 더럽히지 않는 야생의 경험이었다.

나: "와, 우리는 기독교인이 사자에게 물어뜯기는 광경을 구경하는 로마인 관중 같아요."

제나: (속삭이며) "그런 얘긴 제발 살살 좀 말해줬으면 좋겠어요."

그렇다. 죽음은 여우 이야기에서 충분히 받아들일 만한 결말일 것이다. 내가 제안한 또 다른 결말은 그가 짝을 찾아 떠났으리라는 것이었다. 아무도 여우가 언제 짝짓기하느냐고 묻지 않았다. (2월이다.)

"그가 제일 꼬맹이이긴 해도 짝을 찾겠죠?"

"그래요. 게다가 그는 멋진 굴을 가지고 있으니까요."

내가 그의 굴을 방문했다고 털어놓은 것을 후회한 찰나 육감이 고개를 들어 내게 곁눈질을 했다.

또 다른 학생은 내가 집에 갔을 때 만에 하나 그가 어슬렁거리고 있다면 어떻게 할 거냐고 물었다. 다들 내가 그와 맺을 수 있는 유일하게 타당한 관계는 연구자와 연구 대상으로서의 관계라고 결론 내렸다. "당신은 그의 분변을 채집할 수 있어요, 그렇죠?"

나는 그럴 수 있다고 대답했다.

"DNA 같은 걸 수집할 수도 있죠."

물론이지.

말하자면 나는 그를 객관화하고 데이터포인트•로 간주할 수 있었다. 왜 안 그랬겠는가? 나는 그들의 의견을 높이 평가했다. 이 사람들은 예사 수강생이 아니었으니까. 이 수업은 의사, 엔지니어, 교사, 상담가, 행정가, 미술가가 득시글거리는 평생교육 과정이었다. 다들 잔뼈 굵은 전문가였으며 한 사람 한 사람이 통상적 의미에서 '성공한' 사람이었다. 나와 같은 종 구성원들이 나를 둘러싼 채 잠시나마 내게 관심을, 어쩌면 심지어 호기심을 품은 것처럼 보였고 나도 그들에 대해 (어느 정도는) 흥미가 생겼기에, 나는 여우에게 인격이 있다는 믿음을 버릴까 고민했다. 그냥 맞장구칠까도 고민했다. 사람들에게 말이다.

나는 집에 가면 여우는 떠나고 없을 거라고 주장했다. 짝이나 영역을 물색하거나, 우리가 야생동물 하면 흔히 떠올리는 괴상한 짓을 벌이고 있을 거라고 말했다. 나는 거짓말을 하고 있었다. 나는 매일 밤 저녁 식사를 하기 전에 그를 확인하러 차를 타고 집에 가서는 식물에 물을 주고 잡초를 한두 포기 뽑을 만큼 오래 머물렀다. 게다가 그는 이미 영역을 확보했고 짝짓기 철은 아직 8개월 남았으며, 그는 나만큼 싸돌아다니지 않았다.

리버캐빈스 수업의 전통에 따라 우리는 강연이나 안내인 없이 각자 알아서 산행을 마무리했다. 하지만 제멋대로는 아니었다.

• data point, 도표나 그래프 따위의 그래픽 좌표에서 하나의 점을 표시하는 정보.

제나는 탐방로 이곳저곳을 휘젓고 다녔다. 나머지는 삼삼오오 무리 지어 걸었다. 나는 혼자 걸었는데, 학생들과 달리 사람들과 함께 있을 필요성을 느끼지 못했기 때문이다. 내가 걸음을 멈추자 제나가 나를 따라잡았다. 우리는 비브람 밑창 밑으로 자갈이 부딪히는 소리에 귀 기울이고 색색의 배낭이 우리 아래서 까딱거리는 모습을 보았다. "저 사람들은 제가 그에게 먹이를 주는 줄 알아요." 나는 물병에 손을 뻗으면서도 시선은 숙소 쪽으로 달리는 수컷 영양붙이에 고정했다. 학생들은 금세 따라붙을 것이다. "그가 규칙적으로 찾아오는 게 제 상상인 줄 알아요. 그가 매일 찾아오는 건 우연일 뿐 절 보러 오는 게 아니라고 생각한다고요."

"사람들은 자기가 이해하는 대로 믿어요. 그게 다죠." 민트 초콜릿 웨이퍼가 담긴 비닐 봉지를 내밀며 그녀가 한마디 덧붙였다. "아시잖아요."

"글쎄요." 나는 초콜릿 껍질을 면 코트 주머니에 찔러넣었다. "전 중력을 이해하지 못하지만 중력이 존재한다는 걸 받아들여요."

학생 무리가 숙소에 도착하여 주인의 알랑거리는 개들 중 한 마리 주위에 모여들었다. 학생들은 '인간의 가장 좋은 친구'와 대화를 나누었는데, 저 늙은 똥개를 아이인 양 취급했다. 우리가 다가갔을 즈음 그들은 개의 습관과 성격에 대한 일화를 주고받고 있었다. 이야기는 자신들이 키우는 개, 고양이, 애완 이구아나의 사연으로 이어졌다. 매일 밤 저녁 식사 시간이 되면 다들 상대방

애완동물의 정신에 대해 토론했다. 바닐라 아이스크림이 녹아 사과 디저트 케이크 주위로 웅덩이를 이룰 즈음, 나는 거기 모인 사람들 모두의 '가장 좋은 친구'가 다음 달 독립기념일 퍼레이드에 무슨 복장을 입을지 알게 되었다. 우리는 목줄을 받아들이는 동물이 표현하는 감정과 태도에 대해서는 인격화라는 꼬리표를 붙이기를 주저했다. 내가 말이나 매, 애완용 스컹크처럼 우리 여우에게 목줄을 맸다면 그에게 인격을 부여해도 괜찮았을 것이다. 우리가 통제하는 동물은 우리를 흉내 낸다. 우리가 그들을 바라볼수록 우리 자신의 모습이 우리를 돌아본다. 거울을 보듯.

제나와 내가 숙소에 도착하자 '인간의 가장 좋은 친구'가 우리 바로 앞 잔디밭에 똥을 눴다. 여우는 내 앞에서 똥을 누지 않았다. 내가 내 앞에서 똥을 누는 누군가와 『어린 왕자』에 대해 이야기할 거라고 생각하는지? 호모 사피엔스를 판정하는 기준은 친구 앞에서 똥을 누지 않는다는 것이다. 상자 속 동물, (애완동물이든 가축이든) 우리가 소유하는 동물은 그런 예의를 지키지 않는다.

호모 사피엔스를 판정하는 또 다른 기준은 거울을 사랑한다는 것이다.

리버캐빈스의 주인은 내가 그녀의 땅에서 큼지막한 돌덩이를 수집해도 되느냐고 허락을 구했을 때 이상하게 생각했을지 모르지만 대놓고 타박하지는 않았다. 나는 돌덩이 대여섯 개를 들어

올렸다. 각각 너비가 45센티미터에 비교적 납작했다. 전리품을 차로 나르다가 육감이 쳐다보고 있는 것을 알아차렸다. 나는 돌덩이를 떨어뜨렸다. 그녀는 차 근처의 나무 벤치에 앉아 있었는데, 짧고 검은 머리카락을 반짝이며 구릿빛 얼굴에 환한 미소를 지었다.

"밤마다 저녁 식사 전에 당신 차가 없어지더라고요."

내가 대답하지 않은 것은 질문이 아니었기 때문일 뿐이었다.

"그리고 당신이 사는 곳은 여기서 30분밖에 떨어져 있지 않고요."

분홍색과 흰색 줄무늬가 청록색 하늘을 가로지르고 있었다. 옥적석*이라 불리며 이 지역에서 흔히 나는 불투명 단백석(오팔)의 변종처럼 보이는 하늘을 바라보며 내가 말했다. "그래요."

"저, 그렇게 말씀하시니 반갑…… 음, 당신의 여우는 음…… 어디 보죠. 그것은……, 그는? 그나저나 그는 이름이 없나요? 그래도 괜찮아요? 당신 여우 말이에요."

하늘의 아이스크림오팔** 색깔이 바래기 전에 숙소에 들어가는 건 하늘을 욕보이는 일이었다. 나는 그녀와 저녁 하늘 사이에서 오도 가도 못하고 긴장한 채 주머니에 손을 넣었다. 호두만 한 돌

* 玉滴石, 무색 투명한 단백석의 일종.

** 단백석의 일종.

멩이를 벤치에 털썩 내려놓으며 말했다. "정동이에요. 맘에 들어요? 노던몬태나에서 언덕에 올라갔다가 주운 거예요."

파충류 고장

여우는 자신의 시커멓고 우툴두툴한 바위 꼭대기에 거친 피부를 대고 태양을 올려다보고는 뒤로 물러섰다. 서늘한 바위 옆에서 밭쥐들이 자기네 통로를 바스락바스락 오갔다. 하지만 그는 배고프지 않았기에 사냥하지 않았다. 예전 같으면 바위가 달궈지길 기다리며, 반점처럼 모여 있는 부산한 나비 무리에게 장난을 쳤을 것이다. 나비들은 세 발 두루미만큼 재미있지는 않았지만, 어쨌든 그에게 필요한 것은 재미가 아니라 따뜻한 바위였다.

나비들이 뭉쳐 있는 곳 한가운데로 노란 날개가 불쑥불쑥 올라왔다. 하도 빽빽하게 모여 있었기에 대부분 날개를 내릴 수 없었다. 바깥쪽 가장자리의 나비들이 한쪽 날개를 파닥거리며 무리 전체를 최면적 율동으로 진동하게 했다. 나비 한 마리가 가장자리에서 떨어져 나와 무리 위로 팔락거리며 그를 희롱하여 몽상에서 깨웠다. 여우는 그 나비를 후려칠 생각이 없었다. 이번은 그럴 마음이 들지 않았다. 하지만 나비는 계속해서 그의 얼굴 주위로 오르락내리락하며 팔락거렸다. 저 곤충을 짓이기고 싶다면 앞발을 한 번 휘두르는 것으로 충분했다. 발톱으로 나비 무리를 긁어 나비들이 축축해지고 구겨지고 움직이지 않을 때까지 자갈 위로 천천히 끌어당길 수도 있었다. 하지만 그럴 정도로 멍청하진 않았다. 그들의 밝은 노란색 몸통 아래에 있는 똥더미는 번들거리고 끈적끈적할 테니까. 그는 끈적거리는 앞발에서 털 짧은 동물의 똥구멍 냄새를 풍기는 채로 낑낑거리며 집에 돌아가기엔 너무 나이를 먹었다.

마침내 그가 햇볕에 달궈진 바위를 끌어안았다. 등을 펴고 다리를 활짝 벌려 바위 양옆으로 늘어뜨린 채 몸을 최대한 부풀려 주위를 둘러보아 자신의 바위가 초지에서 가장 높고 근사한 쉼터인 것을 확인했다. 이만큼 떨어져서 보면 구불구불한 강은 넓고 잔잔했다. 머리 위에서 기러기들이 끼루룩거렸다. 그는 그들의 목적지가 자신이 즐겨 구경하는 작은 섬이 아니길 바랐다. 기러기와 함께 있는 것은 개의치 않았지만, 그들은 거대한 아수라장을 이루었으며 그는 자신이 그나마 가진 소소한 것 중 무엇 하나도 그들과 나누고 싶지 않았다.

바위 가장자리에서 늘어진 꼬리가 불편한 자세로 내려와 있는 것은 뻣뻣한 화살촉국화 줄기가 좀처럼 휘어지지 않았기 때문이다. 여우 꼬리의 무게쯤은 대수롭지 않은 모양이었다. 너 따위는 길바닥의 한낱 잡초에 불과하다는 것을 상기시키려는 듯 그는 화살촉국화의 뻣뻣한 털을 이용하여 무릎의 섬꽃마리 씨앗을 털어냈다. 그러고 나서 햇볕을 향해 모로 누워 자신의 그림자로 화살촉국화를 덮었다.

그는 귀뚜라미 울음소리에 귀를 기울이고 마치 상처 입은 마멋에게서 핏방울이 배어나오듯 산길에서 짙은 분홍색 구름의 물결이 쏟아져나오는 광경을 바라보며 잠들었다. 심상찮은 소리에 잠에서 깼을 때는 이미 어두워진 뒤였다. 그는 몸의 떨림을 가라앉힐 수 없어 바위에서 일어섰다. 기이한 냄새가 그를 향해 떠오고 있었다. 크고 알 수 없고 무시무시한 무언가가 다가오고 있었다. 계획을 짤 시간이 없었다. 그는 망연자실했다.

집에 돌아오니 외딴 오두막의 적막감이 불쑥 나를 덮쳤다. 추락하는 몸을 받아줄 인체나 건물이나 버스도 없이 절벽의 가장자리에 서 있는 사람처럼 작고 머뭇거리는 발걸음으로 무지개방을 둘러보았다. 저녁 식사 전의 짧은 휴식 시간을 제외하면 일주일 내내 오전 6시부터 오후 10시까지 사람들에게 둘러싸여 있었다.

지금까지는 내 오두막이라도 커튼을 치지 않고는 벌거벗은 채 서 있을 수 없었다. 고독에 적어도 하나의 실질적 유익이 있음을 스스로에게 확인시키려는 듯 나는 현관 계단에 옷을 벗어두고서 머클럭 방한화 차림으로 집 밖을 돌아다녔다. 한 바퀴 돌고 났는데도 서른 남짓 되는 사람들이 하나의 커다란 식탁에서 함께 식사하는 장면이 완전히 떨쳐지지 않았다.

나는 인간이 지배하는 세상의 장면, 소리, 냄새에 과다 노출된 채 집에 돌아왔다. 이제 필요한 것은 날갯짓 소리를 듣고 사향 냄새를 맡는 데 집중하는 일이었다. 무례하게 보일까봐 걱정하지 않고서 구름을 다시 쳐다보고 싶었다. 그래서 감각을 재배치하여 어떤 자극은 배경으로 밀어내고 어떤 자극은 앞으로 끌어당김으로써 나의 신호 대 잡음비를 재조정했다.

안에 들어가 짐을 푸는데 리버캐빈스 수업에서의 목소리와 얼굴이 (거의 사랑스러울 정도로) 떠올랐다. 이른 오후에 짐을 다 풀었을 즈음 그 이미지들은 흐릿해지고 있었다. 집에 돌아온 첫날 읍내에 가지 않은 것은 몇몇 수업이 여전히 진행 중이었기 때문이다. 나는 수강생 중 하나와 마주쳤을 때 (육감을 제외한 사람은 누구도) 알아보지 못하리라는 것을 경험으로 알고 있었다. 하지만 그들에 '대한' 것들은 기억이 났다. 이번은 특별한 수업이었다. 내가 가르친 학부생 수백 명과 달리 리버캐빈스의 평생교육 프로그램 수강생들은 나보다 나이가 많았고 전문직들이었다. 신용카드가 있고 머리를 미장원에서 손질받고 그냥 옷이 아니라 의상을 차려입은 사람들이었다. 그들의 의견은 내게 허투루 들리지 않았으며 그들의 유대감은 부러웠다.

저녁에 여우를 기다렸지만 나타나지 않았다. 저녁마다 수강생들과 식사하기 전에 집에 돌아와 여우를 보았는데 마지막 날에는 발자국밖에 보지 못했다. 발자국은 내닫이창 아래 흙바닥에 찍혀 있었다. 바닥엔 식물 대신 생쥐가 들끓었다. 둥근 발가락이 일정한 간격으로 놓이고 오른발과 왼발 사이에 꼬리가 놓인 생쥐 발자국이 내닫이창에서 은청가문비나무 그늘의 커피가루 더미까지 이어져 있었다. 커피가루 더미는 내가 아침마다 카우보이 커피와 함께 버린 달걀껍데기와 섞여 칼슘에 굶주린 생쥐를 끌어들였다. 흐릿한 여우 발자국 반점에 생쥐 발자국이 겹쳐져 있었다. 나는 낮게 쪼그려 앉아 들여다보면서 우리 여우가 매우 영리한 짐승이라는 확신을 어느 때보다 강하게 품었다. 그는 생쥐를 잡기 위해 덫을 놓고 나의 커피 찌꺼기를 미끼로 삼았다.

집에 돌아온 이튿날에도 생쥐들은 여전히 커피 미끼를 찾아오고 있었다. 신선한 생쥐 발자국들이 반투명한 얼음판을 장식했다. 하지만 여우 발자국은 신선하지 않았다. 얼음이 녹으면서 희미하게 번졌다. 그는 4시 15분에 나타나지 않았다. 나는 뒤숭숭한 마음으로 뒷들에 가서 압력 펌프를 켜지 않고 물을 틀어 노즐 없는 호스를 손으로 쥐었다. 물이 뿜어져 나오는 광경을 바라보자 마음이 가라앉았다. 이슈메일은 말했다. "명상과 물은 영원히 결합되어 있다." 나의 식물들은 물이 이렇게 많이 필요하지 않았지만 너무 많다고 해서 해로울 건 없을 테니까. 햇빛과 중력 때문에 물은 금세 동쪽을 바라보는 비탈면을 따라 흘러내리며 어떤 식물도 물에 잠기게 하지 않는다. 이슈메일처럼 내게도 물 요법이 필요했다.

뒷들 비탈면의 모든 식물은 무럭무럭 자랐다. 나는 봉건지주가 홀笏과 칼을 휘둘러 신민을 다스리듯 물을 부려 식물을 다스렸다. 땅을 끌어안은 자홍색 고리로코풀, 물안개처럼 구슬을 퍼뜨리는 인디언밥풀, 깃털처럼 하늘하늘한 동토쑥, 곱슬머리 같은 푸른 그라마풀 등 내가 좋아하는 식물들은 물을 받아먹고 더 쑥쑥 자랐다. 해골풀, 섬꽃마리, 꽃냉이는 내게 외면당해 번지지 못했다. 꽃냉이는 빼야겠다. 무시한다고 순순히 물러나는 식물이 아니니까. 부끄러움을 모르는 식물이 하나 있다면 그것은 바로 꽃냉이다. 꽃냉이를 없애고 싶으면 질긴 총상꽃차례를 잡아당겨야 했다.

루피너스 덤불 주위로 오렌지 껍질이 돌돌 말린 채 널브러져 있었는데, 스컹크의 식욕 억제제로 뿌려둔 것이었다. (뚱뚱한 스컹크를 좋아하는 사람은 아무도 없다.) 고무보아뱀 한 마리가 오렌지 껍질 밑으로 미끄러지다 멈춰 축축한 붉은 혀, 포금색砲金色 살갗, 보이지 않는 비늘로 유혹의 몸짓을 지었다. 여우와 달리 고무보아뱀은 시선에서 놓치기가 오히려 힘들다. 나는 안에 들어가 용변을 보고 학생 보고서를 채점하고 다시 나와서도 몇 초 안에 보아뱀을 도로 찾아낼 수 있었다. 밭쥐들이 어디 사는지 알고 있었기에 보아뱀의 다음 동작을 흥미진진하게 예측했다. 하지만 이따금 일종의 '파충류 고장'•이 일어나기도 했는데, 그럴 때면 뱀은 가늘고 흐느적거리는 앞몸을 일으켜 갓 만들어진 밭쥐 구멍 쪽을 응시하다가 엉뚱한 방향으로 기어갔다.

4시 15분이 가까워지자 나는 보아뱀을 버렸다. 여우굴 위쪽으로 필드스코프를 향한 채 하늘을 나는 청소동물을 따라다니며 어딘가에 있을지도 모르는 사체를 찾았다. 하지만 저녁 어스름에 필드스코프가 무용지물이 되는 바람에 수확 없이 수색을 종료할 수밖에 없었다. 여기선 여우의 작은 몸뚱은 금세 사라질 수 있었다. 봄에 쇠콘도르 두 마리가 스컹크 사체를 하루 아침에 싹 먹어치운 적도 있다. 식사가 끝났을 때 유기물은 파리의 전채前菜만큼도 남지 않았다.

돌아온 지 사흘째 되는 날 여우나 최근에 여우를 잡아먹은 무언가의 발자국이나 배설물을 찾아 정찰을 나섰다. 차고 문 근처의 벽널 아래에서 살랑거리던 생쥐 꼬리는 내가 발을 구르자 쏙 들어갔다. 꼬리가 있던 자리에 금세 생쥐의 머리가, 좀 있다가는

• reptile dysfunction, 본디 '발기 부전'을 일컫는 속어이지만 여기서는 문자 그대로의 의미로 쓰였다.

몸 전체가 나타났다. 생쥐는 호스 수전 아래로 달려 벽널 속으로 미끄러져 들어갔다. 제일 오래된 라일락에서는 궂은 소식이 더 기다리고 있었다. 세상에서 가장 비싼 뿌리덮개—내 앵두나무이던 것의 잔해—밑에서 매부리코 토끼 한 마리가 불쑥 고개를 내밀었다. 토끼는 콧구멍을 잔뜩 짜부라뜨린 채 나를 쳐다보다 흙덩이를 내게 뱉었다.

“여우야, 어디 있니? 우린 포위당했어.” 내가 말했다. 우리가 이미 한 팀이 아님을 잊은 채. 그의 똥을 채집하고 그를 연구용으로 쓸 수 있도록 울록불록한 빨간색 폴저스 커피 깡통을 들고 있다는 사실도 잊은 채. 그의 DNA를 수집할 수도 있죠라고 그들은 말했다. 그들은 내가 DNA를 혈통 감별에 쓸 거라고 생각했을 것이다. 하지만 나는 야전삽을 깜박했다.

가파른 비탈을 에돌아가는데, 흰 발의 반짝이는 갈색 포유류가 내 앞을 획 스쳐 지나갔다. 나는 균형을 잃고서 한 손을 짚으며 쓰러졌다. 언덕 위쪽으로 고개를 들자 족제비가 멈춰 서서 검은색 눈으로 나를 잠깐 쳐다보다가 잽싸게 사라졌다. 내가 족제비를 일찍 알아차리지 못한 것은 걸을 때의 기본 시야가 지면 위 1미터(곰의 키)에 고정되어 있었기 때문이다. 이것은 곰 출몰지에서 살고 일하면서 몸에 밴 습관으로, 실제로 레이니어산과 글레이셔 국립공원에서는 곰을 종종 맞닥뜨렸다. 30미터 안에 있는 곰을 포착하지 못하면 아무리 달리기 실력이 뛰어나거나 어깨띠 권총집에 무기가 있어도 부상을 면할 수 없다. 물론 내가 뻰질나게 발가락을 찧고 발을 헛디딘 건 사실이지만, 곰과의 조우가 '상호 합의된 해결'로 마무리되지 않은 적은 한 번도 없었다.

방금 만난 어민족제비는 점판암색 바위 밑동의 구멍으로 달려 들어갔다. 나는 족제비가 다시 나타나길 바라며 바닥에 앉아 배낭을 뒤적여 카메라를 찾았다. 사방을 아무리 둘러보아도 나 혼자였다. 쌍안경에도 누구 하나 보이지 않았다. 그래서 누군가 이렇게 말하는 소리를 들으니 기분이 야릇했다. "마침내 진짜 직업을 가진 사람이 여기 있군."

나의 의식이 나를 조롱하고 있었다. 여우와 나는 『어린 왕자』에서 진짜 직업을 가진 사람을 만난 적이 있었다. 그는 책상물림의 자칭 학자로, 그가 아무것도 발견하지 못한 것은 "너무나 중요한 사람이어서 나돌아 다닐 수 없"기 때문이었다.

나는 나돌아 다닐 수 없을 만큼 중요한 사람이 되고 싶은 것이 아니었다. 나돌아 다닐 수 없을 만큼 중요한 사람이 되어야 했다. 어쨌거나 건강보험에 가입할 수 있을 만큼은 중요한 사람이어야 했다. 이번 주초 라마밸리에서 버스에서 내릴 때 내가 어찌나 핼쑥해 보였던지 학생 하나가 내과의에게 가보라고 말했다. 나는 학생에게 내게 정말로 필요한 것은 외과의이며 내 형편으로는 감당할 수 없다고 말하지 않았다. 나의 고통은 치명적이지 않으며 나는 여전히 오지 여행 가이드를 하고 현장 수업을 진행하고 역기를 들고 조깅을 한다고 말하지 않았다. 기진맥진했고 여전히 너무 많이 자는 것은 사실이었다. 하지만 1.8킬로그램짜리 종양은 신경 쓰지 마시라. 악성은 아니었으니까.

나의 생물학 박사 학위에 걸맞아 보이고 꾸준한 급여와 건강보험을 제공하는 직업은 모두 육지판 이슈메일의 삶을 그만둘 것을 요구했다. 정서적 안정감을 선사하는 야생의 외딴 지역에서 사는 것을 포기해야 했다. 언제나 위험투성이에다 결코 내가 어우러지지 못할지도 모르는 환경에서 사람들과 함께 살고 일할 기회를 얻기 위해 내가 아는 세상을 버려야 했다. 내가 수술받을 여유가 생겼을 때 비상시에 연락할 사람 옆에 누군가의 이름을 적을 수 있다면 근사하지 않을까? 지금의 내가 잘못된 길로 칙칙폭폭 나아가는 건지도 모르겠지만, 다른 길은 하나도 보이지 않았다. 나의 의식은 문제를 부각하는 일에는 대체로 유능했지만, 해법을 제시해야 할 때가 되기 전에 자취를 감췄다.

머릿속 목소리가 거듭거듭 외쳤다. "마침내 진짜 직업을 가진 사람이 여기 있군!"

탱 주스의 가루를 섞은 따뜻한 차를 스테인리스스틸 보온병에서 따를 때 이슈메일이 발 한쪽을 바위에 받치고 앞팔을 허벅지에 얹은 채 몸을 앞으로 기울였다. 그의 선원용 재킷은 단추가 달아난 자리가 벌어져 있었다. 그가 내 야구 모자를 두드리며 말했다. "나는 명예롭고 존경할 만한 수고는 죄다 딱 질색이야."『모비딕』에 나오는 문구였다. 책에서 이슈메일에게는 교사라는 진짜 직업이 있다. 그는 그만둔다. 자신의 사명을 추구한다. 피쿼드호에 승선하여 고래와 사귄다.

내가 그에게 대답했다. "하지만 '존경할 만한 수고'가 꼭 나쁜 것만은 아냐. 그건 십일조에 불과하다고, 그렇지 않아? 사회의 일원이 되는 대가 아니겠어?"

이슈메일은 자신이 사회의 일원이 되고 싶지 않으며 따라서 대가를 치러야 할 이유가 없다고 대답했다. 나는 그의 친구가 결국 이교도 식인종 뱃사람 퀴퀘그 한 사람뿐이었음을 그에게 상기시켰다. 이슈메일은 일기장에 퀴퀘그가 자신의 "유일한 상속인"이라고 적었다. 나는 그 식인종이 여우보다 조금이라도 말주변이 좋은지 의문스러웠다.

나는 바람이 내 모자를 벗겨 가파른 협곡으로 가지고 내려가 야생 분홍 장미의 가시 팔에 안겨주는 광경을 바라보았다. 이슈메일이 다시 『모비딕』을 인용했다. 교사에게 천국의 문은 노예에게만큼이나 찔끔 열려 있다는 얘기였다.

나는 이슈메일에게 그가 무신론자라는 사실을 지적했다. 내가 두드리는 건 천국의 문이 아니라 사회의 문이라고도 말했다.

이엉개미 떼에게 물려 백일몽에서 깬 나는 언덕을 달려 내려갔다. 저녁이 되자 물린 종아리가 부어올랐고 게으른 보아뱀 위로 몸을 웅크리고 있던 탓에 허리가 쑤셨다. 그때 나는 보아뱀에게 뭉툭한 주둥이를 생쥐 구멍에 쑤셔넣으라고 응원하며 이렇게 외쳤다. "왼쪽! 왼쪽이야! 똑바로 왼쪽이라고!"

내가 필드스코프를 정리하는 사이에 해칼이 모습을 드러냈다.

굵은 뭉게구름 기둥이 피어오르고 밑동을 따라 주황색 빛이 흘러나왔다. 태양은 구름 위로 언뜻언뜻 보였다. 태양이 쏘아보낸 여섯 가닥의 햇살이 마치 빛의 부채를 뒤집은 듯 땅으로 내려왔다. 밖에 나가 걷자 빛살—해칼—이 나를 둘러쌌다. 캔버스 방수포 대신 빛을 두른 티피 천막 안에 있는 것 같았다.

여우굴 근처 언덕진 초지에 주황색 얼룩들이 나타났다. 커다란 얼룩 하나는 바위 꼭대기에 내려앉았고 작은 것들은 풀을 스쳐 지나갔다. 배율을 높이자 얼룩 위에서 흔들리는 털들이 보였다. 그것이 여우 가죽의 조각인 걸 알고서 겁에 질렸다. 내가 집에 갔을 때 여우가 떠나고 없을 거라고 수강생들에게 말한 것이 후회스러웠다. 그가 돌아오면 연구용으로 이용하겠다고 말한 것은 더더욱 후회스러웠다. 후회는 가느다란 선을 건너 죄책감이 되었다.

여우가 죽은 것을 알고서, 어둠이 우리를 갈라놓을 때까지 펄럭거리는 가죽에 시선을 고정했다. 나는 당신에게 슬픔과 외로움에 대해, 여우를 잃는 것에 대해 이야기하고 싶다. 하지만 그러지 않을 것이다. 나는 나의 여우를 잃은 것이 아니므로. 그는 내 것이 아니었다. 나는 여우와 나를 한 쌍으로 상상할 수 없었다. 나는 (상대적으로 말하자면) 이곳에서 너무나 하찮은 존재였다. 하지만 계곡의 울창하고 둥근 올리브나무, 울룩불룩한 언덕, 도랑 아래로 늘어진 노간주나무를 감지할 수 있었다. 모두가 여우 한 마리의 상실을 애도하고 있음을 감지했다.

오늘 밤 우리 계곡에서 잠자는 여우가 한 마리 줄었을 것이고 내일은 어제만큼 좋지 않을지도 모른다고 생각하며 잠자리에 들었다. 이제 어떡한다? 내가 버젓한 일자리에 집중하지 못하도록 하는 방해물이 완전히 사라졌으니 기뻐해야 하나? 이엉개미와 괴팍한 까치가 사는 이 외딴 산골을 떠날 수 있게 되었으니? 합리적이고 현실적인 사람이라면 마땅히 그래야 했다. 에메랄드빛 호수 위쪽 풀밭 둔덕에 자리 잡은 스리레이크스 숙소의 이미지가 떠올랐고 청개구리의 노랫소리가 들렸다. 우리 여우를 잊는 것은 스리레이크스의 청개구리들을 잊는 것보다 결코 수월하지 않았다.

내가 이 깨달음을 누구와도 나눌 수 없었던 것은 그가 여기 있었음을 애초에 누구에게도 말하지 않았기 때문이다. 하지만 달리 생각하면 누구도 내게 이렇게 말하지 않을 터였다. 동물은 죽게 마련이야! 죽음은 필연적이야! 자연은 잔혹하다고! 내게 이렇게 말할 사람이 아무도 없다는 게 고마웠다.

프랑켄슈타인 박사와 프랑켄슈타인 씨

소박한 파란색 꽃이 내게 손을 흔드는 것을 보니 대수롭지 않은 여우 한 마리가 더는 나를 성가시게 하지 않는다는 사실이 떠올랐다. 이제 오후 4시 14분은 신경 쓸 것 없어. 난 어디든 원하는 자리에 앉을 수 있었다. 내가 원하는 자리는 야생 물망초 옆이었다. 여우의 자리였던 곳.

침낭을 꽃 있는 데로 끌고 가느라 나일론 바닥면이 돌바닥에 쓸렸다. 위쪽 사이드 스트랩을 아래쪽 사이드 클립에 연결하여 평평한 침낭을 L자 좌식 의자로 변신시켰다. 무릎을 가슴 쪽으로 끌어당긴 채 꽃을 마주 보았다. 혼자 있으니까 좋지 않아?라고 스스로에게 물었다. 이것은 수사의문문이 아니었으므로 나는 생각해 보고 이렇게 대답했다. 그래, 어디 앉을지부터 까다롭게 고르는 사람에게는 손님 접대가 여간 고역이 아니지. 하지만 이건 실은 대답이 아니었다.

당신이 '구름 한 점 없다'라는 표현을 대충 쓰는 사람이라면 이 날을 그렇게 묘사했을 것이다. 나는 그러지 않았다. 당신이 계곡의 애도에 무감각했다면 이날을 '구름 한 점 없다'라고 묘사했을 것이다. 나는 그렇지 않았다. 동쪽 멀리 간신히 보이는 희미한 구름 가닥들이 끄트머리가 잘려나간 전형적인 화산 모양 산꼭대기 위로 흘러갔다. 애도하는 사람에게만 간신히 보일 만큼만 성긴 구름 두 개가 맞은편 지평선 위 같은 고도에서 합쳐지고 있었다.

표지에 접은 자국이 깊이 파인 경량 페이퍼백이 내 허벅지 위에서 아슬아슬하게 균형을 맞추고 있었다. 퀴퀴한 책 냄새를 들이마시며, 삐죽삐죽한 책장 가장자리를 바루려고 가장 참혹한 흉터를 엄지손가락으로 눌렀다. 문장에는 수십 가지 필기구로 강조 표시가 되어 있었고 여백은 메모로 빼곡했다. 15년 전 구입한 헌 책이었다. 지금 생각으로는 모서리가 곰비임비 접힌 소설책과 나는 둘 중 하나가 풍화할 때까지 함께할 것 같다.

이 책을 발견한 곳은 레이니어산 국립공원의 관문인 워싱턴주 팩우드에 있는 블랜턴 식료품점이었다. 책은 원형 책꽂이의 제빵 서적 구역과 등록부 구역 사이에 숨어 있었는데, 책꽂이는 나사가 얼마나 많이 달아났던지 돌릴 때마다 회전목마처럼 위아래로 까딱거렸다. 반값 도서 중에서 전형적인 식료품점 장르에 속한 것은 하나도 없었다. 로맨스도 스릴러도 첩보·살인물도 없었다. 전부 헌책이었으며, 아마도 오래전에 눈이 멀었거나 최근에 세상을 뜬 누군가의 손자가 기증한 것인 듯했다. 나는 한 권 한 권 마주할 때마다 감옥에서 해방시켜 나와의 궁합을 평가했다. 얼룩진 책들을 모조리 매만진 뒤 두께가 호밀빵 햄 샌드위치의 절반이고 무게는 훨씬 가벼운 짙은 표지의 소설책 한 권을 골랐다.

그 이튿날 배낭을 메고 13킬로미터 떨어진 초소로 갔다. 삼면이 막힌 바위 동굴로, 오하나페코시강 위쪽에 자리 잡고 있었다. '인디언바Indian Bar'로 불리는 넓은 모래톱이 이 유역을 가르고 비틀린 은젓나무 유목流木을 거두고 원숭이 얼굴을 한 빽빽한 분홍색 꽃 무더기를 지탱하고 있었다. '인디언바'는 옛 정착민들이 쓰던 이름으로, 바위 동굴과 주변 초지도 같은 이름으로 불렸다. (인공 동굴인) 인디언바 초소에서 마주 보이는 빙하가 넓은 혀로 반대편 강기슭을 핥고 있었다. 1~2미터 두께의 눈밭이 멍에처럼 동굴을 감싸고는 이곳에 사는 산양의 발밑에 부드럽게 깔렸다.

몇 주가 지나자 황량함에도 불구하고—또는 어쩌면 그 때문에—모든 상황이 사뭇 흡족해졌는데, 그날 밤 어스름이 깔린 뒤 한 커플을 우연히 만나게 되었다. 나는 촛불을 밝힌 동굴 깊숙한 곳에서 숯검댕 묻은 굵은 사슬에 매달린 널빤지에 누워 있었다. 부스럭거리는 소리에 초소 앞쪽으로 주의가 쏠렸다. 식료품점 소설에서 고개를 들자 한 여자가 들어와 주위를 둘러보고 나가는 장면이 보였다.

몇 페이지 뒤에 알아들을 수 없는 소리가 동굴 속에 요란하게 울려퍼지더니 남편이 다가왔다. 그는 나와 내 책을 향해 얼굴을 찌푸리며 자기소개를 했다. 나는 "무게 별로 안 나가요"라고 말하며 책을 흔들어 보였다. 독일인인 이 남자는 내 제복 모자를 아내에게 가리키며 안심시킨 뒤에 침낭을 풀어 낮은 널빤지들 중 하나에 폈다. 나는 침상에서 뛰어내려 낙서와 기름으로 얼룩진 탁자에 책을 올려놓고는 내가 어쩌다 『프랑켄슈타인』을 읽게 됐는지 설명했다.

두 사람이 저녁거리를 꺼내는 광경을 눈여겨보니 둘은 필수품을 절반씩 나눠 챙긴 것 같았다. 남자는 깡통 식품을 모조리 짊어졌고 여자는 유일한 깡통 따개를 가져왔다. 곧이어 스토브가 나올 것이고 그들이 차가운 깡통째 먹지는 않으리라 예상하여 마른 성냥이 든 플라스틱 주사 바늘통(당뇨병 걸린 동료에게서 모아들였다)을 건넸다. 그녀는 주머니에서 젖은 성냥 꾸러미를 꺼내 부디 그들의 쓰레기봉투였으면 싶은 것에 넣었다. 그녀가 말했다. "아시다시피 그건 정상이 아니에요. 무게를 기준으로 읽을거리를 선택하는 것 말이에요."

몰랐다. 나는 스토브, 침낭, 재킷, 식량을 고를 때는 부피와 무게를 토대로 삼았고 내가 수확한 열매, 사슴고기, 참치를 말린 뒤에 포장할 때는 무게당 열량을 기준으로 삼았다. 그럼에도, 배낭

꾸리기 전문가로 11년을 보냈음에도 나는 굳이 변명하려 들지 않았다. '정상'에 대한 나의 정의는 길을 잃고 절룩거리고 어둠 속에서 등산하다 식량이 떨어지고 미국 최대의 황무지 중 하나에서 사실상 혼자나 마찬가지인 독일인 여자의 정의와 다른 것 같았다.

아침이 되자 독일인 커플과 나는 눈 멍에 위쪽의 히스 초지로 갔다. 좁은 흙길을 벗어나지 않으려고 애썼는데도, 기다란 가지와 무거운 이슬 때문에 우리의 래그울* 양말 위쪽 맨살에 자홍색 꽃잎이 달라붙었다. 나는 나의 왈로와wallowa를 자랑스럽게 보여주었다. 질식할 것 같은 산장의 옥외 변소 대신 상자에 변기 하나만 달랑 얹은 간이 화장실이었다. 나는 상자 화장실을 직접 설계하고 제작하면서 두 가지 사항을 염두에 두었다. 하나, 인디언바 방문객에겐 무엇이든 감지덕지다. 둘, 인디언바에는 결코 방문객이 찾아오지 않는다. 배낭 여행객에게 황무지를 경험하게 해주는 일은 프라이버시 보장보다 우선했다. 나는 탁 트인 풍경이 보이는 공터에 왈로와를 팠다. 누구든 내가 매끈하게 다듬은 소나무 왈로와 변기에 벌거벗은 허벅지를 맡기면 자연 그대로의 푸른 강, 이끼 낀 절벽, 콧바람 소리가 들릴 만큼 가까이 있는 산양 등과 같은 황홀한 풍경에 둘러싸일 수 있었다.

몇 해 뒤 워싱턴탐방협회Washington Trails Association에서는 인디언바

* ragg wool, 염색한 양모와 염색하지 않은 양모를 꼬아 자은 털실.

를 조사한 뒤에 이렇게 썼다. "워싱턴주에서 단연코 가장 전망 좋은 오지 화장실을 여기서 찾아볼 수 있다는 사실은 언급해둘 만하다." 고마워요, WTA. 타우젠트 당크.•

공원관리청에서는 왈로와 위쪽 아고산대 초지의 탐방로를 관리하지 않기 때문에 우리는 허리 높이의 뒤틀린 전나무 제도諸島 가장자리를 따라 크로스컨트리식으로 등반했다. 나는 아담하고 둥그스름한 전나무 군락지를 가리키며 "크룸홀츠Krummholz"라고 외쳤지만, 일행은 '고산굴곡림'••을 일컫는 독일어 용어를 듣고도 대꾸하지 않았다. 나는 짧고 연한 바늘잎 다발을 움켜쥐며 다시 "크룸홀츠"라고 말했다. 우리는 계속해서 터벅터벅 걸었으며 나는 통역을 중단했다. 마침내 코르크뽑이처럼 꼬인 흰색 껍질이 우리의 눈길을 사로잡았다. 전나무는 가지를 전부 한 방향으로 휘날리고 있었다. 키는 1미터밖에 안 되지만 수령이 몇백 년은 됐을 것 같았다. 독일인 남자가 무슨 단어를 큰 소리로 내뱉었는데, 어렴풋이 '크룸홀츠'처럼 들렸다. 나는 그들의 독일어 수업을 낑낑거리며 따라갔지만 우리 모두 웃음을 주체하지 못해 더는 진도를 나갈 수 없었다.

우리 아래쪽에서는 오하나페코시강이 여울 몇 곳을 휘감고 우

• Tausend dank, 독일어로 "무척 고맙습니다"라는 뜻.

•• 高山屈曲林, 고산과 고목의 한계 영역에서 고목이 혹독한 환경 조건, 특히 바람에 의해 왜소화되는 현상.

각호•를 휘돌았다. 걸음을 멈추고 산양들이 청회색 바위를 비척비척 내려오는 광경을 함께 바라보다가, 내가 독일인들에게 인디언바를 보니 스위스 알프스가 떠오르지 않느냐고 물었다. 그들은 "떠오르고 말고"라며 마침 알프스 산맥 근처에 산다고 말했다.

내가 포동포동한 할머니 산양에게 말했다. "게준트하이트."••

"게준트하이트." 독일인들이 나의 영어 억양을 흉내 내며 따라 말했다.

그들이 예상보다 싹싹했기에, 나는 전날 밤 겁준 것을 사과하는 의미로 아고산대 꽃들의 이름을 알려주었다. "루피누스예요." 나는 이렇게 말하며 피베트 등산화로 자주색 루피너스 두 다발 사이를 눌렀다. "카니스 루푸스*Canis lupus*와 어원이 같아요. 늑대 말이에요. 자가면역질환 루푸스도 있고요." 나는 늑대 얼굴을 한 작달막한 꽃다발을 헝클어 꽃대에서 휴면 중인 호박벌 두 마리를 괴롭혔다. "사람들은 늑대를 좋아하지 않았어요." 내가 대답을 기다리는 동안 남자는 여자의 허리 가방에서 올림푸스 SLR 접사 렌즈를 끄집어냈다. "루피너스도 썩 좋아한 것 같진 않고요."

내가 빅터 프랑켄슈타인 얘길 꺼낸 것은 그들의 마음을 편안하게 해주기 위해서였다. "빅터는 어릴 적 알프스 산맥에서 가족과

• 牛角湖, 구불구불한 하천의 일부가 본래의 하천에서 분리되어 생긴, 초승달 혹은 쇠뿔 모양의 호수.

•• Gesundheit, '건강'이라는 뜻으로 재채기 한 사람에게 해주는 말.

여름을 보내요. 그는 산들이 장엄하다고 말해요. 정확히 장엄하다라는 말을 썼어요."

"맞아요." 그녀가 미소 지으며 말했다. "둘이 똑같아 보여요. 당신과 당신의 새 친구 말이에요."

"프랑켄슈타인 박사 말입니다." 남편이 말뜻을 분명히 하려고 덧붙였다.

"아니요, 프랑켄슈타인 박사는 제 친구가 아니에요. 언젠가는 그렇게 될지도 모르지만요. 아직 3장을 읽고 있는 중이거든요." 빅터 프랑켄슈타인이 결코 박사 학위를 취득하지 않는다는 사실을 미리 알았다면 그들의 표현을 바로잡아주었을 것이다.

"3장이라고요?" 그녀가 내 쪽으로 돌아 고개가 젖혀질 정도로 웃음을 터뜨렸다. 내가 책을 느리게 읽는 편일 수도 있지만 메리 셸리의 구식 어휘도 한몫했다. 하지만 독일인이 웃음을 터뜨린 것은 내 독서 속도가 느려서가 아니라 단지 인디언바의 맑은 천연 공기를 호흡하기 위해서였을 거라고 생각한다.

우리는 튜바 모양 꽃들이 핀 초지를 통과하여 언덕 아래로 내려왔다. 꽃들은 우아하게 옆으로 몸을 숙였지만 나의 재바른 손놀림을 피하기엔 너무 느렸다. 내가 "이 보송보송한 혀 좀 봐요"라고 말하자 그녀는 자주색 펜스테몬의 목구멍에 손가락을 찔러넣어 굵은 헛꽃밥false anther 작대기를 어루만졌다. 나는 그녀의 남편을 위해 꽃의 혀를 집은 채, 펜스테몬이 현삼과에 속하는데 이

과는 기이한 모양의 꽃으로 유명하다고 설명했다. 독일인 여자의 손을 내 어깨에 얹은 채 눈밭을 미끄러져 내려오면서 나는 현삼과의 대표적인 이름들을 읊었다. 딸깍용(금어초), 코끼리머리, 수염혀, 앵무부리, 올빼미얼굴클로버, 원숭이꽃(물꽈리아재비), 여우장갑(디기탈리스), 그림붓(인디언페인트브러시).

이튿날 나는 오하나페코시강에서 자라는 코끼리머리 꽃을 보러 가자고 그들을 구슬렸다. 자홍색 꽃마다 대롱처럼 생긴 관상管狀 꽃부리가 하나씩 코끼리 코처럼 말아 올려졌다. 코 양쪽에서는 넓은 꽃잎이 코끼리 귀처럼 활짝 펼쳐졌다. 그곳에서 우리는 헤어졌다. 그들은 강을 건너고 오하나페코시 빙하 안부•를 넘어 다른 계곡으로 내려갔고, 나는 강변에서 300미터도 떨어지지 않은 전나무·솔송나무 방풍림에 문 두 개짜리 텐트를 쳤다. 내가 가장 애지중지하는 오지 캠핑 용품인 이 텐트는 노스페이스 돔형 Ve24로, 실내는 널찍하고 색깔은 황금색이고 어찌나 아름답던지 커버에서 처음 흔들어 꺼낼 때 대역죄를 저지르는 심정이었다.

"여행할 때 식량과 물 같은 필수품을 나눠 휴대할 거라면 20분 거리 이상 떨어지지 말고 붙어 다녀야 해요." 이 조언이 나의 유일한 작별 선물은 아니었다. "페디쿨라리스 그로엔란디카*Pedicularis groenlandica*예요." 나는 길고 가느다란 꽃대에 얹힌 채 강을 따라 까

• 鞍部, 산의 능선이 말안장 모양으로 움푹 들어간 부분.

딱거리는 코끼리머리를 가리키며 말했다. 그녀의 남편은 듣지 못했을 것이다. 벌써 여울을 건너고 있었으니까. "그 책 조심해요." 그녀가 내 앞팔을 붙잡으며 말했다. "악몽을 꾸게 하거든요." 그녀는 한쪽 눈을 찡긋하고 혓소리를 내며 덧붙였다. "커다란 괴물이 나와요."

『프랑켄슈타인』은 그해 여름에 다 읽었다. 나는 레이니어산을 떠날 때 20년 묵은 볼보의 트렁크에 책을 실었는데, 한동안은 그녀의 악몽 얘기가 틀린 줄 알았다.

하지만 어느 날 선잠에서 깨었을 때 나는 어둑어둑한 실험실에서 흰색 면 가운을 입은 채 피투성이 신체 부위와 엉겨붙은 핏덩이로 가득한 실험실 작업대를 바라보고 있었다. 독일인들이 오하나페코시강을 건너 나를 인디언바의 낙원에 홀로 내버려둔 지 1년이 지났을 때였다. F 씨의 괴물처럼 노란색 눈알이 부패한 송장에서 달랑거렸고 초록색 독기를 품은 공기가 내 얼굴에 달라붙었다. 춤추는 먼지로 가득한 빛살이 하나뿐인 창문의 두껍고 지저분한 유리를 통해 들어왔다. 나는 알코올이 든 유리병에서 소용돌이치는 거미줄 같은 물질에 홀린 채, 피로 얼룩진 장갑을 낀 손으로 시험관을 빛 속으로 들어올렸다.

나는 흰머리수리 보전을 주제로 박사 논문을 쓰기 위해 사체에서 DNA를 추출하는 중이었다. 시험관과 피투성이 장갑을 내려놓고 신체 부위를 대형 냉동고에 다시 넣고 나서 기숙사 방에 돌아가 잠을 청했다.

나를 선잠에서 깨운 것은 『프랑켄슈타인』 악몽이었다.

괴물 악몽은 아니었다. 빅터 프랑켄슈타인이 나오는 장면 중에서 가장 무시무시한 것은 괴물이 생명을 얻기 훨씬 전에 벌어진다. 그것은 박사 구술 시험을 위해 앉아 있는 빅터에 대한 메리 셸리의 묘사다. 악몽에서 내가 빅터의 떨리는 신발 속으로 옮아가 짙은 색 나무 바닥에서 달가닥거리는 동안, 그는 "땅딸막한 체구에 쉰 목소리와 보기 싫은 용모를 가진" 크렘프 교수와 마주 선다. 크렘프는 빅터가 박사 학위를 준비하며 읽은 책들이 오래되고 케케묵었다며 비웃는다. 빅터는 용납될 수 없는 답변을 더듬더듬 내뱉는다. 크렘프가 "탁자를 내리치"며 말한다. "자네가 그런 책들에 허비한 모든 시간, 1분 1초가 완전히 잃어버린 시간이라네. (…) 세상에! 자네는 대체 어느 구석에서 살다 왔단 말인가?"

나와 마찬가지로 F 씨는 오만한 교수들에게 시달리다 키메라를 만들고는 고상한 읽을거리가 없는 황량한 지대에서 살아간다.

내가 그를 존경하게 된 것은 자연스러운 수순이었다.

나와 달리 그는 논문을 쓰지 않으며 박사 학위를 취득하지 않는다. 일부 미국 대학에서는 학생이 서면 논문 대신 프로젝트를 제출하는 방식을 허용하긴 하지만, 그는 1800년대 스위스에서 살고 있기에 자신의 재능이 아무리 출중할지언정 괴물을 창조하는 것은 논문을 쓰는 것과 대등하게 간주되지 않는다. 잉골슈타트 대학교에서는 괴물 프로젝트를 논문으로 쳐주는 제도를 시행하지 않는다.

대학 시절 나는 도서관이나 야생동물 유전학 실험실에 있지 않을 때는 암갈색 비닐 소파의 팔걸이에 앉은 채 기숙사 창밖으로 노란색 꽃이 핀 언덕과 산을 내다보았다. 후진 기어가 없는 무보험 볼보나 빨간색 3단 기어 슈윈•이 없는 부서진 자전거 자물쇠로 찾아가기에는 너무 먼 곳이었다. 그래서 워싱턴주 팩우드에서 구한 회전목마 책꽂이판 『프랑켄슈타인』을 다시 읽었다. 중요한 대목에는 가느다란 분홍색 형광펜으로 강조 표시가 되어 있었다. 나처럼 빅터도 자연을 사랑했고 초등학교 졸업 전에 소명을 발견했으며 아버지에게서 어떤 조언도 듣지 못했다. 셸리 말마따나 "〔빅터의〕 아버지는 과학과는 관계가 없었기에, 나〔빅터〕는 어린아이처럼 맹목적으로, 혼자 끙끙대면서 지식에 대한 갈증을 채우고자 했"다. 과학과 직관의 교차로에 서서 어느 쪽으로 갈지 고민하고 있을 때 이 책은 내게 위안이 되었다.

토농 온천의 근사한 호텔에서 가족 휴가를 보내던 중에 빅터는 책상 서랍을 열었다가 낡고 방치된 책을 발견한다. 기이한 자연철학자 코르넬리우스 아그리파가 쓴 책이었다. 아그리파에 매료

• Schwinn, 자전거 브랜드.

된 빅터는 뒤이어 알베르투스 마그누스를 읽어나간다. 아그리파와 알베르투스는 주술과 연금술을 믿었는데, 1700년대 후반 잉골슈타트의 학계에서는 금기시되던 사상이었다. 200년 뒤 내가 대학에 입학했을 때는 중세·르네상스 역사를 공부하는 학생들만 그런 책을 읽었다. 화학 교재에서 알베르투스가 비소를 발견했다고 언급하거나 여성학 수업에서 여성의 우월성에 대한 아그리파의 논고를 과제로 내줄지는 모르지만, 일반적으로 20세기 미국 학계는 두 사람을 미치광이, 신비주의자, 비술사祕術師, 연금술사로 폄하했다.

빅터의 또 다른 교수 발트만은 그를 신비주의로부터 떼어놓으려다 신비주의 못지않게 위험한 강박적 학문인 화학과 수학을 소개한다. 발트만이 말한다. "화학은 자연철학에서 가장 크게 진보해온 분야고 또 앞으로도 그럴 것이네. (…) 자네가 한낱 실험꾼이 아니라 진정한 과학자가 되고 싶다면 수학을 비롯해서 자연철학의 모든 분야를 공부하라고 충고하겠네."(강조는 저자.) 감복한 빅터는 생물학에 대한 관심을 물리학으로 돌린다. 그는 훗날 이 결정을 후회하게 된다. 사실 빅터는 자신이 물리학에 의존한 탓에 끔찍한 재앙을 겪게 되었다고 생각한다. 그가 말한 '끔찍한 재앙'이 무슨 뜻인지는 다들 알 것이다. 하지만 발트만은 하나만은 옳게 짚었다. '재앙'이 일어난 뒤 온 유럽인이 빅터를 무척 험한 이름으로 불렀지만 '실험꾼'은 그중 하나가 아니었으니까.

화학과 수학은 좋아하는 사람에게는 괜찮은 학문이지만 자연에 대해서는 아무것도 알려주지 않는다. 그것은 주술과 연금술도 마찬가지다. 수학이냐 연금술이냐는 빅터의 딜레마처럼 보였지만 실제로는 덫이었다. 메리 셸리가 그를 함정에 빠뜨린 것이었다. 빅터의 선택지는 둘 다 물리적 세계와 관계가 있었다. 화학과 수학은 자연과학이며, 연금술사와 주술사의 목표는 (이를테면) 납을 황금으로 바꾼다든지 송장을 소생시킨다든지 하는 식으로 물리적 상태를 바꾸는 것이다.

나는 과학과 물리적 세계의 범위 밖에 있는 선택지를 만지작거리고 있었다. 그것은 의식적 추론 없이 얻어지는 지식인 직관이었다. 그에게 인격이 있을까? 그가 나를 염려해줄까? 그는 나와 친구가 되고 싶어했을까? 우리가 사람들을 애도하듯 그를 애도해야 할까? 내가 우리 여우에 대해 이런 물음을 던졌을 때 과학과 직관은 서로 다른 답을 내놓았다. 나는 둘 중에서 결론을 내릴 수 없었다. 나도 함정에 빠지고 있었던 걸까?

인디언바에서 만난 독일인 여자가 옳았다. 악몽 얘기뿐 아니라 빅터와 내가 "둘이 똑같"다는 말도 그랬다. 빅터는 괴물을 구상하기 전까지만 해도 혼란에 빠진 또 한 명의 방랑자였다. 그때의 그는 자연을 사랑하고 멘토가 없어 학업에 어려움을 겪었으며 순진하지만 솔직한 회의론으로 과학을 대했다. 그는 산과 고지대 호수를 사랑하며 혼자서 오랜 시간을 보냈다(친구들이 괴물에게 살해당하기 시작한 뒤에는 더더욱). 그는 책 여백에 "화학을 통한 삶의 개선" 같은 말을 끄적였다. 이것도 훗날 후회하게 되지만.

나는 오두막 밖에서 여우의 물망초 옆 캠핑 의자에 앉아 여우를 그리워하며 다시 빅터와 동질감을 느꼈다. 파란 하늘이 사라지자 『프랑켄슈타인』을 덮고는 갈색 칼하트 재킷을 턱까지 끌어올리고 후드를 끌어당겨 늦은 오후 바람을 막았다. 걸신들린 구름 떼가 나의 계곡 양쪽에서 모여들어 물 분자를 집어삼키며 합체했다. 머리 바로 위에서는 구름들이 단단한 원으로 뭉쳐 안쪽으로 소용돌이쳤다. 알을 품을 책임에서 해방된 테니스공이 찢긴 꼬리와 더불어 내게 급강하 공격을 가했다. 달걀노른자가 없는 것에 부아가 난 것 같았다. 몇 달 만에 처음으로 아침을 거르느라 오전 달걀 배달 서비스를 빼먹은 탓이었다.

여우는 내 초원을 엉망으로 만들었으며 내 독서용 풀밭의 유일한 꽃을 오그라뜨렸다. 물망초는 고개를 떨군 채 갈변하는 상처를 드러냈다. 내가 여우에게 책을 낭독할 때 그가 물망초에 주둥이를 문지르던 장면이 떠올랐다. 나는 양손을 컵처럼 모아 꽃차례를 감싸고는 엄지손가락으로 꽃잎을 폈다. 더럽혀진 채 이미 시들어가는 줄기는 이날이 다 가기 전 하나뿐인 꽃을 떨어뜨릴 것이다. 그래야 몸통이 계속 살아갈 수 있으니까.

나는 아무 일도 하지 않은 채 4시 15분이 지나도록 접선 장소에 머물렀다. 오후 5시, 지상을 향하는 구름 소용돌이가 나를 빨아들이려 들었다. 까치들마저도 몸을 피하고 있었다. 나는 여우가 그동안 어떻게 살았는지 더 알아야 했다. 무엇을 발견하게 될지 두려웠지만 그의 굴이 있는 곳을 답사하기로 마음먹었다. 하지만 지금은 아니었다. 구름 소용돌이 속에서는 그럴 수 없었다.

결국 굴 주변 지역을 탐사했다. 그가 살아 있었을 때보다 더 오래 두리번거리고 더 꼼꼼히 들여다보았다. 짧고 별일 없던 삶의 흔적을 찾을 거라 예상했다. 하지만 나를 맞이한 것은 자연 미술품의 별세계였다. 대상들은 마치 심미적 쾌감을 주려는 듯 흥미롭게 배치되어 있었다. 절단된 사슴 등뼈, 가터뱀 허물, 마른 서양톱풀 밑동에 흩뿌려진 들꿩 깃털, 말코손바닥사슴 견갑골에 얼룩진 초록빛 열공•은 구름 덮인 하늘 아래서 내게 이야기를 속삭였다. 대형 전리품인 말코손바닥사슴 견갑골은 이 굴이 사냥꾼의 보금자리였고 그의 삶은 비록 짧았으나 영광의 나날이 없진 않았음을 암시했다.

똥 한 톨이나 썩는 냄새 한 모금조차 없이 깔끔한 그의 잔디밭에는 손으로 자른 사슴 가죽, 플라스틱 모종 화분, 파란색 당나귀 얼굴이 그려진 사금파리가 놓여 있었다. 그가 우리 집에 방문하

• 裂孔, 상피의 층 혹은 세포 사이에 있는, 내용물이 없는 작은 틈새나 움푹 들어간 부분.

여 챙긴 기념품들을 보자 서글퍼졌다. 하지만 그가 기념품을 약간 기발한 방식으로 진열하여 이곳을 즐겁게 시간을 보낼 수 있는 장소로 만들었으리라 생각하니 조금은 덜 슬펐다. 어쩌면 그는 그 물건들의 생김새가 좋았는지도 모르겠다. 어쩌면 그 물건들 곁에 앉아 있는 느낌이 좋았는지도 모르겠다. 내가 유리 상자와 나무 상자에 넣어 간이 책상에 올려둔 깃털, 연잎성게, 말린 버섯, 내가 유리 시험관에 부어 코르크로 밀봉한 색색의 해변 조약돌처럼. 그가 잡동사니를 수집할 때의 심정은 나와 같았을 것이다. 무심하게. 말하자면 이런 뜻이다. 본능적으로.

묵직한 흰색 닭 깃털을 집어들면서 여우가 누군가의 수탉을 사냥하는 상상을 했다. 도래까마귀 두 마리가 묘기를 부리듯 흰머리수리를 공격하는 동안 나는 여우의 굴 바위 위쪽 모래 구덩이 속에 앉아 20대 초반부터 벌인 사냥 모험을 회상했다. 로키 산맥 동쪽 사면. 수컷 노새사슴. 수려한 풍경. 줄무늬가 새겨진 평탄한 산 아래 올록볼록한 언덕에 점점이 박힌 늘푸른나무들. 듀푸이어에서 온 남자들은 글레이셔군 IHS(인디언 보건 서비스) 병원의 남자 간호사가 내게 빌려준 지프의 지붕에 내 사슴을 매달았다. 듀푸이어 식당에서 만난 누군가가 나를 재워주겠다며 자기 가족의 집에 데려갔다. 나는 사냥할 때 새로운 사람들의 집에서 숱하게 묵었다. 그리고 사냥도 숱하게 했다. 그들을 '낯선 사람'으로 생각한 적은 한 번도 없었지만, 물론 낯선 사람은 상대적 개념이다.

어떤 사람들을 낯선 사람으로 분류하려면 다른 사람들을 낯익은 사람으로 분류해야 하니까.

여우의 이빨은 이 일대에서 가장 큰 뼈인 말코손바닥사슴 대퇴골에 자국을 남겼다. 200미터쯤 떨어진 곳에서 진흙탕에 잠겨 있는 나머지 사체는 여우가 태어나기 전에 죽은 수컷의 것이었다. 여우가 대퇴골을 이빨로 문 채 숨 막혀 캥캥거리며 마치 메이저리그 타자처럼 휘두르는 광경을 본 기억이 났다. 막내 여우가 기다란 뼈를 방망이처럼 흔드는데 내가 어떻게 핸디캡에 대해 불평할 수 있겠는가?

집으로 돌아오는 길에 여우 한 마리가 앞으로 튀어나와 자기 어깨보다 별로 높지 않은 바위 뒤에 웅크렸다. 그녀는 나와 눈을 맞추고는 뒤로 물러섰다. 그녀의 털가죽은 계피색 밍크 코트처럼 균일하고 은은했으며 진하다고 말하기에는 조금 바랬다. 내가 계피를 암여우로 지목한 것은 그녀가 수컷 티를 내지 않았기 때문이다. 게다가 사람을 피하는 것은 분명한 암컷의 특질이었다. 암여우는 단순히 호기심을 달래거나 지루함을 떨치려고 위험을 감수하는 일이 드물다. 하긴 암여우들이 사람을 따르면 무리가 감소하여 멸종할 것 같다는 생각이 든다. 또한 그녀는 여성적 허영심의 기미를 풍겼다. 그녀는 우리 여우보다 통통했으며 주둥이가 더 짧고 고왔다. 더 대칭적이고 흠이 없어 보였는데, 어쩌면 거리와 조명 때문이었는지도 모르겠다. 어쩌면 흐트러진 모습으로 돌아다니고 싶지 않아서였는지도. 어떻게 보면 이것은 단 한 번의 만남에 불과했다. 나는 우리 여우를 지금껏 수백 번은 보았다. 바람이 불 때, 비가 올 때, 눈이 내릴 때, 절망과 두려움에 사로잡혔을 때. 그리고 솔직히 말하자면…… 그는 완벽한 표본은 아니었다. 화창한 날에는 그저 부스스할 뿐이었지만 젖었을 때는 더러운 걸레처럼 보였다. 북풍이 세차게 불 때 그의 북쪽에 서서 바라보면 그는 몬테수마의 복수*를 만성적으로 앓는 치와와를 닮았다. 암여우는 10미터 떨어진 두툼한 번치그래스 무더기에 뛰어들었다. 바위에 앉아 나직이 말을 걸었지만 그녀는 주둥이 이상은 결코 보여주지 않았다.

상관없었다. 나를 즐겁게 해줄 또 다른 여우는 필요 없었다. 첫 여우가 필요한지도 아직 갈피를 잡지 못하고 있었으니까. 지난주 첫 현장 수업에서 수강생들은—사실상 내 동료였다—여우와 밀접하고 규칙적으로 교류할 유일하게 타당한 이유는, 그것을 객관화하고 이용하고 연구 대상으로 삼는 것뿐이라고 결론 내렸다. 나는 동의를 암시하고는 그 암시를 현실로 만들려 애썼다. 이름표를 달거나 우리에 가둔 여우를 냉철하게 평가하는 과학자를 스스로의 모습으로 상상했다. 책상 위에서 나를 기다리는 대학 교직 지원서—진짜 도시에서의 진짜 직업—를 하나라도 작성하여

* Montezuma's revenge, 멕시코 여행자가 걸리는 설사.

송부하고 여우가 아니라 인간이 친구인 곳으로 이주하는 상상을 했다.

내가 원하는 것이 정말로 연구 대상이라면 여우 한 마리는 나머지 모든 여우와 마찬가지일 테니까.

며칠 뒤 뒷들에서 무릎 사이로 태양의 시선이 물러나는 것을 감상하다가 그의 굴 근처에서 움직임을 포착했다. 필드스코프로 보았더니 살아 있는 우리 여우를 마지막으로 본 바위 쪽으로 짐승들이 다가가고 있었다. 새끼 여우 네 마리, 어쩌면 다섯 마리가 그의 바위 곁에서 뒹굴고 뛰었다.

새끼 중 세 마리는 겨울이 시작될 때까지 살아남을 것이다. 한 마리는 꼬리가 밑동부터 약 3분의 2 지점에서 90도로 영영 꺾여 있었으며, 또 한 마리의 꼬리는 어찌나 변변찮은지 사향쥐에게 달아놔도 민망할 정도였다. 새끼들이 소란을 피우는 와중에 북슬북슬한 주황색 짐승 하나가 바위 위에서 춤추고 있었다. 그 순간보다 더한 행복을 다시는 경험하지 못해도 나는 여한이 없다. 우리 여우가 살아 있다는 것을 알게 된 순간. 그가 춤추는 언덕에서는 개울물이 붉은차돌색 절벽에서 쏟아져 둥근 줄기의 사초를 통과해 흘렀다. 내가 인디언바에 갈 때 건너던 원더랜드트레일과 별로 다르지 않았다. 그 아고산대 초지가 내 마음의 눈앞에 펼쳐졌다. 얼음장처럼 차가운 시냇물에서 도롱뇽을 끄집어내려고 허리를 굽히던 일이 기억났다.

쌍안경으로도 여우를 볼 수 없을 만큼 어두워지자 나는 다시 의자에 앉아 그가 굴에 가는 내내 춤추는 광경을 상상했다. 그때 분명히 깨달았다. 여우 한 마리는 나머지 모든 여우와 마찬가지가 아니라는 것을.

끝없는 재밋거리

새벽에 여우가 눈을 떴을 때 부드럽고 곱고 향기롭고 다른 누군가의 것인 털이 눈을 가렸다. 발 하나가 그의 숨통을 짓밟아, 한쪽 귓가를 따라 찌르르한 통증으로부터 관심을 돌리게 했다. 새끼들이 그의 네 다리를 전부 짓누르고 있었다. 재빨리 몸 상태를 점검했더니 또 다른 문제가 있었다. 끈질기고 자그마한 발들이 계속해서 밀어붙이면 그의 앞다리 무릎이 둘 다 꺾일 판이었다. 이런 식으로 하루를 맞이하고 싶지는 않았다.

새끼들이 계피색 암여우를 덮치자 그녀는 몸을 흔들며 짖었다. 그들은 죽은 스컹크 위의 벼룩처럼 떨어져나갔다. 그녀가 목털을 쭈뼛 서게 하는 비명을 지르자 그는 "꽈아" 하고 대답했다. 머리를 몇 번 세게 흔들자 그의 속눈썹에 달라붙어 있던 뜨거운 털이 살랑살랑 허공을 떠다녔다. 그의 턱밑 털에 매달린 앞발들도 떨어져 나갔지만, 적당해 보이는 것보다 많은 털을 가져갔다. 발톱이 난 작은 앞발이 그의 속눈썹을 만지며 올라와 이마 피부를 뺨까지 잡아당겼다. 다시 앞이 보이지 않았다. 계획 변경!

강변 모랫둑에서 폭풍우 속으로 걸어들어가는 느낌에 깨었다가 작은 발톱들이 자신의 얼굴을 찌르고 있는 것을 발견한 적은 몇 번이었지? 털이 뽑히는 따끔거림에 잠에서 깬 지는 얼마나 되었을까? 새끼들이 흘린 침이 들어올까봐 눈꺼풀을 꽉 닫은 채 그는 따뜻하고 축축한 무게 아래서 몸통을 일으켰다. 답할 가치가 있는 질문은 딱 하나였다. 이 공격을 중단시키려면 어떻게 해야 하나?

아수라장 위로 날개가 퍼드덕거렸다. 그의 친구 배불뚝이가 다가오고 있었다. 그는 그녀가 자신을 구하러 오려고 파란지붕 소녀와 소리 지르기 시합을 그만둔 건지 궁금했다. 그녀는 새끼들 위로 왔다 갔다 하며 그들의 귀를 발톱으로 살짝 긁었다. 해로울 것 없는 새와의 싸움 장난을 마다할 리 없는 새끼들은 우리 여우를 굴려 놓아주었다. 작전 개시! 이제 그는 새끼들을 모래밭에 풀어놓고 살아 있는 메뚜기 두어 마리를 떨어뜨려 가지고 놀게 할 작정이었다. 그러면 새끼들에게서 벗어나 햇볕을 좀 쬘 수 있을 것 같았다. 그가 가장 통통한 새끼를 모래 쪽으로 돌려세우자 새끼는 폴짝 뛰었는데, 착지한 지점은 목표 지점에 발가락만큼도 가까워지지 않았다. 또 다른 새끼는—주둥이가 애벌레처럼 보들보들한 암컷이었다—살짝 밀기만 하면 모래 구덩이로 기어들 것 같았다. 어림도 없었다. 다음번에는 좀 세게 밀었다. 너무 셌나보다. 새끼 여우는 흙과 자갈이 섞인 구덩이로 굴러떨어졌다. 족제비 오줌! 목이 없고 토실토실한 몸통에 비해 다리가 너무 짧은 새끼는 하릴없이 맨땅 구덩이로 미끄러져 내려갔다. 그는 뒷발로 언덕을 단단히 디딘 채 구르는 새끼 위로 몸을 띄워 탈주자를 체포하려고 앞발을 뻗었다.

언덕 위를 돌아보자 나머지 새끼들이 가장자리 너머로 엿보고 있었다. 그는 깽깽거리는 새끼를 파올리듯 붙들고는 작고 포동포동한 몸뚱이를 감싸듯 몸을 구부리고 발을 위로 뻗어 새끼와 자신의 몸을 끌어올렸다. 새끼는 앞발 하나를 꼼지락꼼지락 빼내 그의 주둥이를 할퀴었다. 언덕 위쪽에서는 까치가 길고 일정한 울음소리로 나머지 새끼들을 골리고 있었다.

그가 어릴 적 엄마는 뒷다리로 앉아 까치에게 앞다리를 휘둘렀다. 한번은 새 한 마리가 그녀에게 맞아 날개가 부러진 채 떨어지기도 했다. 새는 팔짝팔짝 둥글게 뛰어다니며 그의 형제들로부터 상처를 보호하려 애썼다. 그들은 반짝거리는 송곳니를 번득이며 새를 갈기갈기 찢었다. 조각들이 하도 작아서 아무도 먹을 생각을 하지 않았다. 그는 배불뚝이를 한 번도 공격한 적이 없었다. 평생 자신을 따라다녔는데도. 그가 새끼를 구조하여 언덕 위로 끌어올렸을 때 그가 이제껏 알던 까치 중에서 가장 큰 까치인 배불뚝이는 굴에서 벌레를 잡아먹으며 몸집을 더욱 키우고 있었다.

우리 여우는 언제나 스케줄을 정확히 지켰다. 하지만 지금은 새끼 네 마리를 상대하고 있었으니 다시 찾아올 거라 기대할 수 없었다. 바위 춤 이튿날 오후에 찾아올 리는 더더욱 만무했다.

그의 코가 물망초의 너덜너덜 늘어진 줄기를 문질렀다. 주둥이에는 할퀴인 자국이 길게 나 있었다. 털이 빠진 부위와 새끼들이 핥은 자국 때문에 그의 털가죽은 마치 서툰 이발사가 면도한 것처럼 얼기설기 털이 뭉쳐 있었다. 그가 날 잊지 않아서 으쓱했느냐고? 아니, 그가 내게 준 것은 인정보다 더 중요한 것, 목적이었다. 안정된 수입원을 찾는 것 이외에 해야 할 의미 있는 일. 야생동물과 관계를 맺는 것. 나는 땅바닥에 책상다리를 하고 앉아 『프랑켄슈타인』을 무릎에 올려놓았다.

"여기서 비박 해도 돼, 여우야."

그의 물망초는 그가 없던 나흘간 새 꽃봉오리를 세 송이 틔웠다. 아치처럼 기울어진 줄기 밑으로 머리를 들이민 그의 모습은 꽃의 무게에 고개를 숙인 것처럼 보였다.

이튿날 첫 여명에 여우는 밤새 사냥하고 돌아온 암여우를 기다리고 있었다. 그녀가 풀밭에 들어온 지 단 몇 초도 지나지 않아 그는 내뺐다. 실은 아침마다, 심지어 새끼 돌보는 임무를 몇 주간 담당한 뒤에도 우리 여우는 자유를 어찌나 갈망했던지 돌아오는 암여우를 꽥 자빠뜨릴 정도로 후다닥 뛰쳐나갔다. 생쥐 냄새를 맡거나 공중에 뛰어오르거나 어쩌면 새들을 괴롭힐 작정이었을 것이다. 이 수문장 교대는 여름내 정시에 무척이나 꼴사납게 이루어졌으며 그의 내빼는 걸음은 한 번도 느려지지 않았다.

우리가 자갈 진입로를 따라 내려가 초지를 걸은 여러 날의 첫날, 테니스공은 내가 여우와 나란히 흔들흔들 번치그래스 사이를 지나며 부드러운 흙을 디디는 광경을 보았다. 우리 바로 위에서는 빽빽한 원반 모양 구름이 기둥에서 무너져내리고 있었다. 구름은 서로 겹치며 마치 연못을 둘러싼 조약돌처럼 파란 하늘에 고리를 그렸다. 외로운 찌르레기 한 마리가 세이지브러시에 앉아 머리를 자이로스코프처럼 회전시키며 짝짓기 시기임을 알려주는 연노랑 부리를 번득였다. 여기서 뭘 하고 있니? 나는 찌르레기에게 앉아 있는 높이를 낮추라고 말했다. 아니면 눈높이를 낮추거나. 찌르레기들은 이 높고 건조한 사막에서는 짝짓기를 하지 않았다.

가련한 찌르레기들. 20세기 미국인들은 찌르레기를 업신여겼다. 그것은 찌르레기가 깃털을 물결치며 검은 유막油膜 같은 프리즘으로 사람을 현혹하기 때문이 아니라 그 조상이 200년 전 영국에서 북아메리카로 이주했기 때문이다. 나는 찌르레기를 폄하하거나 (1890년대 우리 대륙에 찌르레기를 풀어놓은) 셰익스피어 애호가들에게 비난을 돌린 나 자신의 죄까지 걱정할 여력이 없었다. 내겐, 하나만 예를 들자면 팬서크리크의 새끼 사슴이 있었으니까. 게다가 시간이 내게 가르쳐준 것은, 세상에는 너무 쉽게 숨이 막혀서 북해의 작고 습한 섬에서 살기에는 알맞지 않은 존재가 있다는 사실이었다.

여우가 사냥 자세로 필박스언덕을 돌아다니기 시작했을 때 나는 지난봄에 총 30제곱미터의 초지 두 곳에서 시작한 인화물 제거 계획을 다시 추진했다. 모든 식물을 바짝 깎고 땅을 갈퀴질하여 고른 뒤에 제초 매트를 깔기 시작했다. 제초 매트는 검은색 비닐 재료로, 햇빛을 차단하여 식물이 자라지 못하게 한다. 매트를 땅에 고정하려면 10센티미터 길이의 스테이플러를 몇 센티미터마다 박아야 했다. 약 20시간의 노동과 100달러어치의 재료를 투입한 끝에 작업을 마쳤다. 며칠 뒤에 여우와 새끼들이 앞마당에서 밭쥐를 잡으려고 다이빙했다. 그들은 제초 매트를 갈기갈기 찢어놓았다. 나는 그들에게 분노하려고 애썼다. 하지만 여우와 어린것들이 즐거워하는 모습을 보니 너무나 기뻤다. 그날 내 성격에 대해 중요한 무언가를 깨달았다. 나는 용서할 줄 아는 사람이었다. 상황이 맞아떨어진다면. 작두질당한 비닐을 들춰보다 고무보아뱀이 불의의 희생자가 된 것을 발견했다. 팽팽한 검은색 매트 밑에 은신했다가 누군가의 발톱에 당한 것이었다. 보아뱀이 안쓰럽긴 했지만 여우에게 화날 만큼은 아니었다. 여우가 친구라면 보아뱀은 이웃에 불과했으니까.

여우는 빼빼 마른 채 여름내 새끼들에게 설치류를 가져다주었다. 한번은 밭쥐 세 마리를 우리 집 문간에 선물로 놓아두어 나를 놀라게 했다. 영광스럽게도 그의 애정을 음미하며 오랫동안 볕을 쬐고 싶었지만 곧 내게 주어진 시간은 한 시간뿐이었다는 게 밝혀졌다. 그는 밭쥐 한 마리를 더 가지고 오더니 전리품에 대한 소유권을 주장하듯 사체 네 구를 물고서 언덕 위로 새끼들을 향해 내달렸다. 알고 보니 우리 집 문간이 도둑 까치들로부터 안전한 곳이라고 판단한 것이었다. 전리품을 여기 보관한 것은 새끼들에게 설치류가 한 마리씩 돌아갈 수 있도록 사냥을 계속하기 위해서였다.

늦은 오후 그는 우리의 접선 장소에 찾아와 가장 매끈한 앉을 자리에 몸을 미끄러뜨린 채 내가 바위와 번치그래스 위에서 불안정한 캠핑 의자와 씨름하는 광경을 물끄러미 바라보았다. 우리의 좌석 배치는 예전에 생각한 것보다 덜 우연적으로 보이기 시작했다. 내가 『어린 왕자』의 한 대목을 읽고 나자 그는 몸을 쭉 펴서 요가 자세를 취했다. 배를 자갈에 대고 누르며 뒷다리를 최대한 뒤로 뻗은 채 발바닥을 위로 향했다. 나는 앞꿈치를 땅에 대고 쪼그려 앉았다. 어느 날 그가 또 다른 자세를 취하려고 일어섰을 때 나는 손과 무릎을 땅에 대고서 그를 마주 보았다. 우리의 눈이 수평을 이루었다. 나는 필요하다면 재빨리 일어설 수 있으리라 믿으며 조금씩 그에게 다가갔다.

그는 앞발을 앞으로 내밀고는 몸을 내 쪽으로 끌어당겼다. 나는 네 발로 물러섰다. 그와 마흔두 개의 날카로운 이빨이 다시 불쑥 다가왔고 나는 다시 뒤로 물러났다. 그는 내 머리통을 통째로 집어삼킬 만큼 입을 쫙 벌린 채 성큼성큼 다가왔다.

"우리는 치킨 게임을 하고 있어. 먼저 등을 보이면 지는 거야." 여우가, 입을 한 번 앙다물어 밭쥐를 반토막으로 끊을 수 있는 여우가 나를 노려보았다. 나는 몇 초 버티지도 못하고 뒤꿈치를 축으로 몸을 굴려 일어섰다.

우리는 눈을 찡그린 채 구름 사이의 파란 하늘 조각을 올려다보았다. 함정구멍sucker hole이었다. 구름이 함정구멍을 만드는 것은 누군가를, (내가 배운 바로는) 대개 어부를 꾀어내기 위해서다. 어부가 구름의 장난기를 충족시킬 만큼 해변에서 멀어지면 구름은 한데 뭉쳐 그에게 폭우를 퍼붓는다. 내 나름대로 해석하자면, 단단한 구름 판이 열려 함정구멍을 만드는 것은 마치 꽉 짜인 인간 세계의 거대하고 균일한 사람 무리가 공간을 만들어 당신과 당신의 여우를 받아들이는 것과 같다. 당신이 초청을 수락하면……

와락! 거대하고 균일한 사람들의 세계가 닫히고, 험악한 표정을 지은 채 회색으로 변했다가 다시 검은색으로 변하여 내내 계획하고 있던 물 폭탄 세례를 퍼붓는다. 속았지! 여우와 내가 10분가량 햇볕을 만끽했을 때 구름 조각들이 함정구멍을 메웠다. 내가 말했다. "네가 이겼어. 내가 치킨이야."

치킨이라는 호칭은 자동차 두 대가 마주 보고 달리는 고풍스러운 담력 시합에서 유래했다. 운전자 중 한 명이 운전대를 꺾지 않으면 정면충돌로 둘 다 죽는다. 하지만 충돌을 피하려고 운전대를 꺾는 운전자는 치킨(겁쟁이)이라는 별명을 얻는다. 글쎄. 여우와 나 둘 다 굴복하지 않았을 때 둘 중 하나가 죽을 것 같진 않았지만, 그래도 도로에서의 게임처럼 우리는 자존심을 걸고 게임을 벌였다. 나는 게임을 좋아했기에 여우와 곧잘 치킨 게임을 했다. 이긴 적은 한 번도 없었다. 이겼으면 좋았겠지만, 여우가 더 이기고 싶어한다는 것은 여우와 그의 날카로운 마흔두 개의 이빨을 보면 알 수 있었다.

치킨 게임을 하려면 서로를 대등한 존재로 마주 볼 수밖에 없었다. 그 때문에 우리의 관계에 변화가 일어났다. 옴에 걸렸을 때나 목장 개들에게 쫓길 때는 그가 연약하고 궁해 보였기에 내가 나서서 그를 돌봐주었다. 하지만 치킨 게임에서 번번이 진 뒤로는 우리에게 각자 나름의 강점과 약점이 있다는 것을 깨달았다. 책임은 강점과 결부되어 있으므로 이제 우리에겐 새로운 책임도 부여되었다. 개를 쫓아내는 것은 여전히 내 임무였다. 나는 개들에게 겁을 줄 수 있었다. 개들은 결국 상자 속 동물이었으니까. 여우에게 겁을 줄 수는 없었다. 치킨 게임은 우리 관계에서 권력을 평등하게 했다. 나는 권력을 약간 잃었고 그는 약간 얻었다. 나는 권력을 약간 잃으면서 공감 능력을 약간 얻었다. 우리의 권력과 책임이 달라지고 있는 것은 여우도 알아차렸을 듯하다. 치킨 게임은 나의 작고 납작한 이빨과 전반적인 민첩성 부족을 드러냈는데, 이 두 가지 특질 때문에 나는 생쥐 한 마리조차 죽이지 못했다.

그래서 그가 나를 위해 생쥐 한 마리를 잡아다주었다.

어쨌거나 지금은 새끼들이 직접 사냥을 하고 있었고 그에게는 틀림없이 여분의 생쥐가 있었을 것이다. 사실 그가 가져다준 생쥐는 보관했던 걸 파낸 듯 보였으므로, 그는 날 정말로 불쌍하게 여겼음이 분명하다. 너무나 무지하여 가치를 깨닫지 못하는 사람에게 선물을 전달하려고 시도한 진심이 나를 감동시켰다. 사체를 대롱대롱 입에 문 채 그가 폴짝폴짝 다가왔다. 나는 긴장했다. 죽은 설치류가 내 맨발에 떨어지는 걸 원하진 않았지만 침착하려고 애썼다. 성격 중에서 내가 가장 높이 평가하는 것은 진심이니까.

내가 불편해하는 것을 감지하자 그는 전진과 후퇴를 잇따라 반복했다. 두 걸음 앞으로, 한 걸음 뒤로. 나는 그와 반대로 움직이다가 맨발이 현관문에 닿았다. 팔을 양옆으로 들어올려 손끝으로 문틀을 붙잡은 채 축축한 발가락으로 균형을 잡았는데, 덩굴시렁 위의 시든 으아리가 된 심정이었다.

날카롭고 지저분한 발톱이 닿지 않도록 얼굴을 뒤로 물린 채 몸만 앞으로 숙여 그에게 손바닥을 내밀고서 말했다. “안 돼.” 느낌표는 없었다. 그는 어느 때보다 내게 가까이 서 있었으니까. 그는 안짱다리를 움직이지 않은 채 겁에 질린 나의 모습을 감상했다. 나는 여전히 문에 기대 있었다. 앞에서는 여우가, 옆에서는 가지가 뾰족뾰족한 노간주나무가 내 맨발을 위협했다.

마침내 그의 얼마 안 되는 끈기와 겸손이 증발했다. 그는 귀중한 생쥐를 도로 가져가버렸다. 아마도 나보다 안목이 뛰어난 누군가에게 가져다줄 것이다. 그는 살금살금 물러나면서 이따금 걸음을 멈추고는 생쥐 미라를 내려놓고 고개를 든 채 어깨 너머로 나를 쳐다보았다. 마지막 기회야! 와서 가져가! 그는 전에는 한 번도 뒤를 돌아본 적이 없었다. 그가 터벅터벅 물러나는 동안 이루 말할 수 없는 죄책감이 버섯처럼 피어났다.

여우가 마음을 다치지 않게 하는 것은 내 소관이 아니었다. 하지만 나 때문에 그가 마음을 다치지 않게 하는 것은 내 소관이었다. 나는 곧장 나의 행동을 바로잡을 기회를 물색하기 시작했다. 오래 걸리진 않을 것 같았다. 어쨌거나 그는 생쥐를 죽이고 싶어 했고 나는 오두막 주변의 생쥐가 죽길 바랐으니까.

새끼 네 마리 중 세 마리가 우리 집 택배 트럭이 드나드는 도로의 나뭇더미에서 놀고 있었다. 나는 침실 창밖으로 내다보고 있었다. 이따금 그들은 보고 있는 어른이 아무도 없을 때 통나무 더미 위를 뛰어다녔다. 우리 여우는 바람을 안은 채 떫은 세이지브러시 아래에 숨어 있었다. 내가 그를 맞으러 갔을 때 족제비 오줌 냄새가 확 풍겼다. 지구상의 어떤 냄새도 이만큼 지독하진 않다. 여우의 새끼들은 아마 알아차리지 못했을 것이다. 상대적으로 덜 발달한 후각 기관이 냄새를 막아주었기 때문이다. 여우는 일어서서 나를 잘 보려고 목을 늘였는데, 그에게 하루의 마무리로 족제비 순찰보다 재미있는 일이 필요하겠다는 생각이 들었다. 차고로 돌아왔을 때 바로 그런 것을 발견했다. 시멘트 벽에 붙어 기어가는 초조한 생쥐였다.

차고 안의 생쥐는 차 안의 생쥐다. 생쥐가 암컷이면 당신의 차는 이동식 분만실이 된다. 인구 폭발의 전조이자 온전한 정신의 종말인 것이다. 한 달 안에 당신 머리 위의 자동차 내장재 여기저기서 생쥐들의 배가 부풀어 오른다. 내가 아는 어떤 여자는 몇 주에 걸쳐 운전할 때마다 쏠고 긁는 소리가 점점 커지는 것을 들었다. 생쥐 꼬리가 발목을 스치는 것을 더는 참을 수 없게 되었을 때 그녀는 브레이크를 도드밟고는 차에서 내려 자신의 2년 된 세단을 절벽 아래로 떠밀었다.

나는 빗자루로 생쥐를 쫓다가 놈이 절름거리는 것을 알아차렸다. 놈이 비치적비치적 번치그래스 쪽으로 향하자 재빨리 길 앞쪽에 구덩이를 팠다. 여우는 생쥐가 구덩이에 빠져 사방을 긁어대는 광경을 보았다. 하지만 손쉬운 표적이었을 텐데도 뛰어들려 하지 않았다. 나는 발광한 생쥐를 빗자루로 슬며시 밀었다. 그래도 여우는 움직이지 않았다. 나는 장애생쥐를 힘주어 가리키며 여우를 불렀지만, 그는 나의 팔짓 명령을 모조리 무시한다는 방침에 따라 꿈쩍하지 않았다. 도리어 사라져버렸다.

나는 세 발 생쥐를 나중에 '처리'할 수 있도록 양동이에 떨어뜨렸다. 다들 그렇게 했고 대부분 같은 이유에서 그렇게 했다. 생쥐는 우리를 물어뜯고 우리의 음식을 훔쳐 먹고 (치명적일 수도 있는) 한타바이러스를 옮긴다. 인간은 자신의 생활 공간을 생쥐가 누비고 다니는 것에 본능적 혐오감을 느끼는 듯하다. 사실 모든 대륙의 문명에서 여우를 숭배한 것은 생쥐를 죽이기 때문이었다.

그런데 왜 우리 여우는 절룩거리는 생쥐를 덮치지 않았을까?

나는 매우 중요한 주의 사항 하나를 잊고 있었다. 여우는 생쥐를 공격하는 게 아니라 사냥한다는 사실 말이다. 짐승을 사냥하는 것은 기술이지만 공격하는 것은 못된 짓에 불과하다.

나도 한때 사냥꾼이었다. 여우가 마흔닷새 내리 사냥하는 광경을 보고 나니 나도 활과 화살을 써보고 싶어졌다. 나는 무지개방 소파 뒤에 처박힌 활과 화살을 찾아냈다.

떫은 세이지브러시 옆에 무릎 꿇고 앉아 (측면의 탄약 주머니를 가득 채운) 위장복 바지를 부츠 위로 묶었다. 내 다리는 가지가 뭉툭뭉툭한 아스펜나무 같았다. 참나무와 단풍나무 잎으로 장식한 플란넬 셔츠가 허리띠 아래로 한 뼘 늘어져 있었기에 나는 여러 수종이 어우러진 온대 활엽수림이 되었다. 피부가 노출되어 정체가 드러나지 않도록 목깃과 소매를 채운 다음, 활 보관 케이스에서 여러 색의 얼굴 위장 크림 통을 꺼냈다. 사슴 오줌이 든 튜브가 굴러떨어졌다. 튜브를 다시 쑤셔 넣고 코도반 팔 보호대를 끄집어냈다. 내가 사냥할 때 팔 보호대는 왼팔 손목과 팔꿈치 중간에서 셔츠 소매 위로 아늑하게 들어맞았다. 내 팔은 참나무 우듬지 숲 아래의 보금자리고사목•이 되었다.

전통적으로 활잡이들은 직접 나무를 깎아 화살을 만들었다. 우리 계곡의 첫 활잡이들은 늙은숲의 노간주나무에서 벗겨낸 껍질을 깎았다. 노간주나무 껍질은 세로 줄무늬가 있어서 나무를 죽이지 않고도 벗겨낼 수 있다. 누군가에게 공격받아 과다 출혈로 죽은 지 5000여 년 만에 이탈리아·오스트리아 알프스 산맥에서 발견된 냉동인간 외치Ötzi는 비부르눔 렌타고*Viburnum lentago*를 깎은 화살통을 쥐고 있었다. 내가 튼튼한 시베리아 라일락과 화려한 프랑스 라일락을 한 줄로 심고서 끝부분의 흙을 공들여 갈아 그를 기리기 위해 비부르눔을 심는 광경을 그가 보았을지 궁금하

• nurse log, 죽어서 다른 생물의 보금자리가 되는 나무. 번역은 옮긴이.

다. 만일 그랬다면 내가 비부르눔을 보호하기 위해 사슴 울타리를 끊임없이 수리하고 있다는 사실도 알아줬으면 좋겠다.

서늘한 금속 라이저(활의 앞쪽 가운데 부분)를 왼손 손가락으로 감아쥐고 팔을 몸에 수직으로 쭉 뻗었다. 이마는 활의 날개 꼭대기와, 엉덩이는 날개 밑동과 수평을 이루었다. 나의 호이트 콤파운드 활•은 첫 번째 활에 비해 초라해 보였다. 밥이 내게 (빗과 함께) 준 초록색 베어 리커브 활••은 레이니어산에 두고 왔다.

화살은 오늬•••로 활시위에 건다. 시위에 걸린 화살은 조준기 근처의 가느다란 화살 받침대에 가볍게 얹힌다. 오른손 손바닥에 장착한 검은색 금속 발사기를 활시위에 고정하고 팔꿈치를 똑바로 뒤로 향한 채 37파운드(약 16.8킬로그램)의 드로웨이트••••로 잡아당기자 줄이 코를 스치고 활의 도르레가 드로웨이트의 일부를 지탱했다. 짧단 과녁에 집중하여 주변시를 흐리고는 숨을 참은 채 트리거를 놓았다. 활시위를 당겼다가 놓을 때 가장 힘든 부분은 움직이지 않는 것이 아니라 소리를 내지 않는 것이다. 당길 때

• Hoyt compound, 양궁에서 사용하는 활의 한 종류로, 활의 양쪽 끝에 도르레 역할을 하는 도구인 활차를 달아 궁수가 적은 힘으로 활을 당길 수 있다.

•• Bear recurve, 양궁에서 사용하는 활의 한 종류로, 날개에 다른 부착물이 없고 조준기에 렌즈를 부착할 수 없어서 발사할 때 반드시 핑거 탭이나 그와 유사한 종류의 글러브를 사용해야 한다.

••• nock, 화살에 끼우는 플라스틱 뚜껑으로, 홈이 깊이 파여 있다.

•••• draw weight, 양궁에서 활줄을 당기는 힘.

는 낑낑대고 놓을 때는 한숨 쉬고 맞힌 뒤에는 함성을 지르고 싶어지니 말이다. 그 모든 소리를 삼켜야 한다.

황금빛 선이 25미터를 뻗어 빨간색 동그라미를 맞혔다. 명중. 나는 칭기즈칸 뒤에서 스텝 초원을 누비는 기마병이나 우뚝 선 장승선인장의 그림자 사이를 식은 죽 먹기처럼 통과하는 치리카후아족의 위대한 추장 코치스나 카베토가마 호수에서 노를 저으며 큰이빨아스펜의 잎 아래로 그림자 얼룩무늬가 진 여섯 가닥 뿔 흰꼬리사슴을 바라보는 1800년대 뱃사공인 척할 수도 있었다. 나 자신을 그 어떤 위대한 활잡이로도 상상할 수도 있었다. 나는 그러지 않았다. 활을 쏘고 있을 땐 근육 하나를 당기는 힘, 숨죽인 침묵, 활시위에 쓸려 따가운 왼팔까지 지금 이 순간의 모든 것을 완벽하게 만들어야 한다.

(깃털이든 플라스틱이든) 화살 깃은 화살대 끝을 둘러싸 안정적으로 날아가도록 한다. 냉동인간 외치는 화살에 깃털 깃을 달았다. 마을 깃 장인에게 부탁했는지도 모르겠다. 깃 달기fletching는 당시 알프스 산맥과 (지금의) 영어권 전역에서 존경받는 기술이었다. 당신의 지인 중에 플레처Fletcher라는 성을 쓰는 사람이 있다면 그의 조상은 잉글랜드 귀족을 위해 화살을 손질했을 것이다. 오늘날에는 다트의 비행 궤적을 안정시키기 위해 온갖 색깔의 플라스틱 깃을 단다. 그중에는 당신이 상상도 못 할 색깔도 있다.

활시위에 쓸려 팔 안쪽이 부을 때까지 화살을 날렸다. 이제 충분히 뿌듯할 만큼 쓰라렸다. 그래서 몇 해 전 생긴 플린치•를 보완하려고 장착했던 발사기를 뗐다. 검은색 송아지 가죽 손 보호대를 차고서 짚단 밑동에 화살을 쏘았다.

색색의 깃이 달린 황갈색 화살들을 짚단 과녁에서 뽑아 풀밭에 떨어뜨렸다. 다음 화살은 과녁을 완전히 빗나갔다. 위장용 화살대는 사슴 눈에 띄지 않기 때문에 사냥에 유리하지만 잃어버리면 불리하다. 당신 눈에도 띄지 않기 때문이다.

나는 쪼그려 앉아 키 큰 마른 풀을 뒤적이며 화살을 찾았다. 아까 보온용 칼하트 오버올로 갈아입었는데, 밑단이 갈기갈기 찢겨 내 뒤로 긴 꼬리처럼 끌렸다. 네 발로 기면서 북동쪽을 보니 원래는 멀리 눈 덮인 산이 있어야 하는데 마른 풀 둔덕이 일렁거리며 시야를 가렸다. 저 마른 풀들 때문에 무성한 미루나무 사이로 반짝거리는 푸른 강물이 보이지 않았다. 여우굴 높이에서는 그와 내가 거의 같은 전망을 보았지만 그가 내 오두막에서 볼 수 있던 것은, 바위 위에서 폴짝 뛰지 않으면 대부분 풀뿐이었다. 여우와 내가 함께 산책하고 독서하면서 보낸 시간 내내 우리는 같은 연극의 배우였지만 서로 다른 무대에 있었다는 사실을 처음으로 깨달았다.

먼지와 꽃가루를 수도 없이 들이마시고 눈을 찔릴 뻔하면서 뻣

• flinch, 활시위를 놓을 때 움찔하는 현상.

빳빳한 풀 다발 사이를 누볐다. 전진할 수 없을 때도 있었다. 번치그래스 미로가 막다른 골목으로 이어지면 어쩔 수 없이 뒤로 물러나야 했다. 넓은 흙바닥이 나와 한숨 돌리나 싶었는데, 떨어진 잔가지로 위장한 세이지브러시도마뱀이 나를 뛰어넘었다. 날개 없는 풀씨도 나를 공격했다. 씨앗은 날 수 없었기에 프릴 달린 껍질을 진화시켜 털과 가죽에 달라붙었다. 나사 끝처럼 생긴 스티파 리처드스니*Stipa richardsonii* 씨앗들이 오버올에 파고들었다. 메리웨더 루이스가 "바늘과 실" 풀이라고 불렀듯, 10센티미터에 이르는 꼬리는 실처럼 가늘고 끄트머리는 바늘처럼 생겼다. 리처드스니는 말코손바닥사슴 가죽 재질의 머클럭 방한화 밑창에 마치 전문 구두장이가 박음질한 것처럼 줄줄이 박혔다. 나는 잃어버린 화살을 잊은 채 여우가 보금자리에서 샘으로, 다시 생쥐 초지로 이동하면서 부스러기를 뚫고 힘겹게 나아가는 광경을 머릿속에 그렸다.

얼굴은 산적 같고 크기는 울새만 한 회색 때까치 한 마리가 도랑 위로 고개를 내민 들장미 근처에서 울었다. 육식조 때까치는 이곳에 드물지 않았지만 오두막 가까이 온 적은 없었다. 테니스공과 달리 똑똑한 새였기 때문이다. 내게 먹이를 얻어내려고 시간을 낭비하기에는 너무 똑똑했다. 때까치들은 생쥐를 잡으면 철조망 울타리에 걸어두었는데, 그러면 생쥐 사체는 축 늘어져 팽팽한 붉은색 가죽이 되었다. 때까치가 고기를 말려 보존하는 것은 여우가 사체를 묻는 것과 같은 수법인 것 같다. 우리 여우가 달걀껍데기 박힌 커피가루를 미끼 삼아 덫을 놓는 광경을 보기 전까지는 때까치보다 기발한 포식자는 없는 줄 알았다.

물론 여우는 기발한 구석이 있었다. 하지만 회전초로 가득한 도랑을 건널 방법을 궁리해낼 만큼은 아니었다. 여우에게는 날개가 없었으니까. 게다가 계곡에는 이런 도랑이 100개는 파여 있었다. 허리케인급 폭풍이 자연의 쓰레기를 실어와 가파른 도랑에 부어넣었다. 그렇다고 도랑을 피해 다니는 건 좋은 방법이 아니었다. 탁 트여 있었기에 포식자들이 다니는 길에서 눈에 띌 우려가 있었다. 메사•를 올려다보면 끝없이 늘어앉은 여우들이 막힌 도랑을 내려다보는 광경을 마음의 눈으로 볼 수 있었다. 무수한 성난 여우들이 일제히 고개를 돌려 마치 왜 자기네 길을 청소해주지 않았느냐고 묻는 듯 쪼글쪼글한 주둥이를 내게 내밀었다.

이 점에선 호모 사피엔스가 단연 유리하다. 바람은 무엇보다 여우에게 맞지 않았다. 그는 시속 15킬로미터의 바람에도 소스라치게 놀랐다. 시속 25킬로미터의 바람은 초지를 휩쓸며 회전초를 굴려 그의 굴 입구를 막았다. 시속 30킬로미터의 돌풍은 그의 소시지 모양 몸통을 돛처럼 휘어지게 했다.

나도 바람이 싫었지만, 적어도 실내에 숨을 수는 있었다. 일상

• mesa, 꼭대기가 평평하고 주위가 급경사를 이룬 탁자 모양의 지형.

적인 시속 80킬로미터짜리 폭풍이 시속 110킬로미터를 넘는 돌풍을 동반하여 몰아쳤을 때 나는 잠을 이루지 못한 채 오두막이 흔들리는 것을 느끼고 우렛소리와 섞인 괴로운 신음과 날카로운 비명에 귀를 기울였다. 소들도 거세당할 때 비슷한 소리를 내는데, 수소가 목 놓아 울부짖으면 암소가 이에 응답하여 낮은 울음소리를 낸다. 바람소리는 때로 10분에 걸친 거세의 울음소리를 2분으로 압축한 것처럼 들렸다. 정체를 알 수 없는 쿵쿵 소리가 주기적으로 바람 불어가는 방향을 따라 지붕을 가로질렀다. 바람이 불어오는 쪽에서는 물체가 오두막에 쿵, 털썩 하고 부딪히거나 발굽으로 두드리는 듯한 소리가 무작위로 반복되었다. 아무래도 알팔파밭에 있던 소들이 허공을 날아 집에 부딪히는 것 같았다.

그런데 내 화살은? 나는 죽어서 화살 하나와 함께 묻히고 싶었다. 회전초로 가득 찬 도랑을 40분간 뒤지고도 찾지 못하자 그 화살과 함께 묻힐 수 없을 것임을 깨달았다.

해골 색깔의 회전초 뼈대를 도랑에서 집어올렸다. 산호만큼 섬세하고 큰곰 대가리만큼 큰 회전초는 내 손가락에서 빠져나와 종이 연처럼 솟구쳤다. 나는 회전초가 땅에 떨어지길 기다리지 않고 또 하나 집어 갈기갈기 잡아뜯었다. 여우가 진창을 밟으면서 흙 속으로 짓이길 수 있도록. 맨땅이 보일 때까지 회전초를 내던졌다. 지금껏 내가 여우에게 제공한 서비스로는 도랑 치우기, 잡초 뽑기, 개 쫓아다니기, 사슴 몰아내기가 있었다.

그리고 얼마 지나지 않아 고양이 쫓아내기가 포함된다.

들고양이의 살기등등한 그림자가 오두막 쪽으로 길게 드리웠다. 고양이는 살육 기계다. 아기 여우를 굴에서 잡아채 산 채로 잡아먹는다. 그럴 리 없다고? 비록 내가 현장을 목격한 것은 한 번뿐이지만, 들고양이가 조그만 새끼 여우 네 마리를 쫓아 굴속에 들어가는 걸 몇 번이나 봐야 믿겠는가? 피 묻은 고양이가 기어 나온 뒤에 얼마나 오래 기다려야, 굴속엔 딱정벌레보다 큰 것이 아무것도 남지 않았음을 받아들일 텐가? 저녁에 돌아와서 새끼들이 고양이 똥으로 변해버린 것을 발견한 암여우에게 뭐라고 변명할 것인가? 나는 들고양이가 미웠다. 놈들은 내 땅을 휘젓고 다니며 새들에게 덤벼들고 솜꼬리토끼들을 은신처에서 끄집어냈다. 그중 한 놈은 우리 집 뒷문 계단에서 새와 토끼를 잡아먹고 내장더미를 남겨놓았다. 사방이 무허가 도살장 같았다. 내가 고양이에게 차마 총을 쏠 수 없었던 건 일말의 연민 때문이었다. (그리고, 음…… 그래도 고양이였으니까.)

우리 여우는 현관 계단에서 멀찍이 앉아 고양이를 마주 보며 몸을 웅크렸다. 저 고양이는 몸집이 크진 않았지만 무척추동물, 설치류, 새, 토끼 같은 먹이를 놓고 여우와 경쟁 관계였다. 고양이는 여우와 자신 둘 다 이곳에서 남부럽잖은 삶을 영위하기에는 자원이 충분치 않다는 사실을 본능적으로 알았을 것이다.

여우의 조상들은 수천 년 전 아메리카 원주민들이 녹아내리는 얼음벽 사이를 터덜터덜 걸어올 때 함께 내려와 이곳에 정착했는지도 모른다. 하지만 그러는 내내 단 한 마리의 집고양이와도 알고 지내지 않았다. 뾰족구두를 신은 숙녀들이 잉글랜드에서 아메리카 대륙으로 고양이를 들여왔다. 고양이들이 숙녀들의 따뜻한 무릎(또는 그에 못지않게 민망한 운반 수단)에 안긴 채 미국에 도달한 것은 최근 일이다. 우리 군郡 공식 사료에 따르면, 아메리카 원주민을 제외한 이곳 최초의 정착민은 1864년에 자리 잡은 수백 명의 금광 광부들로, 아마도 고양이를 데리고 있었을 것이다(아닐지도 모르지만). 고양이는 비교적 늦게 출현했기 때문에 새, 도마뱀, 토끼 같은 먹잇감들이 회피 전략을 진화시키지 못했을지도 모른다. 내가 보기에 고양이는 정직한 포식자가 정당하게 기대할 수 있는 것보다 나은 삶을 누리고 있다.

고양이 그림자가 나를 향해 몸을 틀자 머리가 길게 늘어났다. 고양이가 울음소리를 냈다.

"여우야, 너도 소리를 내. 어서." 침묵. 마른 풀대를 스치는 산들바람조차 없었다.

나는 여우에게 쉭 소리를 내고 침을 뱉으라고 말했다. 고양이가 쉭 소리를 내고 침을 뱉었다. 여우는 나와 고양이를 번갈아 쳐다보았다. 그가 불량배 고양이를 쫓아내고 자신을 지키고 싸우는 법을 익혀 훗날 내가 곁에서 지켜주지 못할 때를 대비할 수 있길 바랐건만.

영원 같은 시간이 흘렀는데도, 겁먹은 게 분명한 여우는 사려 깊게도 몸을 사렸다. 들고양이는 여우보다 5킬로그램은 더 나갔을 것이다. 놈의 피부는 자글자글하고 여우의 피부는 팽팽했기에 확신할 수는 없었지만. 나는 여우에게 들리지 않을 만큼 나직이 말했다. "그래, 검은색이 날씬해 보이긴 하지. 온통 새까만 저 털가죽 밑에는 엄청 뚱뚱한 고양이가 들어 있는 게 틀림없어." 여우는 끗발이 낮은 카드를 가슴께 꼭꼭 감춰두고 있었는데, 이 말은 숨소리 섞인 "꽈아"를 참고 있었다는 뜻이다.

고양이는 여우에게 달려들 수 있도록 내가 비키기를 기다리고 있었다. 사실 여우를 죽이는 것은 놈에게 식은 죽 먹기였다. 하나만 예로 들자면, 주둥이가 튀어나오지 않은 평평한 얼굴은 고양이를 귀여워 보이게 하는 특징이기도 하지만 불공평한 이점을 선사하기도 한다. 고양이는 희생자의 목을 물어뜯으면서 두개골의 힘을 고스란히 발휘할 수 있는 반면에 여우는 주둥이가 길어서 악력顎力이 넓은 면적에 분산된다. 악력의 크기는 힘 나누기 면적과 같다. 고양이가 악력이 더 센 이유는 힘이 분산되는 면적이 더 좁기 때문이다. 대자연은 고양이와 여우가 싸울 때 고양이의 손을 들어주었다. 나는 그럴 생각이 없었다. 칙칙한 초록색의 포식자 유인용 호루라기를 입술에 물고서 상처 입은 토끼의 울음 같은 휘파람을 길게 불었다. 이러면 코요테가 꼬이기 십상이다. 두 포식자는 반대 방향으로 달아났다. 나는 여우가 한동안 토라져 있을 줄 알았다. 10분 뒤 그는 앞쪽 초지에서 밭쥐 냄새를 맡고 있었다. 고양이는 돌아오지 않았다.

그렇게 여우는 우리의 동맹으로부터 얻은 이익을 적는 장부에 외상 하나를 더했다. 그건 햇볕이었다. 나는 그를 야행성 삶의 제약에서 해방시켰다. 그는 먹잇감을 찾아 돌아다니는 개와 들고양이를 피해 해질녘까지 어둡고 축축한 굴속에 틀어박히는 게 아니라 풀밭을 누비며 설치류를 괴롭히고 내게 멋진 묘기를 보여주었다.

이 여름날 오후 4시 15분경 우리의 모습을 본다면, 당신은 학교를 빼먹고 땡땡이치는 중학생 두 명을 떠올릴지도 모르겠다. 한 명은 그 어떤 버젓한 일자리와도 전혀 무관한 무언가를 읽고 있고 (야행성이어야 할) 다른 한 명은 따뜻한 자갈 진입로에서 볕을 쬐며 배를 마사지하고 있다. 여우와 나는 서로의 바보짓에 공모하여 (대학생과 새끼 여우를 가르치는) 덜 즐거운 과제를 회피한 채 치킨 게임을 하고 헛소리를 읽고 드러누워 햇볕을 쬈다.

하지만 당신은 찾아오지 않았고, 그랬더라도 우리는 숨었을 것이다.

언제나 성공한 것은 아니지만. 마르코 안토니오(개 임자)가 어느 날 카메라를 가지고 들이닥쳤다. “봤어요?” 그는 우리 집을 뒷길과 가르는 자갈 언덕을 미끄러지듯 내려오면서 물었다. “저 작고 하얀 짐승 봤어요?" 깊은 몽상에 빠져 있던 나는 마르코의 목소리에 깨어 대답인지 수긍인지를 중얼거렸다.

마르코는 내가 심드렁한 것에 개의치 않았다. "저기요! 저기 봐요!" 그가 한 손으로 카메라를 들이대고 다른 손으로 내 어깨를 쿡 찌르며 말했다. "코요테예요!" 나는 시야 가장자리에서 우리 여우가 갯보리 사이로 총총거리며 축축한 초지를 가로질러 달아나는 광경을 보았다.

마르코가 다시 여우 방향을 가리켰다. 여우는 계속 달아나 이윽고 망원렌즈로도 대니얼 분• 모자와 구별할 수 없었다. "이리 와봐요." 마르코가 내게 디지털 카메라를 건네며 말했다. 햇빛이 반사되어 화면이 하나도 보이지 않았다.

"사진 근사하네요." 나는 거짓말을 더 실감나게 만들려고 격하게 고개를 끄덕였다. 한편 여우는 속도를 늦춰 걷고 있었다.

"놈은 계속 저한테서 멀어지고 싶어해요." 사라지는 여우를 쳐다보면서 그가 외쳤다. "가지 마!"

"그날 밤 제가 개들 때문에 전화했던 거 기억나요? 개들은 저 작고 하얀 짐승을 쫓고 있었어요. 반드시 저 짐승이었다는 건 아니에요. 저건 절대 아니었어요. 하지만 꼭 저렇게 생겼죠." 나는 카메라를 돌려주었다.

• Daniel Boone, 미국의 서부 개척자로, 여우 모피로 만든 모자를 즐겨 썼다.

"돌아올까요?" 마르코가 카메라를 내려다보다 이젠 800미터는 떨어진 여우 쪽으로 상체를 숙여 자동 모드 촬영 버튼을 눌렀다. "이 사진은 훨씬 나을 거예요."

LCD 화면에는 여우가 있어야 할 자리에 작은 얼룩이 있었다. "그래요. 훨씬 낫네요."

마르코는 흡족한 표정으로 나의 기묘한 물건들을 뜯어보았다. 모종삽과 뚜껑 덮은 빨간색 폴저스 커피 깡통이 내 부츠에 기대어 있었다. 분변 시료를 모으던 중이었다.

"뭔가 채집하고 계시는군요. 특별한 건가봐요."

나는 고개를 끄덕였다. 빨간색 폴저스 깡통에는 여우 똥과 항문낭액肛門囊液이 들어 있었고 채집 시각과 (가민 GPS 손목시계 덕에 대략적으로 알 수 있는) 위치가 적혀 있었다.

"정원에 옮겨 심을 공선인장이에요."

똥에는 장벽腸壁에서 떨어져 나온 세포가 들어 있는데, 과학자들은 이것에서 DNA를 추출할 수 있다. 내가 여우 똥을 채집한 것은 여우와 시간 보내는 일을 정당화하기 위해서였다. 내가 박사 과정을 밟을 때 로스앨러모스 인간유전체사업에서 인턴으로 일했다는 사실을 아는 리버캐빈스 수강생들의 제안을 따른 것이었다. 나는 실험실이 없었기 때문에 실험실이 있는 누군가에게 여우 똥을 넘겨줄 계획이었다. 똥을 받아줄 사람을 찾는 것은 똥을 채집하고 꼬리표를 다는 것에 비하면 손쉬운 일이었다. DNA

실험실에서는 언제나 더 많은 똥을 원했으니까. 미국 전역의 대학 캠퍼스에 있는 실험실마다 똥에서 DNA를 추출하고 있던 이유는 어떤 책임자도 근사한 신기술과 두둑한 정부 자금과 값싼 대학원생 노동력을 마다할 리 없었기 때문이다. 당신이 누군가의 DNA와 그들 가족의 DNA와 그들 이웃의 DNA에 대해 알고 싶을지도 모르는 온갖 이유에 대해 생각했다면, 그리고 그 어느 것도 알 필요가 없는 이유에 대해, 또는 학생과 자금을 동원할 더 나은 방법에 대해 한 번도 생각해보지 않았다면, 당신은 똥을 닥치는 대로 채집하여 DNA를 추출하고 있을 것이다.

빨간색 폴저스 커피 깡통 속에서는 케이블 모양 여우 똥이 DNA 추출을 기다리고 있었다. 그러면 실험실에서는 이 근방에서 똥을 누는 여우의 마릿수와 부모, 그 밖의 기이하고 난해한 사실들을 밝혀낼 것이다. 나는 사실들을 수집할 필요가 없었다. 생물학 연구자였으니까. 쇳조각이 자석에 달라붙듯 내가 근처에 있으면 사실들이 내게 달라붙었다. 그러면 나는 저절로 달라붙는 사실들의 쓰임새를 물색한다.

그 어떤 사실도 여우가 마르코에게서 달아났다는 사실보다 중요할 수는 없었다. 나는 그가 사람에게 길들여진 것이 아니라 나에게 길들여졌음을 알게 되었다. 왜일까? 그가 내 곁에 머문 것은 내가 달걀노른자를 줬기 때문일까? 보호해줘서? 끝없는 재밋거리를 감지했기 때문에? 어쩌면 우리가 친구가 될지도 모른다고 생각했을 수도 있을까?

폴저스 깡통에서 끄집어낸 것 중에서 이 질문에 답할 수 있는 것은 아무것도 없었다. 차라리 '여우 복지사'가 되어 도랑에서 회전초를 청소하며 자유 시간을 보내는 게 나을 것이다.

내 활대를 장식한 황록색 참나무 잎은 근사한 위장물이 되어주었다. 이 참나무가 자라지 않는다는 사실을 사슴이 발견하기 전까지는. 나는 노간주나무 가지에 주먹만 한 솔방울을 매달고서 뾰족한 연습용 화살을 겨눴다. 화살이 솔방울을 지나쳐 보송보송한 번치그래스 위쪽을 스치고 날아가는 광경을 보았다. 선명한 주황색 깃으로 오늬를 둘러싼 채 으스대듯 형광빛을 발하는 화살은 서양우엉 이삭 아래 숨겨진 흙파는쥐 둔덕 근처에서 나를 기다리고 있었다. 놀이는 놀잇감을 잃어버리지 않을 때 더 즐거운 법이다.

머리 위에서 몽골검독수리의 자매종 검독수리가 솟구치는 광경을 보니 여우가 놀러나올 때까지 칭기즈칸 흉내를 낼 수 있겠다는 생각이 들었다. 나는 화살을 들어 검독수리에게, 나의 나다움에 경의를 표했다. 멀리서 할리데이비슨 오토바이가 법적으로 유일무이한 배기음을 선전하고 있었다.* 운전자는 자외선 차

• 할리데이비슨 배기음이 특허로 등록된 줄 아는 사람들이 많은데, 실제로는 특허 등록에 실패했다.

단 풀페이스 헬멧을 쓴 채 검은 가죽 장갑을 낀 손으로 운전대를 잡고 있을 것이다. 아마도 뚱뚱하고 머리가 벗어졌으며 동승자의 팔에 붙들려 있을 것이다. 동승자는 금발로 표백한 머리가 듬성듬성하고 야한 볼연지를 덕지덕지 바른 노파일 것이다. 오토바이 소리가 계곡 아래로 멀어지는 동안, 운전자가 누구의 흉내를 내고 있을지 궁금했다.

초원종다리

여우가 방금 토끼를 잡았지만 내가 웰리스 고무장화로 선인장을 짓밟으며 초지를 가로지르는 모습을 보자마자 떨어뜨렸다.

나는 언덕 위로 눈을 들어 자갈길 반대편에 있는 사냥개를 바라보았다. 놈이 목줄을 차고 있는지 풀려 있는지 모래늪에 빠졌는지 알 수 없었지만 한 지점에서 조금도 움직이지 않았다. 800미터쯤 떨어져 있었는데, 우리 집 현관에서 아무 장애물 없이 보고 들을 수 있는 곳이었다. 나는 토끼를 잡지 못하는 사냥개에 대한 엘비스 프레슬리의 노래를 여우의 머리 너머로 불렀다. 여우는 내 앞에서 편자 패턴을 그리며 앞뒤로 겅중거렸다. 나는 여우를 무시한 채 곧장 음악적 조롱을 세 번째 반복하면서 사냥개에게 그가 토끼를 한 번도 잡지 못했고 결코 내 친구가 되지 못할 것임을 상기시켰다.

여우는 무시당하는 것을 좋아하지 않았다. 그는 토끼를 낚아채 가운데를 꽉 물어 주둥이 양쪽으로 축 늘어지게 했다. 토끼는 내가 그날 아침 돌돌 말아 짠 치약 튜브를 닮았다. 내 얼굴과 그의 얼굴이 팔 길이만큼 가까워질 때까지 고개를 숙여 양 무릎에 손을 얹었다. 여우가 내 쪽으로 몸을 기울였다. "윗입술이 늘어져 침을 질질 흘리는 저 악당 말이야." 나는 입가의 피부를 잡아당기고 고개를 흔들어 사냥개의 윗입술을 흉내 내며 속삭였다. "쟤는 절대 토끼를 죽이지 못할 거야."

여우가 토끼를 떨어뜨리고서 말했다. "꽈아."

나는 일어서서 온종일 낑낑대는 개에 대한 노래를 읊조렸다. 토끼의 비참한 몰골이 안쓰러웠지만 후렴 중간에 노래를 그만둘 순 없었다. 며칠 뒤에 보안관이 그 유기견을 포획했다.

여우와 나는 현상금 사냥꾼이 아니었다. 하지만 우리는 제각각 기념품을 챙겼다. 분앤드크로켓클럽•에서는 안개 낀 연못을 빠져나가는 그랜드티턴 국립공원의 말코손바닥사슴 사진과 사암에 새겨진 짐승 그림문자 사진 사이로 소파 위에 걸린 4×4•• 노새사슴 박제를 채점할 심사위원을 파견할 리 없었다. 저 노새사슴은

• Boone and Crockett Club, 사냥 및 환경 보전 단체로, 수렵물을 평가하여 기록을 발표한다.

•• 뿔의 가지가 좌우에 네 개씩 있다는 뜻.

보름날 새벽에 잡았다. 전날 밤 나는 눈 덮인 목장 길을 따라 6킬로미터를 터덜터덜 걸으며 내 발소리에 귀 기울이고 발굽 자국을 찾고 정면에서 연주황색 돔이 지평선을 채우는 광경을 바라보았다. 지평선 전부를. 오른쪽에서 왼쪽까지. 달돈이 말고는 아무것도 없었다. 내 머클럭 방한화 아래에서 지구가 회전하는 것을 느낄 수 있었다. 물론 지평선에서 보이는 보름달은 나머지 모든 달과 크기가 같다. (물리학자들 말로는 그렇다.) 내 앞에서 빛나는 달의 크기는 착시—마법!—였다. 내 마음이 내게 속임수를 쓴 것이다. 내가 이 속임수에서 배운 게 하나 있다. 당신이 물리학자가 아니고 대초원을 홀로 걷고 있다면 달이 어떻게 느껴지고 보이고 행동하느냐가 달의 대략적 크기보다 중요하다.

나는 사슴을 복장뼈에서 골반뼈까지 가르고 두 맨손으로 허파를 뜯어냈다. 다리를 잡아당겨 90킬로그램의 몸뚱이를 세웠다. 복강의 혈액과 꿈틀거리고 알싸한 내장이 눈밭 위로 쏟아졌다. 염통은 옆에 치워두었다. 구멍 하나가 깔끔하게 한가운데를 관통했다. 나의 아름다운 소총, 나의 06은 무릎 높이로 들쭉날쭉 자란 토끼덤불이 죄다 눈에 덮인 메사에서 검독수리가 머리 위를 날고 있을 때 200미터 떨어진 표적을 단박에 맞혔다. 나는 사슴을 내버려둔 채 가장 가까운 자갈길을 향해 걸어갔다. 설상차를 타고 메사에 올라온 농장 인부들이 나를 발견하고 내장 제거를 마무리했다. 내가 벽지가 발라져 있고 북실북실한 양탄자와 셔닐사 침대보가 깔린 방에서 하룻밤을 묵는 동안 내 사슴은 인부들의 별채에서 뒷다리가 묶인 채 매달려 있었다. 아침은 베이컨과 블랙커피로 때웠다. 나의 수확물—수사슴과 그날 잡은 암사슴—은 황록색 볼보 세단에 간신히 실어졌다. 볼보는 수사슴을 조수석에 태우고 머리 없는 암사슴을 뒷좌석에 실은 채 자갈길을 덜컹덜컹 내려가 부부 도축장으로 향했다.

도축장 가는 길에 늘어선 깃털 모양 양버들은 너비에 비해 너무 껑충했다. 나무 중에서 내가 가장 못 믿는 나무가 양버들이다. 진녹색 커버올스 차림의 남편이 밖에서 기다리고 있었다. 그는 뿔을 보호하기 위해 수사슴 머리에 누비천을 씌운 뒤 앞다리 아래쪽을 끌어안았다. 잎이 떨어지고 껍질이 너덜너덜한 나무에 한눈 팔린 채 이 나무들이 자연의 성향에 굴복하여 쓰러지면 어느 길로 달아나야 하나 두리번거리느라, 나는 남편의 중얼거리는 소리를 귀담아듣지 않았다. 수사슴 쪽으로 가보니 놈은 이미 수레에 실려 있었다. 남편은 수사슴의 다리를 손으로 움켜쥐고 손가락으로 발굽을 두드리고 있었다. 난감한 표정이었다

단박에 뭐가 문제인지 알아차렸다. 피가 모조리 빠져나가는 기분이었다. 수사슴 다리에 달려 있어야 할 사체 인식표가 보이지 않았다. 나는 애걸했다. 남편은 입술을 옥깨물고는 아들에게 가게 문을 열지 말라고 손짓했다. 그가 수렵관리인에게 신고하면 나는 수렵 면허와 나의 아름다운 .30-06 노리쇠 장전식 소총을

잃을 것이다. 하지만 신고하지 않았다가 수렵관리인에게 단속당하면 그는 가게 문을 닫아야 할 것이고 어쩌면 더 큰 불이익을 당할지도 모른다.

남편이 자리를 비운 동안 나는 캐나다 국경에서 밴을 세우는 국경경비대처럼 차를 샅샅이 헤집었다. 앞좌석 밑에 머리를 들이밀고 있는데 소년이 다가와 사슴을 뒤에서 붙잡았다. 아내가 치마 차림으로 깡통 상자를 가지고 나와 내게 쿠키를 내밀었다.

며칠 뒤 고기를 넣을 아이스박스를 가지고 찾아갔을 때 남편은 기분이 풀려 있었다. 인식표는 영영 찾지 못했다.

이만하면 스웨이드 받침대에 4×4를 올려 프레리장미 색깔의 벽에 걸어둘 이유로 충분했다.

여우가 커다란 트로피를 따냈을 때 내가 건진 건 깃털 두 가닥뿐이었다. 그날의 첫 번째 기억은 필드스코프로 바라본 그의 모습이다. 그는 400미터는 족히 떨어진 알팔파밭 저쪽 끝에 있었다. 낮게 깔린 구름이 눈부신 햇빛을 가려주었고 그는 귀중한 짐을 한 번도 내려놓거나 물어뜯거나 고쳐 물지 않은 채 오두막으로 곧장 달려왔다. 그가 줄곧 속력을 늦추지 않은 탓에 나는 전리품이 무엇인지 알아볼 수 없었다.

그가 내게서 2미터 떨어진 지점에 멈췄을 때 초원종다리의 꼬인 다리가 그의 주둥이에서 달랑거렸다. 그가 종다리를 떨어뜨렸다. 그가 종다리를 지나쳐 걸어와 앉자 나는 그를 마주 보았다.

호들갑스러운 여우를 좋아하는 사람은 아무도 없지만, 적어도 이런 중대 사건은 좀 더 역동적으로 선보일 거라 기대했다. 내가 말했다. "이건 기적이야." 그런 다음 승리를 축하하듯 팔을 들고 주먹을 쥔 채 더 크게 반복했다. "기적이라고!"

여우는 재능이 있었지만 날지는 못했다. 그가 울새만 한 새를 잡을 수 있으리라고는 생각지 못했다. 내가 그의 소행으로 의심한 봄철 파랑새 대학살은 알고 보니 북아메리카에서 가장 작은 매 황조롱이의 짓이었다. 한때 황조롱이는 근면하고 점잖은 맹금으로, 곤충을 잡아먹고 BB 조류를 사냥하여 먹고살았다. 하지만 계곡 사람들이 파랑새 둥지 상자를 도로변에 설치하자 일하지 않고도 먹을 수 있게 되었다. 이제는 보조금 혜택을 받는 파랑새들을 아침 점심 저녁 삼시 세끼 먹는다.

테니스공과 찢긴꼬리가 급강하하여, 여우가 한눈 판 사이에 사냥물을 찢어발기기 시작했다. 방치된 종다리의 꼬인 다리와 꺾인 무릎이 하늘로 솟아올랐다. 내가 싸움판에 뛰어들자 까치들이 더 몰려들었다. 우리가 싫어하는 짐승이 다 그렇듯 까치는 너무 많았다. 수천 마리는 되었을 것이다. 까치들은 내 주위를 빙빙 돌며 원을 점점 좁혔다. 보이는 것은 노란 깃털의 소용돌이뿐이었다. 여우는 좀도둑 까치와 놈들을 쫓아내려는 나의 호들갑은 안중에도 없었다.

까치들은 파란 철제 지붕으로 후퇴하여 대오를 갖추고는 긴 발가락을 처마 너머로 늘어뜨린 채 내 쪽으로 몸을 숙였다. 나는 냉장된 날달걀을 꺼내 흰 껍데기를 파란 김의털 화환에 넣었다. "네게 주는 거야." 나는 여우에게 이렇게 말하고는 눈을 맞춘 채 물러나면서, 지붕을 쿵쿵거리는 까치들의 형편없고 대중없는 아우성을 애써 무시했다.

여우는 껍데기를 깨뜨리지 않은 채 달걀을 이빨로 낚아채어 필박스언덕 아래의 올록볼록한 북쪽 초지로 사라졌다. 그러더니 몇 분 뒤 돌아와 우리 집 문간 근처에 이르렀다.

나는 종다리의 너덜너덜한 잔해를 테니스공과 찢긴꼬리에게 내어준 채 달걀을 하나 더 가져왔다. 여우는 이 달걀도 북쪽 초지로 가져갔다. 달걀 게임이 시작되었다.

그가 마지막으로 떠난 뒤 나는 1~2분 기다렸다가 달걀 두 개를 수색하기로 마음먹었다. 아마도 여우는 내가 수색하는 광경을 보고서 도전이 받아들여졌음을 알아챘을 것이다. '1~2분'이 서른 번 지났는데도 달걀 수용소의 흔적은 하나도 찾지 못했다. 20분이 더 지나 어스름이 깔리자 발밑의 선인장이 보이지 않았다. 나는 집으로 돌아왔다.

이튿날 그의 물망초 아래에 달걀을 놓아두었다. 그가 달걀을 가지고 샘을 가로질러 내달리자 부들에서 붉은날개검은지빠귀들이 푸드덕 날아올랐다. 그는 이내 우물 위쪽 언덕진 초지로 사라졌다. 그가 우리 앞들로 돌아오자 나는 달걀을 찾아나섰다. 건조한 돌투성이 초지에서는 키 큰 풀들이 자랄 수 없어서 키 작은 꽃식물이 햇볕 아래 무럭무럭 자랐다(어떤 것들은 족제비에게조차 그늘을 드리우지 못할 만큼 난쟁이였다). 전경을 둘러보니 꽃들은 바람과 물의 길을 따라 종류별로 배치되어 있었으며 그 길은 초지의 윤곽을 따라 나 있었다. 몸을 웅크려 더 자세히 들여다보니 초지의 두둑과 비탈마다 아무리 완만할지언정 물의 흐름이 휘어져 내 손만 한 정원 소용돌이가 뚜렷하게 만들어졌다. 바람은 소용돌이 속에서 자라는 모든 식물의 모양과 크기에 영향을 미쳤다. 꼬마 양치식물은 바람을 받는 쪽의 이웃들을 방풍림으로 삼았으며 결코 그것들보다 높이 자라지 않았다. 가지가 원통형이고 이끼와 비슷하게 생긴 식물인 석송이 보들보들한 파이프 클리너•로 만든 그물처럼 땅을 덮었다. 떨기나무처럼 뾰족뾰족하게 거침없이 뻗어나간 꽃잔디는 키가 두께비만 했다. 2.5센티미터도 안 되는 맨숭맨숭한 줄기에 얹힌 호두만 한 비터루트 꽃은 말라 시들어 종잇장처럼 얇은 사발이 되었다. 마른 꽃 중에 어떤 것들은 꽃대에서 떨어져나와 울새조차 숨지 못할 만큼 얕은 개울 속으로 뱅글뱅글 굴러 들어갔다. 나는 비터루트 사발을 집어 살그머니 쥐었다. 가운데 씨방을 꾹 누르자 반짝이는 검은색 씨앗들이 쏟아져 나와 난쟁이산망초의 하얀 얼굴에 주근깨를 박았다.

• pipe cleaner, 담배 파이프를 청소하는 도구로, 꼰 철사에 섬유 털을 달아 만든다.

내가 치킨 게임에서 번번이 지지만 않았더라면 종적이 묘연한 여우의 달걀을 찾느라 이렇게 시간을 들이지 않았을지도 모른다. 하지만 나는 달걀 게임에서만큼은 이겨야겠다고 마음먹었다. 그리고 만일 달걀 게임을 계속하지 않았다면 얼굴을 땅에 처박은 채 네 발로 기어 다니며 발견한 또 다른 세상을 놓쳤을 것이다. 지는 것이 이보다 유익한 적은 없었다.

다음번에 그가 게임용 달걀을 가지고 달아나자 나는 거물을 데리고 왔다. 나보다 오래되고 나만큼 평퍼짐한 인조가죽 경통 부슈널 쌍안경이었다. 그의 움직임을 추적할 작정이었다. 메모지와 펜을 가지고 창턱에 기댄 채 여우가 달걀을 가져가는 광경을 지켜보면서 "SH FT JUNPR E Well > 45 DOWN"이라고 쓰고 도표를 그렸다. 시커먼 흙에 갓 파묻은 흰색 달걀을 찾는 게 뭐가 힘들겠어? 나는 메모지를 뜯어 우물 동쪽East of the Well의 작고 뚱뚱한 노간주나무SHort FaT JUNiPeR 쪽으로 가서 45도 내리막을 따라 내려갔다. 작고 뚱뚱한 노간주나무는 잘못된 정보였다. 달걀은 내일 다시 찾기로 했다.

평온하고 화창한 날을 허비하는 법이 없는 여우는 전나무 밑동쪽으로 미끄러져 들어가 되새김질 중인 암사슴 무리를 맞닥뜨렸다. 휴식을 취하는 암사슴들 위로 희미한 수사슴 냄새가 감돌았다. 수사슴은 오줌을 누고 어디론가 가버렸으며, 암사슴들은 되새김질하는 줄 알았는데 알고 보니 잠들어 있었다. 그래서 여우는 지루함을 해소하려고 파란지붕으로 향했다.

그는 전에 묻어놓은 게임용 달걀을 파내 언덕 위쪽의 무른 흙무더기로 가져갔다. 그가 달걀을 땅바닥에 내려놓는 광경을 회오리손이 지켜보고 있었다. 거리가 멀어서 그녀가 장면을 분간할 수 있을 것 같진 않았지만, 그래도 높고 넓게—회오리손이 볼 수 있을 만큼 높이—호를 그리며 흙을 차올리는 것은 좋은 아이디어 같았다. 그는 달걀을 집어 잽싸게 딴 데다 묻은 다음 불꽃색 암여우의 사냥터로 향했다.

여우들은 규칙에 따라 영역을 관리했다. 그는 목숨을 부지할 만큼은 규칙을 지켰지만, 딱 그만큼이었다. 그는 몸이 튼튼하고 원기가 넘쳤다. 불꽃색 암여우의 영역을 침범하여 생쥐 한두 마리 가지고 노는 게 뭐 어때서? 계곡에서 가장 큰 여우인 그녀는 먹이가 더 필요하지 않았다. 그는 뒷발가락을 거위 발처럼 벌린 채 뛰어올라 고요한 공기를 갈랐다. 그러고는 살찐 생쥐 위에 연착륙했다.

그가 생쥐를 먹는 동안 배불뚝이가 성마르게 왔다 갔다 했다. 소녀가 달걀노른자 꺼내놓는 걸 또 잊어버린 것 같았다. 원한다면 그는 무성하고 뾰족뾰족한 노간주나무로 가서 줄기에 올라 뒷발을 까치발로 선 채 목을 쭉 뽑아 뚱보 까치의 둥지에 주둥이를 들이밀 수도 있었다. 그 가지들은 그의 평생 동안 그녀의 둥지를 떠받치고 있었다. 하지만 이웃의 보금자리를 건드리고 싶진 않았다. 게다가 강의 갈대밭에는 여전히 오리알이 얼마든지 있었다.

배에 힘을 주고 따가운 떨기나무 지대와 나무 울타리 가로대 사이를 구불텅구불텅 통과하는 작은 수고를 감수하면 닭을 후식으로 먹을 수 있었다. 울타리 안쪽은 넓었으며 말들은 반대쪽 끝에서 자고 있었다. 그는 바람에 삐걱거리는 닭장으로 다가가 낮게 웅크린 채 덜렁쇠 닭들이 나오길 기다렸다. 기다림이 길어지자 말들이 깨었으며 이윽고 굵은 다리와 번쩍거리는 발굽이 그를 막아섰다. 그를 발견한 말들은 힝힝거리고 땅을 박차며 공기를 흙과 거름 냄새로 채웠다. 족제비 오줌! 닭의 가격이 방금 천정부지로 뛰었다. 말의 발길질 한 번이면 여우는 오랫동안 일어나지 못할 것이다. 어쩌면 영영 못 일어날지도.

최선의 탈출 방법은 배불뚝이가 깍깍거리는 쪽으로 냅다 전력질주하는 것이었다. 과연 효과가 있었다. 그는 말들에게 막히지 않은 지점으로 달려 울타리 가로대 사이로 몸을 날렸다. 그녀가 자신을 도우려 한 것인지, 아니면 우연히도 안전한 길가에 앉아 있던 것인지 그는 알 수 없었다. 하지만 그는 위험에 처해 있었고 그녀가 부르는 소리는 친숙했다. 그는 흙길을 가로질러 파란 지붕으로 가다가 거센 바람을 피해 무작정 햇볕 드는 곳으로 나갔다. 배불뚝이가 그를 뒤따르고 있었다. 비탈의 풀은 키가 작고 연했으며 밭쥐길과 맞닿아 있었다. 산들바람이 잦아들 때마다 그는 먹잇감이 길을 따라 쪼르르 달리기를 기다렸다가 과식한 도래까마귀만큼 높이 뛰어올랐다. 경착륙은 한 번도 없었다. 배불뚝이는 세이지브러시에서 쉬면서 그가 남긴 찌꺼기를 거둬들였다. 늙고 약한 사냥꾼들은 찌꺼기를 남기는 법이 없었다. 한 번 더 뛸 힘이 있으면 그 힘으로 내장을 먹었을 것이다.

게임을 몇 번 더 하고 나자 달걀이 떨어졌다. 그래서 달걀을 회수하기 위해 나침반을 들고 방위를 조정했다. 다음번 숨은 달걀 찾기 게임을 위해 반경 400미터의 지형지물을 숙지했다. 달걀을 하나도 찾지 못한 채 돌아왔을 때 여우가 오두막에서 나를 기다리고 있었다. 그는 내 현관의 내 자리에 문을 막고 서서 분홍색 혀을 뒤집어쓴 캐나다두루미처럼 으스대며 걸었다. 테니스공은 토닉 밑동 앞에서 왔다 갔다 하며 속사포처럼 깍깍거려 못된 소녀가 그쪽으로 간다고 찢긴꼬리에게 경고했다. 나는 그녀에게 저리 가라고 소리쳤다. 나를 괴롭히면 노른자를 더 내놓을 거라 생각하는 걸까?

"네가 이겼어." 나는 여우에게 말했다. 그를 만질 수 있을 만큼 가까이 웅크리고 있었지만 만지지 않았다. 상대방이 가까이에 있거나 자신보다 작다는 이유만으로 손을 뻗어 붙잡는 사람은 없다. 그게 애완동물과 친구의 중요한 차이다. 우리 여우와 고무보아뱀의 차이이기도 했다. 나는 생쥐들이 우리 집 토대에 구멍을 뚫지 못하도록 고무보아뱀을 집어 현관 계단에 옮겨놓는 데 주저하지 않았다. "네가 이겼어." 다시 말하며 빈손 손바닥을 보여주었다.

나는 더 영악해졌다. 캠핑 의자에 앉아 낡아빠진 셔츠에서 단추를 떼며 그가 게임용 달걀을 가지고 북쪽으로—언제나 북쪽으로—향하는 것을 안 보는 척했다. 그래도 숨은 달걀을 찾은 적은 한 번도 없었다. 2년 뒤 남쪽 초지에서 김을 매다 달걀 두 알을 발견했는데, 테니스공 둥지에서 고작 몇 미터 떨어져 있었다. 왜 그렇게 가까이 숨겼는지, 왜 그녀가 달걀을 훔치지 않았는지 의아했다.

나는 지면서 겸손해졌고 게임을 하면서 날렵해졌다. 『바람과 모래와 별들』에서 생텍스는 청년기엔 우리의 미래가 찰흙처럼 말랑말랑하다고 말한다. 우리의 상상력은 계속해서 우리의 미래를 빚어내지만, 어른이 되면 우리는 사회가 만들어놓은 거푸집에 욱여넣어져 딱딱해진다. 거푸집에서 나온 찰흙은 이미 굳어버려 다시는 말랑말랑해지거나 모양을 바꿀 수 없다. 나이를 먹고 어른 중심 세상에 자진하여 편입되면서 우리의 상상력은 점점 쪼그라든다.

대부분의 사람과 마찬가지로 나는 과도한 현실주의에 면역력을 타고났다. 예닐곱 살에는 떨기나무 밀림을 무대 삼아 초록색 군인 인형들을 배치했다. 사수들은 자갈밭에 매복한 채 뿔두꺼비를 기다렸다. 내가 중국까지 굴을 팠을 때 뻔뻔한 거북이 침입했다. 나는 빨간색 케즈 신발의 이중 매듭을 최대한 서둘러 맨 다음 거북 등딱지를 양손으로 꽉 쥐고서 밀림 막사에 도로 데려다놓았다. 군인 인형들이 낭창낭창한 가지에서 거북 탱크 위로 뛰어내렸다.

나는 대학에 입학했다. 배가 불룩하고 입술이 오리 부리 같은 교수들은 허튼소리를 웅얼거리며 교정을 종종걸음으로 돌아다녔다. 대머리를 감추려고 올려 빗어 스프레이로 고정한 머리카락은 바람에 날리자 깃털 장식처럼 보였다. 닥터 수스의 책 속에 들어온 기분이었다. 대학원에서 팩트들과 교수들을 (각각) 암기하고 흉내 내는 동안 과도한 현실주의에 대한 어린 시절 면역력은 점차 사라져갔다. 과정이 끝났을 때 나는 단상에 올라가 악수하고 '박사' 호칭에 응대하고 바로잡은 진실을 잔뜩 안은 채 교정을 떠났다. 밀림은 비취 덤불이었고 뿔두꺼비는 뿔도마뱀이었으며, 근처 어디에도 물이 전혀 없었기에 군용 탱크는 거북이 아니라 땅거북이었다는 진실 말이다. 그 시점에 나는 생텍스가 (돈이 없어서가 아니라 창의성이 없다는 이유로) "소시민petit bourgeois"이라고 부르는 사람이 되다시피 했다. 나는 스스로의 길을 선택하는 게 아니라 사회가 내 몫으로 설계한 거푸집에 들어갔다. 다행히 찰흙이 딱딱해지기 전에 벗어나긴 했지만. 그러지 않았다면 결코 돌이킬 수 없었을 것이다. 샘텍스에 따르면 소시민은 영원한 고통이기 때문이다. 한번 굴복하고 나면 "자네 안에 잠들어버린 음악가나 시인, 혹은 아마도 맨 처음 자네 속에 살고 있었던 천문학자를 일깨울 수 있는 사람은 아무도 없"다.

여우와 숨은 달걀 찾기 게임과 치킨 게임을 하면서 나의 상상력이 깨어나고 현실주의—팩트만이 중요하다는 믿음—에 대한 열의가 시들해졌다. 게임을 할 때마다 정답 없는 물음을 던지지 않을 수 없었다. 여우의 인격은 어디까지일까? 우리 관계의 깊이는 얼마큼일까? 샘텍스는 창의적인 사람이 되려면 이런 질문을 던져야 한다고 말한다. 나는 이젠 과도한 현실주의에 대한 면역력을 잃었지만 여우에게 부스터 샷을 맞은 덕에 경계심을 품을 수는 있게 되었다.

내 삶에서 그의 역할이 커지면서 관계를 비밀에 부치는 것이 불가능해졌다. 제나는 내게 전화하면 수업 평가에 대해 이야기하기 전에 여우 안부부터 물었다.

"글쎄, 그가 친구인지는 모르겠지만 이제 연구하진 않고 있어요."

"그러지 못할 거라 생각했어요." 제나는 여우가 내 친구이며,

내가 그를 연구 대상으로 취급하는 동시에 그에게 공감할 수 없다는 사실을 나보다 먼저 알았다.

"중학생을 위한 새 교재를 쓰고 있어요. 자연사에 대한 거예요. 그가 집필에 도움이 돼요. 우리의 일화를 써먹고 있거든요."

그녀가 물었다. "그가 이 사실을 아나요?"

"알려야 할 정도는 아니에요. 장마다 넣진 않으니까요. 일부 장의 첫머리나 여기저기 작은 회색 상자 안에 몇 문장 적어두는 게 전부예요."

말하자면 내가 여우와 사귀는 것은 그의 사진을 교재의 쉬어가는 코너에 싣기 위해서라는 말이었다. 어쨌거나 나는 제나에게 그렇게 말했다. 이 설명은 우리 관계를 그럭저럭 요약했으며 내가 온종일 여우와 빈둥거리는 게 아니라 일(교재 집필)을 하고 있다는 사실을 강조했다. 나는 소소한 알리바이를 세우고 꽤 두둑히…… 눈을 쌓아 실상을 덮었다. 문제는 그를 '그 여우the fox'가 아니라 '우리 여우Fox'라고 부르는 바람에 눈에 소금을 너무 많이 뿌렸다는 것이다. 애초에 그를 호칭하지 말았어야 했다. 내 알리바이가 녹아서 사라지고 있었다. 나는 보지 않으려고 애썼다.

편집자들이 나의 첫 책을 방금 마무리했다. 『숲: 초록 세상*Forestry: The Green World*』이라는 중학교 교재였다. 첼시하우스 출판사는 겨울이 끝나기 전에 책을 출간했다. 책에는 내가 직접 겪은 일화들이 몇 개 들어갔지만 전반적으로 창의성이 부족했다. 이제 중학생을 위한 생물학 중심의 자연사 교재를 완성하고 싶었다. 독자가 야외에 나가서 동식물을 직접 관찰하고 싶어지게 만드는 책을 쓰고 싶었다. 나는 학생들을 가르칠 때 대학 수준 생물학 교재 수십 권을 활용했는데, 어느 책이든 학생들에게 자연사를 소개할 때 맨 먼저 화학 물질과 분자와 에너지에 대한 사실과 공식을 '교실 안에서' 암기하도록 했다. 그런 책이라면 빅터 프랑켄슈타인의 교수들이 써도 됐을 것이다.

(쉽게 관찰할 수 있는 자연 현상을 표현하려고 블라인드를 일곱 가지 색깔로 염색한) 무지개방에 앉아 자연사 교재를 쓸 궁리를 하면서 분자의 내부 구조부터 시작할 사람이 어디 있을까? 에이브러햄 링컨의 전기를 쓰면서 그의 혈액형을 논하는 것도 그보다는 논리적일 것이다. "작은 것부터 시작하라"라는 상투적 격언을 물리적 크기에 국한하라는 법은 없다. '작다'는 '단순하다'를 뜻한다. 그런데 맨눈에 보이는 것은 보이지 않는 것보다 단순하다. 게다가 분자는 작다고 말할 수도 없을 만큼 작다. 분자는 미시세계에 속한다.

미시세계에 속하는 것은 교재의 쉬어가는 코너에 실어봐야 흥미를 끌지 못한다.

학부생 때 유기체생물학자 센트죄르지 얼베르트의 에세이를 읽었는데, 그는 생명을 점점 작은 조각으로 분해하는 탐구 방법의 위험성을 경고했다. 그 자신도 같은 실수를 저지른 적이 있었다. 그는 에세이에 이렇게 썼다. "점점 작은 척도로 내려가는 여정에는 역설이 있었다. 내가 생명의 비밀을 찾다가 도달한 원자와 전자에는 생명이 전혀 없었다. 중간 어딘가에서 생명이 나의 손가락 사이로 빠져나간 것이다."

비타민 C를 발견하여 노벨상을 받은 센트죄르지가 세상을 떠났을 때 나는 학부생이었다. 2학년 세포생물학 교재에서 복사한 이 에세이는 본거지나 영구적 보관소가 없는 유목민처럼 살았던 20년 넘는 세월 동안 나와 동행했다. 나는 생명이 학생들의 손가락 사이로 빠져나가게 하고 싶지 않았다. 교재의 첫머리를 크고 단순한 이미지로 열고 싶었다. 분석은 그다음에 해도 된다. 계속 큰 채로 놔둬도 괜찮을 테고.

여우를 관찰하면서—명목상으로는 일화와 사진을 수집하면서—보내는 매분마다 그의 비언어 소통 능력에 대한 존경심이 커졌다. 이를테면 그가 자리를 뜨는 것은 끌리는 것을 향해 가고 싶기 때문이었다. 생쥐나 짝이 그를 부르고 있었다. 다른 때에 그가 자리를 뜨는 것은 내게서 떠나고 싶기 때문이었다. 이를테면 내가 무소부재한 붉은꼬리말똥가리를 관찰하는 데 정신이 팔려 그를 즐겁게 하는 일에 소홀했을 경우였다. 그는 주의 집중 시간이 짧았다. 볼거리로 따지면 여우는 결코 급강하하는 붉은꼬리말똥가리의 상대가 될 수 없었다. 나는 여우가 설치류를 잡는 광경을 수백 번 보았지만, 붉은꼬리말똥가리가 사냥에 성공하는 광경을 가까이서 본 것은 한 번뿐이었다. 그 일이 일어난 것은 내가 땅바닥에 앉아 있을 때였다. 말뚝가리가 성공하면서 나는 울새 깃털 세례를 받았고 그 흥분에 중독적 애착을 느꼈다. 이유가 무엇이든 여우는 자리를 뜰 때 땅을 탐색하든지 돌아서서 쏘아보든지 하는 식으로 먼저 내게 신호를 보냈다. 정말이다. 벙어리 여우가 나보다 더 효과적으로 의사를 전달했다. 여우는 행동과 시선으로, 언어 없이 맥락만으로 소통했다.

우리가 휴식을 취할 때 계피색 암여우가 굴에서 울면 우리 여우는 이따금 그녀를 무시한 채 쪼그려 앉아 있었다. 하지만 오래 그러진 않았다. 주둥이 밖으로 설치류 꼬리를 달랑거리며 우리 집 뒷문과 굴 사이에서 좌고우면할 때가 많았다. 고개를 양쪽으로 도리도리하면서 어느 쪽을 고를지 저울질했다. 누구나 이와 똑같은 딜레마를 매일 맞닥뜨리지 않나? 여우와 나는 언제나 의무와 자유 사이에서 줄타기를 했다. 이따금 그는 끝까지 버티다가 의무에 충실하기로 마음먹고는 마치 발이 진흙에 빠진 듯 마지못해 굴로 걸어갔다. 어느 날 저녁에는 암여우가 부르는데도 천천히 우리 집 진입로 끝까지 걸어와 그 자리에 누워 농땡이를 부리다, 그녀가 두 번째로 부르고서야 언덕 위 노간주나무 빈터로 달려갔다.

몸짓, 행동, 표정은 말보다 덜 정확할지는 몰라도 한꺼번에 구사하면 더 신뢰할 만한 소통 수단이다. 여우에게 책을 읽어주는 일에 의미가 있었던 것은 침묵과 눈 맞춤 때문이었다. 서로에 대한 신뢰를 쌓은 것은 말이 아니라 행동이었으며 우리 관계의 토대는 대화가 아니라 함께한 활동이었다. 사실 나는 사람과 있을 때보다 여우와 소통할 때 더 편안했다. 혀가 우리를 이끄는 방향과 발이 이끄는 방향이 다를 때 소통이 얼마나 힘든지를 생각해 보라.

점박이 여우

가을이 중턱에 이르자 여우의 삶이 내 삶과 어찌나 긴밀히 얽혔던지 나의 동료들은 내 안부와 여우의 안부를 두 문장으로 묻지 않았다.

나는 이렇게 대답했다. "여우는 잘 지내." 그러고는 숨을 크게 내쉰 뒤 덧붙였다. "그리고 나도 괜찮아."

제나는 "당신과 이웃은 어떻게 지내요?"라고 물었고 마사는 "당신과 친구는 어때요?"라고 물었다. 나는 문제의 소지가 있는 호칭을 무시한 채 우리가 밭쥐 구멍을 막고 흙파는쥐 둔덕을 다지고 토끼를 쫓아다닌다고 대답했다. 그때가 덥고 고요한 10월 어느 날이었다면 찬피동물인 세이지브러시도마뱀처럼 햇볕을 빨아들이는 것보다 활동적인 일은 아무것도 하지 않는다고 실토했을 것이다.

플로리다 주립대학교의 동료 학자 비에게서 여우에 대한 정보를 요청하는 이메일을 받았을 때 나는 이렇게 답장을 보냈던 것 같다.

"그의 털가죽은 꼬리가 곧은 포메라니안 같아요. 털이 서 있고 두껍죠."

"고요하고 마른 눈 위에서 종종 뛰어올랐다가 깊이 파고들어요. 비가 요란하게 내리거나 눈이 시멘트처럼 두껍게 쌓이면 노간주나무 우듬지 아래로 몸을 피해요."

"제 노간주나무에 둥지를 틀고 쓸데없이 예의를 차리는 커다란 배불뚝이 까치 때문에 힘들어해요."

비는 달걀노른자에 대해 알고 있기에 그의 털가죽에서 윤기가 나느냐고 물었다.

"그럼요. 광채가 나요. 그를 쳐다보려면 선글라스를 껴야 하죠."

나는 미덥지 않은 진흙 때문에 오두막이 내리막을 따라 미끄러지지 않도록 달걀껍데기 박힌 커피가루를 계속 뿌렸다. 여우는 커피가루를 계속 미끼로 뿌렸다. 나는 제나에게 그의 새 기술을 자랑했다.

그녀가 말했다. "고삐를 매지 그래요."

제나는 이혼녀이며 내 기준으로는 세련됐다. 많은 사람을 감독했기 때문에 머리가 빨리 돌아갔으며 실속 없는 조언을 건네느라 시간을 허비하는 위인이 아니었다. 우리가 함께 일한 3년간 그녀는 가르치는 일과 까다로운 사람 다루는 일에 대해 조언해주었다. 내가 그녀에게서 좋아하는 점은 우리 둘 다 야생의 땅을 사랑하고 돌본 경험이 있다는 것이다. 하지만 연방정부가 그녀의 땅을 빼앗았다. 정부는 사람들로 하여금 강제로 땅을 팔게 할 때 '토지 수용'을 들먹인다. 몬태나 브리저 산맥에 있는 오두막을 잃었을 때 그녀의 결혼 생활도 종지부를 찍었다. 어떤 결혼은 자녀 때문에 유지되는데, 그런 결혼은 자녀가 출가하면 깨진다. 제나의 결혼을 지탱한 것은 땅이었다. 숲이 그녀와 남편을 묶어주었다. 둘은 등산하고 스키를 타고 휴식을 취했다. 땅을 보살피고 공통 관심사를 추구하면서 미래를 그렸다. 오두막이 사라지자 결혼은 말라비틀어져 바람에 날아가버렸다. 그녀는 이혼하고서 소득이 줄었으며 결국 새 일자리를 찾아 소도시로 이주했다. 땅과의 연결 고리가 끊기자 자녀들도 뿔뿔이 흩어졌다. 나중에 그녀는 손주들과 같이 살려고 다시 이주했다.

"이웃이 당신 땅에 덫을 놓도록 할 순 없어요."

하지만 나의 '이웃' 여우에게 덫을 그만 놓으라고 할 순 없었다. 그것은 그의 취미였으니까. 물론 그에게는 치킨 게임과 달걀 숨기기, 나를 염탐하기, 영역 침범하기 같은 다른 취미도 있었다. 그의 취미가 '과해' 보인다는 데는 제나와 나의 생각이 일치했다. 여우에게 적당한 취미가 몇 개인지는 알 수 없었지만. 경험칙(더 고약한 표현으로는 상식)에 따르면, 야생 여우는 상자에 갇히지 않은 여느 짐승과 마찬가지로 먹고 번식하고 보금자리를 찾는 것으로 생물학적 임무를 다했으며, 따라서 취미가 전혀 없어도 무방했다.

블라인드를 걷고서 노새사슴의 눈을 들여다보았다. 내리 100일 동안 아침마다 나를 보았으면서도 놀란 표정이었다. 노새사슴들은 이미 나를 알고 있었지만, 눈 아래위로 또 다른 속눈썹이 있고 각각 길이가 5센티미터는 되는 바람에 기본 표정이 '놀람'이다. 문간에서 나긋나긋한 울타리 아래로 축축한 코를 밀어대던 한 살배기 수사슴은 내가 울타리로 보호하려던 아치 모양 스노베리 가지에서 열매를 빨아들이고 있었다. 1미터 떨어진 곳에서는 새끼 사슴이 스컹크용 오렌지 껍질을 먹고 있었다. 어른 암사슴들은 나를 멍하니 바라보았는데, 몇몇은 임신하여 배가 눈밭 위로 처져 있었고 몇몇은 늙어가는 등뼈가 거죽 위로 불거져 있었다.

해가 높아지면 머클럭 방한화를 넉가래처럼 꾹꾹 누르며 무릎 높이의 눈을 헤치고 언덕 위에 올라갔다. 눈은 거위 털처럼 위로 옆으로 불다, 자고새 냄새를 맡으며 뒤따르던 여우에게 내려앉았다. 알갱이가 얼음으로 코팅된 인디언밥풀 이삭이 산들바람에 흔들리는 모습은 샹들리에를 닮았다.

노새사슴 암컷이 내 앞길을 막으려 들기에(올라가는 사람에게 우선권이 있다는 건 누구나 안다) 나는 그녀에게 치킨 게임 도전장을 내밀었다. 그녀 편에서 쌍둥이 새끼와 내 편에서 여우가 지켜보는 가운데 우리 둘 중 누구도 먼저 눈을 깜박일 생각이 없었다. 내가 이겼다. 물론 한겨울에 북위 45도 해발 1800미터에서 사슴이 눈을 깜박이는 건 속눈썹이 얼어붙을까봐서다.

우리의 평화로운 산행이 아니꼬웠던지 테니스공과 청소년 까치 둘이 나타나 전나무 세 그루에 차례로 내려앉았다. 내가 속삭였다. "여우우우우우우우야. 우리 감시당하고 있었어."

물고기 비늘처럼 어른거리는 눈더미 위에 급강하한 까치들은 날개로 근사한 가리비 무늬를 깎았다. 나는 외면하려 했지만 그들의 보석 같은 광채와 무지갯빛 꼬리가 아직까지도 기억난다. 적에게 경탄하는 것은 자진해서 전의를 상실하는 꼴이다.

우리가 선 곳에서는 도로나 집이 하나도 보이지 않았다. 날이 추웠지만 아늑하고 안전한 느낌이 들었다. 교재를 쓰기 위해 여우를 관찰하고 일화를 수집하고 있다고 제나에게 말했다. 눈썹을 치켜올리며 "아직도?"라고 말하는 그녀의 목소리가 전화선으로 전해지자 나는 그를 '본보기 야생동물'로 외삽extrapolate할 작정이라고 우겼다.

"교재를 쓸 때는 이렇게 하는 거예요. 외삽 말이에요. 변칙 요소들을 제거하여 구체적 개체를 총칭적 개체의 본보기로 빚어낸다는 뜻이죠."

그가 본보기 야생동물이 아니고 심지어 본보기 여우도 아님을 상기시키기 위해 그녀는 내게 그의 덫에 대해 물었다.

그런가 하면 마사도 있었다. 여우가 나를 개처럼 따라다닌다고 그녀에게 처음 말했을 때 그녀는 이렇게 대꾸했다. "그래요. 그는 당신 친구예요."

그렇지 않았다. 당시 나는 그가 게임을 하는 것과 게임에서 이기는 것을 좋아한다는 사실과 뚱뚱하고 딱지에서 피를 빠는 집파리에 대뜸 집착했다는 사실 말고는 그에 대해 아는 바가 별로 없었다. 마사는 그의 집착을 우려하기보다는 진물이 흐르는 내 무릎의 딱지에 대해 더 걱정했어야 했다. 상처는 여우를 처음 만난 날 혼자 조깅하던 중에 검독수리를 쫓아 절벽을 오르다 미끄러져 굴러 생겼다. 하마터면 목숨을 잃을 수도 있었다. 마사는 어쩌다 딱지가 생겼느냐고 묻지 않았다. 그 대신 전에는 한 번도 내게 여우 친구가 (심지어 친한 친구조차도) 없었으며 내 무릎이, 그러니까…… 언제나 딱지투성이였다고 지적했다.

마사와 나는 공원관리청 동료이자 글레이셔 국립공원에 살던 이웃이었다. 나는 그 뒤로도 여전히 그녀의 농장 근처에 2헥타르의 숲을 소유하고 있었다. 몇 해 전 그녀에게서 산 땅이었다. 나는 뒷주머니에 들어 있는 지폐를 계약금으로 건네고 종이쪽지에 차용증을 썼다. 이자는 없었다. 잔금을 지불하고서 양도 증서를 받았다. 그녀의 땅은 플랫헤드강의 (자연경관수계법에 따른) 경관수계 유역이었다. 70년간 마사는 자연경관수계 유역인 아버지의 농장에서 살았는데, 사과밭에는 흑곰이 살았고 목초밭에는 말코손바닥사슴이 살았고 현관에는 땔나무 9코드(약 30세제곱미터)가 쌓여 있었다. 제2차 세계대전에 참전했다가 돌아오지 않은 사랑하는 형제들의 사진만 빼면, 그녀의 아버지가 죽은 뒤로 50년간 그 집에는 남자가 없었다. 나는 동물학 학사 학위를 받기 전 풋내기 시절에 동물에 대한 그녀의 지식을 누구보다 존경했다. 박사과정을 마친 뒤에도 그녀에 대한 견해는 달라지지 않았다.

마사는 나이가 나보다 훨씬 많았기에 (내가 생각하기로) 사람들이 친구보다는 상사를 대할 때와 같은 존경심으로 그녀를 대했다. 그녀는 나에 대해 무언가를 알고 있었는데, 두어 해가 지나도록 말하려 들지 않았다. 그 대신 내가 딴 사람들과 다르다는 걸 여우가 알고 있다고 줄곧 말했다. 내가 여우와 마주친 그해 봄날 우리는 그녀의 화목 난로 옆 푹신한 윙백 체어•에 흔들흔들 앉아 있었다. 우리가 퇴창 너머로 눈 덮인 소나무에 숨은 흰머리수리를 바라보는 동안 나는 그에 대한 이야기를 풀어냈다. 우리가 15년간 가리키던 그 수리를 가리키며 그녀는 내게 여우 곁을 떠나지 말라고 말했다. 나는 난로에서 들리는 트림소리와 침 뱉는 소리에 귀를 기울였으며 그녀는 나의 오랜 침묵을 양가감정으로

• wingback, 등받이가 날개처럼 펼쳐져 머리를 받치는 의자.

해석했다(실제로도 그랬다). 그녀는 여우와 내가 서로에게 속해 있다고 말했다.

여우가 뒷다리로 서서 우리 집 창문에 앞발을 댄 순간에 대해 아는 사람은 마사뿐이었다. 나는 처음으로 골담초 가지치기를 하느라 입구 쪽에 나와 있었다. 사슴들이 마구잡이로 뜯어먹은 탓에 골담초들이 햇볕을 고루 받을 수 있도록 높이와 너비를 다시 맞춰야 했다. 여우가 넘겨다보기에는 개밀 군락이 너무 높아서 그는 나를 볼 수 없었다. 몸을 위로 쭉 뻗은 모습은 야위고 불쌍해 보였다. 여우가 틀림없이 외로웠을 거라는 생각이 들었다. 그가 나를 찾고 있었으리라 확신한다. 그가 두 번째 창문으로 이동하는 광경을 보았다. 그를 놀래키지 싫지 않았기에 돌아다니면서 신기해 보이는 돌멩이를 주워 두드려 작은 소리를 냈다. 그는 창문에서 돌아서서 나를 보고는 쥐잡기를 시작했다. 그게 내가 여우에 대해 가장 마음에 들었던 것 중 하나였다. 함께 있으면서 서로 다른 일을 하는 것.

여우와의 두 번째 여름이 시작되었을 때 마사를 찾아갔는데, 그녀는 그가 교제를 원한다고 내게 말했다. 나는 영원처럼 보이는 시간 동안 혼자 살고 있었으므로, 왜 내가 혼자라고 느껴지지 않는지 모르겠다고 혼잣말을 했다. 마사는 이유를 알았을지 모르지만 말하진 않았다. 그 대신 여우의 새끼들에 대해 물었다.

"한 마리도 겨울을 넘기지 못했어요. 덩치가 작았거든요. 한 달

됐을 땐 족제비로 착각했어요."

"여우는 작아요."

"새끼 족제비인 줄 알았어요."

"새끼 여우는 그렇게 생겼을 거예요."

"알팔파밭 굴에서 태어난 새끼들은 다리가 토실토실해요. 어린 울버린•처럼 으스대며 걷죠."

이듬해 여우의 굴에서 태어나는 새끼들도 생김새와 행동거지가 족제비를 닮았을 것이다. 천방지축에다 꼼지락거릴 것이다. 안절부절못하고 제멋대로이고 유연하고 빠를 것이다.

기온이 영하 20도 밑으로 내려갔는데도, 건조하고 고요하고 화창한 겨울날이면 여우는 부지런히 돌아다녔다. 털 하나하나를 가죽에 수직으로 세운 모습이 서양우엉 이삭을 닮았다. 계곡 기슭의 철로에서 지붕 화물차가 겨울바람에 쓰러졌을 때 여우는 굴 위쪽 가루눈 쌓인 분지에서 바람을 등진 채 쪼그리고 앉아 몸을 말리고 있었다. 겨울 햇볕에 녹아 다져진 눈은 얼음처럼 단단하고 매끈했다. 여우는 갯과에 속하긴 하지만 같은 크기의 개에 비해 뼈의 밀도가 낮고 무게가 가볍다. 여우의 부메랑 모양 발바닥은 딱딱한 눈밭에 얕은 자국을 남겼는데, 가벼운 무게 때문에 바람이 불면 발자국도 좌우로 흔들거렸다. 무거운 뼈, 큼지막한 배, (여우의

• wolverine, 족제비과에 속하는 동물로, 덩치가 족제비의 두 배다.

2.7킬로그램에 비해) 9킬로그램의 무게를 갖춘 들고양이의 밋밋한 발자국은 얼음 같은 눈밭을 가로질러 똑바로 나 있었다.

여우도 나도 쌀쌀한 날씨에 가만히 앉아 있는 것을 즐길 만큼 정신 나가진 않았기에 우리의 독서 만남은 3월 초까지 취소되었다. 그 대신 밤새 눈이 내리면 일찍 밖에 나가 발자국을 점검했다. 여우는 종종 우아한 직선으로 걸었는데, 왼발과 오른발이 일직선상에 놓여 있었다. 나는 크로스컨트리 스키에서 고전적 킥턴을 할 때 비슷한 방법을 쓴다. 오른발 스키 앞코를 위로 들어올려 왼발 스키로 균형을 유지한 채 오른쪽으로 돌아, 오른발 스키를 오른쪽 방향으로 약 180도 돌려 원래 자국에 최대한 가까이 놓는다. 그러면 왼발 스키가 앞쪽을 향한 상태에서 오른발 스키는 인대가 버티는 한도까지 뒤쪽을 가리키게 된다. 그다음 왼발 스키를 들어올려 오른발을 감아 돌아 새로 길을 낸다. 원래의 두 길을 재사용하면 눈밭을 흐트러뜨리지 않고 방향을 바꿀 수 있다. 나는 눈을 어지럽히거나 내가 왔다 갔다는 흔적을 바보같이 큼지막하게 남기고 싶지 않다. 나의 깊은 스키 자국은 얼어붙어 들쥐에게는 또 다른 산이 되고 어민족제비에게는 올라야 할 능선이 되고 달리는 사슴에게는 발목을 접질릴 도랑이 된다. 나는 예의를 지키려고 노력한다. 우리가 굳이 남기는 자국은 우리 자신의 성격을 나타낸다.

한낮에 해가 나면 삽으로 눈을 치웠다. 단조로운 동작으로 삽을 들었다 밀었다 하면 몸이 따뜻해지고 차분해졌다. 물론 진입로에서 눈을 치우는 것은 내 마쓰다 자동차의 '이 녀석이 뭘 할 수 있는지 보자고' 근육을 과시할 기회와 투 도어 해치백에 허락된 소박한 허세를 부릴 기회를 포기하는 셈이었다. 늦가을에 수렵인, 퓨마 사냥꾼, 숲 레인저들이 트럭을 타고 산에서 내려오다 내가 눈 치우는 광경을 보면 손바닥을 들어 보였다. 이봐, 뭐하는 거야? 트럭을 사라고. 쳇, 트럭과 눈에 대해서라면 나도 일가견이 있다고. 그리 오래지 않은 과거에, 내가 20대이고 여전히 조수석에 기꺼이 탑승하던 때 나는 공원관리청 친구와 함께 그의 픽업트럭을 타고 기름이 떠 있는 진창길이나 시멘트 같은 눈길을 달렸다. 차량 뒤쪽은 물고기가 꼬리 치듯 했고 트럭은 엉뚱한 방향으로 미끄러지기 일쑤였다. 그는 운전대를 잡은 채 이렇게 말했다. "이 녀석이 뭘 할 수 있는지 보자고!" 우리는 흔들렸고 빙그르르 돌았고 진흙이나 눈에 휠캡•이 꽉 막혔으며, 결국 속절없이 휘청거리다 완전히 멈추고 말았다. 반경 10킬로미터 이내에 아무것도 없는 곳에서 내가 문을 열고 뛰어내리면 그는 이렇게 말했다. "거의 다 왔는데." 그는 비상등을 켰으며 우리는 그의 친구를 만날 수 있는 곳까지 걸어갔다.

나는 너무 낙천적이어서 만일 트럭을 몰았다면 무모하게 운전

• hubcap, 자동차나 전동기 따위의 바퀴 중심부에 끼우는 플라스틱 덮개.

하다 낭패를 겪었을 게 틀림없다. 그 뒤로는 조수석에 앉은 적도 손가락으로 꼽을 정도다.

게다가 진입로가 포장되면서 야생동물들이 웅덩이에 발이 빠질 위험에서 벗어났다. 노새사슴은 더 높이 뛰어다녔고 스컹크는 더 빨리 돌아다녔다. 밭쥐는 빽빽한 눈을 종종걸음으로 가로지르며 모래사장의 모래게 자국처럼 반듯하고 둥근 다이빙 구멍을 남겼다. 밭쥐들은 겨울잠을 마다한 채 초겨울 내내 발가락처럼 생긴 라일락 뿌리 사이사이에 둥지를 짓고 잡동사니로 채웠다. 밭쥐의 앞니는 여느 설치류처럼 끝없이 자랐다. 철분 때문에 이빨은 주황색을 띠었는데, 이빨이 영구적으로 자라는 탓에 놈들은 나쁜 버릇이 들었다. 그것은 쏘는 버릇이었다. 놈들은 나무를 보이는 족족 공격하여 껍질과 살아 있는 조직에 이빨을 박았다. 이리저리 쏠고 주둥이를 기울여 핼러윈 파티에서 사과 건지기*를 하듯 여러 각도를 시도했다. 눈이 더 높이 쌓이면 나무줄기를 잡고 몸통을 흔들며 장승을 깎았다. 라일락과 체리는 껍질이 얇다. 밭쥐가 껍질을 완전히 갉아먹어 밑동 쪽 체관을 끊으면 뿌리에서 잎으로 이어지는 통로가 단절된다. 양분의 흐름이 끊겨 나무는 느리고 싸늘하고 보이지 않는 죽음을 맞이한다. 한편 밭쥐들은 눈의 담요 밑에 숨어 온기를 유지했다. 나는 밭쥐가 틀어박히

* apple bobbing. 사과를 물에 띄우고 입만 이용하여 건지는 놀이.

지 못하도록 나무와 떨기나무의 눈 담요를 걷으려고 애썼다.

눈이 그치면 발자국을 따라가며 누가 배수로에 들어갔는지(솜꼬리토끼), 누가 별채 밑에서 사는지(스컹크) 점검했다. 배수로는 좁은 진입로 양쪽으로 튀어나와 있었다. 나는 UPS 기사 델버트의 타이어가 걸리지 않도록 배수로를 덮은 눈을 퍼냈다. 배수로가 눈에 막히면 진입로 끄트머리에 설치한 택배 적치장도 물에 잠길 우려가 있었다. 내가 택배 적치장을 만든 것은 델버트가 자갈길까지 200미터를 후진하면서 근심스러운 표정을 짓는 것을 하도 많이 봐서였다.

눈이 바람에 날려 쌓이면 아연 도금 철조망이 철제 T자 기둥에서 뜯어지기도 했다. 알루미늄 기둥은 철제 기둥보다 철조망을 꽉 붙들었지만 눈발이 거세면 휘어졌다. 그러면 고무망치로 두드려 똑바로 폈다. 눈보라가 쏟아진 뒤에는 떨기나무 가지도 매번 손봤다. 큰 가지가 눈 무게에 못 이겨 꺾이면 잘라내고 상처 도포제를 발랐다. 작은 가지가 꺾이면 낡은 운동화에서 뜯어낸 설포•를 덧댔다. 기온이 5도에 가까워지면 가문비나무에 물을 준 뒤 바람화상을 막기 위해 보습제를 다시 뿌려주고 새로 생긴 진입로 바퀴자국을 흙으로 메웠다.

대학원을 다닐 땐 차는 있었지만 땅이 없었다. 나는 엔진 오일

• 舌布, 신발 끈을 맸을 때 발등이 쓸리지 않도록 보호하는 부위.

을 직접 갈았다. 한 교수가 이 사실을 알고서 나를 불러내어 육체 노동은 내 전공 분야가 아니라고 말했다. 새내기 과학자는 오일을 갈지 않고 오일을 갈 사람을 고용한다는 것이 그의 설명이었다. 창피하고 얼떨떨했다. 그의 양복 앞에서 위장복을 입은 채로 나는 그의 독단에 굴복하여 차를 (축산에 친숙하지 않은 사람들이 흔히 말하듯) '서비스' 받으려고 보냈다.* 그때까지 나는 돈을 주고 엔진 오일 교환을 받은 적이 한 번도 없었다. 하지만 그 전엔 전공 분야도 없었으니 공정한 거래 같았다. 내가 머리를 긁어서 피가 나고 있는 것을 알아차리지 못했다면 그런 줄로만 알았을 것이다. 이따금 머리를 긁다가 상처가 나지 않도록 실내에서도 속장갑을 꼈다. 그런데 나도 모르게 장갑을 벗는 바람에 묽고 희멀건 피가 손가락을 적실 때가 있었다.

대학원에서는 사람들이 불안감을 느꼈다. 학생들만 그런 것이 아니었다. 한마디로 현대 생활의 행태와 터전은 진화적으로 안정적이지 않다. 금속과 플라스틱이 폐기물로 버려지고 전기 조명 때문에 별이 보이지 않는다. 10층짜리 건물은 햇빛과 달빛을 가린다. 차들이 빵빵거리고 사방에서 벨과 경보와 버저가 울려 아스펜나무 잎이 떨리는 소리조차 들을 수 없다. 지난 몇천 년간 인류가 겪은 모든 변화를 생각해보라. 너무 많다. 너무 빠르다.

* 'service'는 축산 용어로 '교미하다'라는 뜻이다.

불안하지 않으면 미쳐버릴 것이다. 그 대학촌에서 머리카락이 피에 젖은 사람은 나뿐이었을 테지만, 진화적으로 안정적이지 않은 행태와 터전에 불안을 느끼는 사람은 나만이 아니었다. 대학 교수와 박사 과정생으로 가득한 강당에 들어가 사람들을 두 집단으로 나눠보라. 한 집단은 음식, 담배, 다이어트 약, 알코올, 마리화나, 섹스, 마약, 항우울제, 항정신병제에 중독되었고, 다른 집단은 끊임없이 머리카락을 잡아당기거나 얼굴을 꼬집거나 팔에 칼자국을 낸다. 정신과 상담, 자살 시도, 텔레비전 탐닉에는 끝이 없다. 나는 그들보다 나을 게 전혀 없었을지도 모르지만 그들보다 못할 것도 전혀 없었다.

인간에 비하면 여우의 자연 서식처는 수만 년간 비교적 안정적이었다. 그들이 달리고 설치류를 사냥하고 굴을 파는 동안, 우리는 자전거와 자동차와 비행기를 타고 날음식과 익힌 음식과 (20세기 사람들은 발음하지도 못할) 가공식품을 먹었다. 예전에는 벌거벗은 채 돌아다녔으나 이제는 고어텍스를 입는다. 인류의 직업과 생활양식은 사람 수만큼 많아 보이지만 여우는 모두 대동소이한 방식으로 살아가며 1000세대를 거치도록 식단을 바꾸지 않았다. 그가 차분하고 작은 짐승이었던 것은 놀랄 일이 아니다(강풍이 불 때만 빼고). 여우와 어울리는 것은 긴장을 푸는 나만의 비법이 되었다. 여우와 할 수 있는 일은 무엇이 있을까? 놀기. 햇볕 쬐기. 달빛 아래 걷기. 앉아서 재미있는 책을 읽기. 두피에서 피가 멎었다.

바람 부는 날 딱새들이 화장실에 몰려들면 나는 그가 올 거라 기대하지 않았고 그는 오지 않았다. 고지대 분지에 머물며 생쥐와 밭쥐를 덮쳤다. 그래도 수업 쉬는 시간마다 그가 도착하지 않을까 이 창문 저 창문 점검하는 습관은 지켰다. 인터넷 강의와 토론 수업을 하고 나면 여우와 시간을 보냈을 때 못지않게 힘이 났다. 고급생태학 수업을 듣는 학생 하나가 내게 편지를 보내어 자신의 알래스카 군사 기지에 자주 찾아오는 붉은여우에게 음식물 찌꺼기를 줬다고 했다. 그는 당시 젊은 군인이었고 지금은 세련된 대학생이었다. 수업 참고 자료 중에서 여우에게 먹이 주는 일에 죄책감을 유발하는 내용이 있어서 내게 털어놓으려고 편지를 쓴 것이었다. 죄책감은 내 강의 때문이 아니라 에세이 과제를 위해 온라인에서 조사하다가 생긴 것이었다. 그 자료가 어떤 연구인지 구체적으로 언급하지 않았지만, 당시 미국 문화를 적극적으로 수용한 사람이라면 얼마든지 그런 분위기에 물들 수 있었다. 상자에 갇히지 않은 짐승에게 먹이를 주는 것은 지탄받아 마땅한 일이었다. 나는 왜 그런지 알 수 없었으며 판단을 내릴 만큼 그의 군사 기지에 대해 잘 알지도 못했다. 하지만 나는 학생들을 사랑했다. 그러니 나라를 위해 복무하다가 잠깐 짬을 내어 남은 전투 식량을 여우에게 나눠주는 학생을 사랑하는 것은 얼마나 쉽겠는가?

요즘은 알래스카 군사 기지에 서식하는 여우에게 남은 음식을 먹여도 된다고 생각하는 사람이 거의 없다. 한 가지 이유는 자연적이지 않다는 것이다(적어도 남은 음식을 음식물 쓰레기통에 던져넣는 것만큼 자연적이진 않다). 21세기에는 누구나 모든 것이 자연적이길 바란다. 의약품, 교통, 에너지, 통신, 텔레비전, 주름살, 휴대전화, 나쁜 시력, 약한 심장, 닳은 무릎, 납작한 가슴, 처진 엉덩이, 실내 온도 같은 몇 가지 예외만 제외하면. 우리 인간이 인공적 장난감과 도구를 애지중지하고 폴리프로필렌, 고어텍스, 나일론 플리스를 입고 (75세 이상인 사람이라면 누구나) 틀니, 교정기, 스타틴, 백신, 다이어트 약, 보청기, 심장 박동 조율기를 이용할수록 상자에 갇히지 않은 짐승이 자연적이어야 한다는 신념은 정반대로 커진다. 마치 한쪽에 인간이 있고 반대쪽에 야생동물이 있는 시소를 탄 것처럼 우리는 자연적 삶에서 멀어질수록 야생동물을 자연적 삶 쪽으로 억지로 몰아붙인다. 동물에게 자연적 삶을 강요하면서 대리 만족을 느낀다.

나는 제대 군인 학생에게 걱정하지 말라고 답장을 보냈다. "수천 년간 사람들은 여우에게 먹이를 줬어요." 농담 삼아, 그리고 그가 훌륭한 에세이를 썼기에 이렇게 덧붙였다. "여우가 왜 그렇게 귀엽다고 생각하세요?"

내가 쓰는 교재에 곁들일 일화가 필요했기에 나는 '진지 모드'로 전환하여 다윈 자연선택 이론의 가설적 사례를 궁리했다. 여우가 늑대, 코요테, 퓨마, 아메리카스라소니 같은 대형 동물로부터 보호받고 싶어한다고 가정했다. 인간의 환심을 사면 그런 보호를 받을 수 있다. 하지만 어떻게 환심을 산다? 여우는 몸집이 작아서 집을 지키거나 짐을 나를 수 없다. 일짐승으로 요긴하게 쓰일 만큼 고분고분하지도 않다. 우리가 던진 물건을 물고 오지도 않는다. 여우가 한눈팔지 않고 양을 몰려고 할까? 지루해서 죽을 것이다.

귀여움과 쥐 잡는 능력이야말로 여우의 장기인지도 모른다. 어쩌면 매력적인 외모로 사람들의 환심을 산 여우들은 더 배불리 먹고 더 안전하게 지내고 더 오래 살 것이다. 물론 그것은 양방향 도로다. 먹이와 보호를 원하는 동물은 사람 대하는 태도를 바꿔야 한다. 너무 공격적이어도 너무 숫기가 없어도 사람의 마음을 사로잡을 수 없다. 가장 온순한 여우들은 야생성과 자립심을 버리고 귀여움을 담보 삼아 사귐, 먹이, 보호를 얻는다. 잘 먹고 오래 살게 되면 새끼도 더 많이 낳을 수 있다. 달리, 즉 다윈 식으로 말하자면 길들여지기에 알맞은 특질을 지닌 동물은 적합도가 크다. 따라서 미래 세대는 길들여지기에 알맞은 특질을 물려받는다. 귀엽고 온순한 여우가 못생기고 사나운 여우보다 흔해진다.

여우는 소심하고 겁이 많아서 사람들과 부딪히는 일이 드물다. 사람을 맞닥뜨리면 으르렁대거나 달아날 것이다. 대부분의 사람들도 야생 여우를 만났을 때 똑같이 행동한다. 하지만 벨랴예프 박사의 발견에 따르면, 소수의 여우는 인간과의 교류를 원하는 유전적 성향을 타고났다. 나는 우리 여우가 그런 동물이었다고 생각한다. 사람과의 교류를 원하는 여우가 소수에 불과하다면 여우와의 교류를 원하는 유전적 성향을 타고난 사람도 소수에 불과할 가능성이 있지 않을까?

물론 유전적 성향이 영영 드러나지 않을 수도 있다. 어떤 일을 할 수 있는 유전자가 있다고 해서 반드시 그 일을 하는 것은 아니니까. 이를테면 지능이나 창의성이나 운동 능력의 유전자가 있어도 식량, 물, 집처럼 생존에 꼭 필요한 것들이 없으면 소용이 없을 수 있다. 그 유전자들은 발현되지 않은 채 우리의 말랑말랑하고 동글동글한 세포핵 안에 욱여넣어져 언제라도 튀어나갈 수 있도록 준비하고 있다가 운과 상황이 맞아떨어질 때만 활성화된다.

알래스카 제대 군인과 여우에 대해 이야기하면서 어색한 분위기가 한결 부드러워졌다. 나는 다른 학생들과도 여우에 대해 이야기하기 시작했다. 붉은여우는 사람이나 까치처럼 전 세계에 서식한다. 나의 일본인 학생들은 여우를 유난히 좋아하는데, '여우'를 일본말로 발음하는 법(기쓰네狐)을 알려주었다. 1000년 된 신사와 여우를 모시는 승려에 대한 이야기에 귀를 기울이면서 나의 세상이 점점 아늑해지는 걸 느꼈다. 온라인 수업을 듣는 학생들은 어릴 때나 청년 시절에 메인과 인디애나에서, 시골과 휴가지 숙소에서 야생 여우를 만난 이야기를 들려주었다. 부모는 여우를 만나면 도망가라고 했지만, 사람과 여우의 관계에 대한 학생들의 관심에 고무되어 나는 집필 중인 교재에 넣을 심심풀이 읽을거리를 썼다. 자연선택을 이해하는 데 도움이 될 만한 이야기였다.

한 남자가 송어 한 바구니를 들고서 쌀쌀한 동굴에 들어선다. 동굴 벽은 숯 검댕으로 새까맣다. 아내가 안에서 소나무 가지를 꺾어 진흙 화덕에 던져넣다가 갑자기 가지 하나를 화덕에서 끄집어낸다. 나뭇가지의 잿빛 껍질 조각 사이로 사람 눈알만 한 연분홍색 구슬 두 개가 볼록하다. 말랑말랑한 고체 분홍콩점균은 태워버리기엔 너무 아름답다. 그녀는 수영 말리는 바구니를 얹어둔 너럭바위에 예쁜 가지를 올려놓는다.

이 가족의 잠자리는 풀을 엮어 만든 멍석인데, 말코손바닥사슴 가죽을 꼬아 만든 끈으로 나무 들보에 매달았다. 어느 날 밤 들쥐 한 마리가 동굴 벽의 턱을 따라 달리다가 가죽끈 아래로 미끄러져 내려와 잠자는 여자의 머리에 뛰어내린다. 생쥐는 둥지를 지을 갈색 털을 모으고는 여자의 이마에 숯검댕 발자국을 남긴다. 이튿날 밤 생쥐는 친구와 가족을 데리고 돌아와 털을 더 수집한다.

이 사건은 분홍콩점균을 발견한 것만 빼면 특이할 것이 없다. 아고산대 초지에는 수십 개, 이내 수백 개의 숯검댕 벽 동굴들이 점점이 들어서고, 그곳엔 따뜻하고 털이 긴 사람과 차갑고 임신한 생쥐가 깃든다.

몸통 가운데에 검은 얼룩이 난 흰여우가 가까운 솔송나무 숲 앞을 지난다. 그녀 위쪽으로 계곡이 자리 잡았는데, 흰색 화강암에 고인 호수에서 물이 넘쳐 개울이 숲을 지나 흐른다. 점박이 암여우가 고개를 가슴 쪽으로 숙여 검은색, 회색, 황금색, 노란색, 불꽃색, 황갈색, 흰색의 새끼와 사촌들이 개울가에서 노는 광경을 바라본다. 날렵한 여우들은 느림보의 등을 타 넘는다. 흰여우는 겨울 족제비처럼 검은 반점이 있다.

한편, 동굴에서는 사람 머리에 붙어 있는 것보다 더 수북한 머리카락이 갓 태어난 생쥐를 감싼다. 생쥐는 따뜻하다. 그리고 사람들은 애초에도 털이 별로 없었는데 이젠 더 없어진다. 이것은 보기만큼 사소한 일이 아니다. 사람은, 심지어 수렵채집인조차 털을 애지중지한다.

어느 날 숲의 점박이 암여우가 우연히 동굴 앞을 지나다 생쥐들이 웃는 소리와 동굴 벽에 무언가 울려퍼지는 소리를 듣는다. 사람들이 생쥐에게 돌멩이를 던지고 있다. (돌멩이는 매번 빗나간다.) 그녀는 동굴 입구로 다가가서 싸늘한 돌바닥에 몸을 웅크렸다가 어질어질 기어 나오는 생쥐를 덮친다.

사람들은 여우가 생쥐를 죽인다는 사실을 알고서 먹이와 보금자리를 제공하여 여우들을 동굴 속으로 끌어들인다. 이윽고 많은 여우가 많은 동굴에 살면서 해넘이와 해돋이와 별을 사람들과 함께 바라본다. 사람들은 다시 한번, 털북숭이까지는 아니더라도 적어도 대자연이 애초에 의도한 만큼 풍성한 털을 간직한다.

여러 세대가 지나자 인간 곁에서 자는 여우들은 대부분 검은색과 흰색이 섞여 있다. 나머지 색깔은 너무 공격적이거나 너무 수줍어서 사람들과 함께 동굴에서 자지 못하는 여우들에게서만 나타난다. 인구가 증가하여 새 영토로 퍼져나간다. 여우도 마릿수가 증가하여 사람들의 움막을 둘러싼 작은 숲의 나무 위에서 휴식을 취한다. 여우들이 낮은 가지에서 잠자면 어리고 연한 가지들은 해먹처럼 휘어진다.

세월이 지나 사람들은 더 튼튼한 집을 짓고 모퉁이에 스트리크닌을 뿌리고 냉장고 뒤에 쥐덫을 놓는다. 여우를 지켜줘야 할 이유가 줄어든 데 반해 죽여야 할 중요한 이유가 하나 생겼다. 바로 털가죽이다. 점박이 여우가 가장 먼저 사라지는데, 그 이유는 가장 온순해서 미끼로 꾀어 덫으로 잡기가 가장 쉽기 때문이다. 여러 세대가 더 지나면서 야생 점박이 여우를 보거나 들은 기억을 가진 사람은 모두 사라진다.

적어도 숲 하나에는 해먹 가지들이 남아 있다. 그 숲을 따라 잿빛 봉우리들이 늘어선 협곡이 있다. 협곡은 눈이 예리한 짐승이라면 건너편 숲을 내다볼 수 있을 만큼 좁지만, 하도 깊어서 협곡 속을 나는 새들만이 바닥을 볼 수 있다. 숨을 헐떡거리는 흙투성이 과학자 하나가 봉우리 뒤에서 나타나는데, 기다란 안테나가 달린 금속 상자를 가지고 있다. 그가 걸음을 내디딜 때마다 삐 소리와 함께 화면의 숫자가 번득이며 값이 달라진다. 그는 나무들이 죽은 채 서 있는 유령 숲을 마주 보고 서 있다. 낮은 가지들이 해먹처럼 완만하게 휘어져 있는데, 연마한 듯 표면이 반질거린다. 과학자는 공책을 꺼내 (세균 감염에 대한 생리적 반응인) 옹이가 가지를 뒤틀어 휘게 했다고 적는다. 그는 현장 연구자용 숙소에서 라이터를 꺼내 난로에 불을 붙인다. 불을 피우다 나무토막 하나를 따로 치워둔다. 얇은 껍질의 가지에 분홍콩점균의 연분홍색 구슬이 볼록 튀어나와 있다. 가지는 태우기에는 너무 부실하다. 그는 밖에 나가 쓸모없는 나무토막을 협곡에 내던진다.

깊은 숲속, 누구의 시선도 닿지 않는 먼 곳에서 새까만 새끼 여우 한 마리가 해먹 모양 가지에 등을 긁고 다리를 꼬고 웃음을 터뜨려 숲의 모든 새끼들을 웃게 한다. 과학자가 소리를 듣는다. 바람소리겠지. 그는 공책에 중요한 숫자를 몇 개 적는다. 그는 마음의 장난에 휘말리지 않는다.

애석한 일이다. 인간의 정신이 습득한 모든 기술 중에서 장난치는 것이야말로 가장 중요한 기술이니까.

말코손바닥사슴과 오소리

4월 하순. 보관용 상자를 헛간에서 꺼내 두 겹 양모 발라클라바, 스키용 멜빵바지, 거위털 장갑, 안감 댄 각반 같은 한겨울 의류를 집어넣고 (9월 중순까지 입을) 안감 댄 캔버스 오버올, 양모 야구 모자, 손모아장갑, 안감 없는 각반을 꺼냈다. 이곳에 사계절이 있는 척할 수도 있었지만 생활과 복장을 (여우처럼) 두 계절에만 맞추는 게 더 간편했다.

당신은 사람들이 1년 내내 기후가 온난한 지역을 찾아다닐 거라 생각할지도 모르겠다. 지금 당신의 머릿속엔 푸른 바다 사이사이로 흩뿌려진 새하얀 모래사장과 예술적으로 배치된 초록 식물이 떠오를 것이다. 하지만 생텍스는 그렇게 생각하지 않았다. 사막에서 오랜 시간을 보낸 그는 "인간은 어떤 땅보다 메마른 땅에 더 고집스럽게 애착을 느낀"다고 결론 내렸다.

나는 대학원에서 사다리 모양으로 생긴 분자인 DNA를 연구했다. 잘 볼 수 있도록 '가로대' 사이의 분자들에 염료를 집어넣었다. 이 과정은 층간삽입intercalating이라고 불린다. 하지만 염료는 꼭 들어맞지 않는다. 가장자리가 흐릿해지고 DNA와 염료 사이에 틈새가 벌어진다. 안락한 거주지에서는 사람들이 자리를 잡고 폭 파묻히고 꼭 들어맞을 수 있지만 혹독한 기후에서는 층간삽입이 고작이다. 이렇듯 어설프게 맞춰져 있으면 스트레스 때문에 아드레날린이 치솟는다. 생텍스와 동료 조종사들은 지구상에서 가장 인기 있고 인구가 많은 거주지들을 둘러보았으나 가장 혹독한 지역에서 "어디서도 알 수 없었을 기쁨"을 발견했다. 기쁨은 아드레날린에 의해 촉발되는 감정이 틀림없다.

여우와 내가 거주한 사막 같은 땅은 연간 강수량이 250밀리미터에 불과했으며 걸핏하면 세찬 폭풍이 몰아쳤다. 사막에 버금가는 우리의 땅은 춥고 고지대에 있었으며, 고비 같은 진짜 한랭 사막처럼 건조하지는 않을지라도 9월 초부터 5월 중순까지 하루에 한 번 이상 서리가 내렸다. 눈이 꽤 많이 내렸지만 대부분 너무 건조해서 지독한 가뭄을 달래기엔 역부족이었다. 가장 건조한 눈 50센티미터를 짜봐야 물 1센티미터를 얻는 게 고작일 것이다. 바람은 마른 눈을 치뜨려 마구잡이 패턴으로 재배치하고는 바싹 마른 흙, 얼음장 같은 눈 시렁, 허리 높이의 눈더미를 남겼다. 산성도가 놀랄 만큼 높은 진흙은 눈 밑에 숨었다. 물은 젖은 진흙에서 빠져나오거나 마른 진흙을 적실 수 없었기 때문에, 식물과 나무의 뿌리는 마르거나 물에 잠기거나 둘 중 하나였다. 우리의 염기성 진흙에서 자라는 식물은 매우 드물었으며 잘 자라는 것은 거의 없었다.

여우를 만나기 전까지만 해도 나는 탈출을 계획하고 있었다. 집, 신용카드, 나이와 성별에 걸맞은 직업 등 내가 가져본 적 없는 모든 것이 상상 속 어느 도시에서 내게 손을 흔들고 있었다. 오두막은 목적지에 도착하기 전에 잠깐 들르는 곳이었다. 사회의 변두리에 버티고 선 채 황무지에서 진짜 세상으로 스스로를 끌어올리는 동안 머물 곳으로만 여겼다. 나는 여전히 침낭에서 잤으며 오두막은 예전의 오지 숙소만큼 작았다. 가구를 모조리 치우고 문을 전부 닫아도 나의 Ve24 텐트 여섯 개를 간신히 욱여넣을 수 있을 정도였다(무지개방에 네 개, 아래층에 두 개).

옷을 다시 포장한 뒤에 오래된 서류를 보관용 상자에 정리하고 대학의 고용 계약서, 급여 명세서, 고지서, 사회보장 번호가 적힌 모든 것을 표백제 푼 욕조에 들이부었다. 다음날 왕복 25킬로미터를 걸어 저 수상해 보이는 종이 곤죽을 '초록색 상자'('폐기물 매립장'을 완곡하게 일컫는 우리 계곡의 표현)에 버렸다. 신용카드나 직불카드가 없는 극소수 미국 성인의 신원 따위를 절도범이 도용할 리 없다는 사실을 미처 몰랐기 때문이다.

오두막 뒤에서는 개밀이 바람 부는 날 으레 하던 일을 하고 있었다. 즉, 얕은 바다의 파도처럼 북쪽 언덕 위로 일렁거리고 있었다. 나는 해를 향한 채 눈을 감고 기다려봤지만 잔털 하나 흔들리지 않았다. 풀의 파도가 이루는 물결은 들판처럼 펼쳐진 말코손바닥사슴으로 바뀌었다. 수십 개의 텁수룩한 갈색 목덜미가 파란 하늘을 배경으로 굽이쳤다. 말코손바닥사슴 무리는 고통스러운 겨울을 보내고 있었을 것이며 새끼를 밴 지친 암사슴들도 무리에 있었을 것이다. 무언가에게 쫓기지 않을 때 말코손바닥사슴이 저런 상태에 놓이는 것은 바닷물이 100미터 언덕 위로 솟아오르는 것만큼이나 드문 일이었다. 나는 개가 짖거나 으르렁거리는지 귀를 기울이고 독수리가 있는지 하늘을 살펴보았다. 아무것도 없었다. 고요는 퓨마를 암시했다.

퓨마일까?

대형 고양잇과 동물은 실용주의자이기에 텁수룩한 짐승 수백 마리를 언덕 위로 모느라 에너지를 허비할 리 없었다. 사실 말코손바닥사슴을 몰 만큼 무모한 야생동물이 있으리라고는 상상할 수 없었다.

그가 꼬리를 쳐들었다.

"여우야?"

여우 한 마리가 로키산맥말코손바닥사슴 100마리에 둘러싸여 있었다. 어른 사슴 한 마리 한 마리가 그보다 0.25톤은 더 나갔다.

"너 정신 나갔니?" 내가 평상시 목소리로 말했다. 그래도 여우에게는 꽤 크게 들렸을 것이다. "말코손바닥사슴이 얼마나 무거운지 알아?" (내가 수사의문문을 쓴 것은 여우가 대답할 수 없기 때문이었다.)

그는 여남은 걸음 만에 나와의 거리를 2미터 이내로 좁힌 다음 멈췄다.

"꽈아."

그는 내가 적어도 380일에 걸쳐 이야기하는 소리를 들었다. 우리의 모의 대화는 대체로 오랜 시간 동안 진행되었다. 그리고 오늘, 말코손바닥사슴 다리의 장막이 우리를 가른 상황에서 그가 처음으로 내 목소리를 알아들었다. 나는 달걀 모양의 흰색 돌멩이를 집어든 채 뒷문 계단에 앉아 우리의 기념비적 순간을 음미했다. 이제 그는 내 목소리를 알아듣는 극소수의 명단에 올랐다.

여우가 내 겉모습을 알아본다는 사실은 오래전부터 알고 있었다. 내가 진입로나 북쪽 초지를 걸으며 팔을 머리 위로 쳐들어 몸을 크고 두드러져 보이게 할 때마다 그가 나타났다. 그는 단지 자신이 사람으로 인지한 누군가에게 다가오는 것이 아니었다. 그는 마르코를 비롯하여 내 땅에 들어온 다른 사람들에게서 다섯 번 달아났는데, 그중 넷은 체구가 나만 했고 셋은 여자였으며, 아무도 내가 아니었다. 여우는 자신의 영역에서 벌어지는 모든 일을 예의 주시하고 있었기 때문에, 그가 가까이 있다는 생각이 들

때마다 내가 브라우니만 한 돌멩이로 현관의 나무 계단을 두드려 작은 소리를 내면 어김없이 나타났다. 나는 언제나 내가 그를 속여먹는다고 생각했다. 하지만 그의 인지 능력에 대한 편견을 대부분 벗어버린 지금은 그가 숨은 달걀 찾기 놀이를 하려고 찾아왔다는 생각이 든다.

그는 몸통을 비틀고는 우뚝 선 말코손바닥사슴 목덜미의 텁수룩한 갈색 크루 컷*이 예전에 맨땅이던 언덕을 덮은 광경을 올려다보았다. 말코손바닥사슴의 기다란 얼굴들이 일제히 뒤로 돌아 우리를 쳐다보았다. 내가 여우와 책을 읽기 시작한 지는 1년이 지났으며 그는 전혀 커지지 않았으면서도 더 용감해졌다. 예전에는 노새사슴 한 마리에도 겁먹었지만 이제는 말코손바닥사슴을 몰아붙이고 있었다. 어쩌면 우정이 그를 대담하게 했는지도 모르겠다. 우정이란 원래 그런 것 아닐까 하는 생각이 들었다.

적갈색 동부솜꼬리큰토끼가 비탈의 천연 테라스로 올라가 돋은 지 며칠밖에 안 된 연하고 보송보송한 풀을 뜯어먹었다. 저 커다란 토끼가 들고양이를 피할 수 있다면 북쪽을 바라보는 (결코 완전한 초록이 되지 않는) 이 초지에서 자갈길 건너 어렴풋이 덜 갈색인 초지로 넘어갈 수 있을 것이다.

여우는 사진발이 잘 받는 갯보리 다발에 목을 비비고 있었다.

* crew cut, 활동적인 남성의 매우 짧은 머리 모양으로, 선원들의 머리 모양에서 유래했다.

댕기 머리 모양 이삭들이 그의 머리에서 50센티미터 위로 뻗은 장면은 교재에 실을 사진으로 안성맞춤이었다. 하지만 카메라를 가지러 달려가지 않고 기다렸다. 여우의 나머지 모든 사진은 마치 그가 가족인 것처럼 내 삶에 녹아들었다. 사진 두 장이 꽂힌 가죽 사진첩이 펼쳐진 채 책꽂이에 세워져 있었고 여우의 사진을 넣은 자석 액자가 냉장고와 전열기에 붙어 있었으며, 프레리장미 방의 개잎갈나무 서랍장 위에는 무광으로 인화한 36×40센티미터 사진이 나무 액자로 걸려 있었다. 교재에 넣을 사진을 몰래 찍는 것은 이젠 부자연스러운 일로 느껴졌다. 당신 같으면 허락을 구하지 않고 다른 사람의 사진을 찍겠는가? 그 사람이 친구라면? 여우와 함께 책을 읽은 1년간 나는 과민해지지 않았으면서도 더 예민해졌다.

사진 설명에는 뭐라고 써야 할까? (사진에는 설명을 꼭 달아야 한다.) "이것은 여우입니다"라고 할까? 여우는 계획의 동물이지만, 사진사 앞에서 포즈를 취하는 것은 결코 우리 여우의 계획이 아니었다. 그래서 스코틀랜드의 어떤 시인*은 인간의 계획 능력을 여우가 아니라 생쥐에 빗댔으며, (여우가 아니라) 우리의 "만반의 계획"이 종종 틀어진다고 말했다. 우리 여우를 삽화 사진으로 쓴다는 아이디어는 매일 그와 시간을 보내기 위한 알리바이가 되었

• "생쥐에게 To a Mouse"를 쓴 로버트 번스.

다. 그것은 내 삶에서 계획에 따라 진행되는 유일한 사건이었다. 물론 실현된 나쁜 계획은 좌절된 좋은 계획보다 불운한 법이다. 이제 내겐 또 다른 예쁜 사진이 필요했고(이것은 쉽게 얻을 수 있는 것이었다) 새로운 알리바이가 필요했다(이것은 그렇지 않았다).

돌멩이가 우르르 떨어지는 소리에 정신을 차리고 보니 작은 무리의 노새사슴들이 한 줄로 서서 험준한 절벽을 따라 서쪽으로 올라가고 있었다. 토끼가 토끼덤불 속으로 물러났다. 여우가 따라갔다. 그의 수월한 삶에 샘이 났다. 내 말은 그의 삶이 더 수월했다는 게 아니라 그가 더 수월하게 살아갔다는 뜻이다. 그는 혼자서 보내는 시간이 별로 없었다. 그는 온갖 종류의 친구를 사귀었다. 가장 눈에 띄는 친구는 까치 테니스공이었다. 찢긴꼬리, 새끼들, 암여우, 나이 든 수여우와도 시간을 보냈다. 그에게는 취미도 있었다. 아마도 생리와 유전이 어우러져 생겨난 취미들일 것이다. 아닐지도 모르지만, 우리가 만났을 때 그의 취미가 나보다 많았다. 나는 식량과 주거를 위해 일하고 식량과 주거에 대해 걱정하는 데 그보다 많은 시간을 썼다. 나의 자유 시간은 취미가 아니라 내가 추구하고 싶지 않은, 또한 내가 살고 싶지 않은 장소에 있는 '진짜 일자리'를 위한 미완의 구직 신청서를 쓰는 일에 허비되었다. 나의 취미는 걱정하기였다. 어른이 된 지금은 어떤 사람이 되어야 하는지 걱정했다. '기착지'에 적정 시간보다 오래 주소를 둔 지금은 어디에 진짜 집을 마련해야 하나 걱정했다. 여우를 바라보면서 보내는 시간이 길어질수록 걱정하는 시간이 짧아졌다. 그가 여기 사는 한 이곳을 떠나지 않을 작정이었다.

여기저기 흩어진 바위 쪽으로 내려가 어수선하게 널린 구멍들을 들여다보며 늙은 오소리가 올해 새끼를 낳았는지 살펴보았다. 지난봄 새끼 오소리 한 마리가 보송보송한 머리를 굴 입구 밖으로 내밀며 마치 화산이 분출하듯 우르르 소리를 냈다. 놈의 몸은 내 손안에 폭 들어올 만큼 작았을 테지만, 족제빗과에 속하는 이 영리한 작은 짐승은 머리 말고는 아무것도 더 보여주지 않았다. 새끼 오소리의 몸이 털뭉치에 지나지 않는다는 사실을 모르는 사람은 거대한 귀와 나비너트 모양 머리와 지축을 흔드는 포효에 현혹되어 놈을 땅속 거인 트롤*로 착각할지도 모른다. 하지만 새끼 오소리가 해롭지 않다는 사실을 안다면, 놈의 감청색 눈이 얼굴에 비해 너무 크고 그 미소가 슬픈 노인의 미소처럼 축 처져 있다는 점이 눈에 들어올 것이다. 오소리는 익살스러운 얼굴과 다정한 태도를 가졌지만, 놈들이 보금자리로 선택하는 곳은 대부분 대형 족제비들이 자기네 마당에 길이가 250센티미터 신발만 한 흙투성이 구멍을 파지 않는 곳이다. 살기 힘든 장소에 악착같이 달라붙어 사는 우리가 사람들을 피하는 이유는 사람들을 좋아하

* troll. 스칸디나비아 초기 민담에 나오는 거인으로, 괴물같이 생겼고 때때로 마술을 부리기도 한다.

지 않아서가 아니라, 자신이 좋아하는 것을 사람들이 부쉈기 때문인지도 모른다. 이를테면 야생의 것들. 지평선. 트롤.

요제프 볼프가 1856년에 그린 "솔개를 공격하는 흰매들Gyrfalcons Striking a Kite"에서는 젓갓끈*을 맨 수지니** 흰매 한 쌍이 야생 붉은 솔개를 찢어발기고 있다. 볼프의 흰매들은 비열하고 화난 표정이며 한 마리가 솔개의 목덜미를 움켜쥐고 다른 한 마리가 어깨를 후벼 파고 있다. 내가 좋아하는 그림 중 하나인 이 작품을 자세히 들여다보고 나서 내린 결론은, 볼프가 친구 찰스 다윈과 마찬가지로 야생동물과 가축이 서로 적대적이라는 사실을 알고 있었고 야생동물을 응원했다는 것이다. 그가 오늘날까지 살았다면 집고양이가 야생의 새와 여우를 잔혹하게 공격하는 장면을 그림으로 남기지 않았을까.

와이오밍주 잭슨의 국립야생동물미술관에서 볼프의 그림을 보고 있자니 솔개의 고통이 생생하게 느껴져 몸서리가 났다. 솔개를 풀어주고 싶었지만, 그림에 한참 귀를 기울이고 나서 볼프의 솔개가 단지 살려달라고 애원하는 게 아님을 깨달았다. 솔개는 죽어가면서 주둥이를 벌려 단말마의 비명을 지르고 있었다. 캔버스에서 60센티미터 떨어진 은색 덕트 테이프 차단선을 발끝으로

• 매의 발목에 매는 끈.

•• 사람의 손으로 길들인 매

밟고 선 채 얼굴이 내 얼굴만 한 솔개를 보다가 놈이 깃털 난 살인자들을 쳐다보고 있지 않다는 사실을 알게 되었다. 놈이 보고 있는 것은 나였다. 일생에 한 번도 야생 솔개를 못 볼지언정 인간과 그들의 애완동물이 지배하는 세상에서 자라게 될 모든 사람이었다. 당신 무슨 짓을 한 거지?라고 솔개는 우리에게 절규한다.

우리에 갇힌 흰매는 자유롭게 살아가는 매만큼 귀한 존재일테지만, 하는 행동이 다르다. 우리에 갇힌 동물은 야생동물과 달리 인간 중심 세상에서 이익을 얻으며 우리에 의해 고분고분해진다.

나는 깨달았다. 내게 무엇보다 중요한 건 무언가가 어떤 존재인가가 아니라 어떻게 행동하는가, 어떻게 살고 무엇을 하는가였다.

며칠 뒤 이 깨달음을 여우에게 들려주었다.

"내가 이제 어른이 돼서 뭐가 될 건지 아니? 동사가 될 거야."

동사라고?

"그래, 동사와 부사. 형용사도 괜찮아."

그동안 나는 스스로를 명사로 정의하려 했다. 동사를 써야 하는 상황에서도 오히려 직업과 동일시되는 직함으로 나를 나타냈다. 직함을 나타내는 명사로 사람들을 현혹했다. 어쩌면 고의로 그랬는지도 모르겠다. 이젠 누군가 내게 그는 가수다가 아니라 그는 노래한다라고 말했으면 좋겠다. 앞 문장은 내가 가고 싶지 않을지도 모르는 어딘가로 나를 밀어댄다. 그는 사냥한다는 책임의 무게가 따르는 구체적 문장이지만 그는 사냥꾼이다는 의미에 걸맞은 책임을 지지 않는다. "저는 학생을 가르치고 지도합니다"라고 말하는 것은 "저는 교수입니다"라고 말하는 것보다 솔직하게 들렸다. 내가 써야 하는 말은 입니다가 아니라 합니다였다. 그래서 몇 가지 동사를 고르기 시작했다. 쓰다, 가르치다, 사람과 야생동물의 관계를 탐구하다. 땅을 돌보다.

모든 근심이 단지 잘못된 문법적 선택에서 비롯한다는 사실을 삶에서 발견할 때가 얼마나 많은가?

여우가 말할 수 있다면 이렇게 말했을 것이다. 왜 이렇게 오래 걸렸어?

"글쎄, 난……"

아, 넌 아직도 거기 도달하지 못했군. 야생동물이 되어 좋은 삶을 살고 싶다면 두 가지를 이해해야 해.

"내가 하고 싶은 건…… 그러니까……."

행태. 터전. 이 두 가지.

행태habit는 '성격'을 뜻하는 라틴어 하비투스habitus에서 온 말로, 우리가 어떻게 행동하고 무엇을 하는가를 가리킨다. 터전habitat은 '거주하다'를 뜻하는 라틴어 하비타레habitare에서 온 말로, 어디 사는가를 가리킨다. 우리의 성격과 우리의 보금자리를 설명하는 이 두 변수는 모든 생물에 적용된다. 나는 기억했어야 했다. 보이어저스 국립공원에서 식물표본관 표본을 처리할 때는 각 석엽*마다 두 변수를 기록했다. 하지만 직업을 선택하고 나 자신에게 직함을 나타내는 명사를 붙이고 진로를 따라야 한다고 착각하면서 그만 잊고 말았다. 그 진로를 어디에서 추구할지는 염두에 두지 않았다.

이슈메일과 생텍스는 터전을 먼저 선택했다. 그런 다음 그 터전에 맞는 일자리를 찾았다. 무슨 일을 하든. 일류 교육을 받고 싶다고? 그렇다고 해서 꼭 보스턴에 살아야 하는 것은 아니다. 이슈메일은 "바다는 나의 하버드다"라고 썼다. 그에게 피쿼드호 승무원 생활은 일종의 대학 생활이었다. 『바람과 모래와 별들』에서 생텍스는 자신이 조종사가 된 이유를 "비행기 덕분에 도시와 그 회계 장부를 떠날 수 있"기 때문이라고 썼다. 이것은 결코 사소한 희생이 아니다. 1920년대에 대륙 간 비행을 한다는 것은 도시를 정말로 혐오하지 않고서는 엄두조차 낼 수 없는 일이었다. 그는 무려 안데스 산맥 위를 비행했다. "도시에서 인간적 삶을 찾을 수는 없"다고 그는 말했다. 겨울에 하류에 사는 이웃이 불도저로 나를 구해주었다. 우리 집 도로에는 눈이 50센티미터 쌓여 있었다. 여름에는 나 말고도 몇 명이 이 도로를 이용했지만 겨울에는 나뿐이었다. 우리는 제설해야 할 도로가 이렇게 많은데 비용을 분담할 가구가 이토록 적은 것을 한탄했다. 대부분의 사람들처럼 도시로 이사할 생각이냐는 나의 질문에 그가 말했다. "도시에서 사느니 내 목을 따겠소." 생각해보니 도시의 삶은 양철통 비

• 腊葉, 종이나 책 따위의 사이에 끼워 말린 식물의 잎사귀나 나뭇가지 따위의 표본.

행기를 타고 눈보라 속에서 안데스 산맥 위를 날아가는 일 못지않게 치명적일 수도 있을 것 같다.

생텍스는 『바람과 모래와 별들』에서 이렇게 썼다. "인간은 백화되고 헐벗고 돌투성이인 산을 위해 죽을 것이며 (…) 거대한 모래더미를 마치 사금처럼 죽기 살기로 지킬 것이다." 모든 짐승에게 공간과 고독과 야생이 필요한 것은 아니지만, 모든 짐승은 최적의 서식처를 얻기 위해 싸워야 한다. 그게 무엇이든. 여우와 나는 인디언밥풀 사이에서 발가락을 벌린 채 다윈의 냉이처럼 굴광성•을 발휘하여 해를 바라보았다. 주변 식물들 못지않게 우리도 에너지를 얻기 위해 태양에 의존한다는 생각이 들었다. 우리는—나, 그리고 이제 내 목소리를 알아듣는 여우는—해바라기를 하며 빙글빙글 맴돌았다.

• 屈光性, 빛을 향해 구부러지는 성질.

코끼리

5월 초가 되었을 즈음 우리는 『어린 왕자』를 여러 번 읽었다. 굳이 책갈피를 끼워두지 않았기 때문에 손 가는 대로 읽었다. 나는 대체로 읽기보다 말히기를 많이 했다. 재미있는 이야깃거리가 바닥나면 새 책을 가지고 나왔다. 내가 닥터 수스의 『호턴이 누구의 소리를 들어요!*Horton Hears a Who!*』를 읽으면 여우는 귀를 기울였다. 큰 판형에 반짝거리는 빨간색 표지의 이 책은 소란한 '눌 밀림'에서 '누구'의 모깃소리를 들은 코끼리 호턴의 이야기다. 주의 집중 시간이 18분에 불과하고 사고력이 빼어나지 않은 누군가에게 알맞은 책은 오두막을 통틀어 이것뿐인 듯했다.

"누구들은 아주 작아서 마을 전체가 엉겅퀴 위의 작은 점 한 개에 들어갈 수 있을 정도란다." 나는 독수리를 닮은 새가 꽃 한 송이를 부리에 물고 있는 그림을 쳐들었다. "까만 궁둥이 독수리야. 누구마을Whoville이 들어 있는 엉겅퀴를 부리에 문 채 달아나고 있어." 여우가 그림을 보려고 턱을 올렸다. 이 이야기에서 독수리를 닮은 새는 누구들의 엉겅퀴를 수많은 엉겅퀴들이 자라는 들판에 떨어뜨린다. 위험에 처한 누구들이 도움을 청하는데, 자상하고 주의 깊고 귀가 큰 호턴만 그 소리를 들을 수 있다. 내가 다른 페이지를 치켜들며 말했다. "호턴은 엉겅퀴를 한 번에 하나씩 들추면서 누구들을 찾기 시작해."

바람이 불지 않을 때면 우리 계곡은 야외에서 책을 읽기에 안성맞춤이었다. 아늑하고 밝았으며 너무 답답하지도 않았다. 그리고 아무도 우리를 방해하지 않았다. 산기슭에는 나 말고도 땅임자가 몇 명 더 있었지만, 경계선은 보이지 않았고 건물은 띄엄띄엄했고 울타리는 드물었다. 방목장과 닭장 몇 곳을 둘러싼 철조망과 노새와 말을 가두기 위해 박은 말뚝 두어 곳이 전부였다.

여우와 나는 이곳에 사는 사슴 네 마리를 따라 그의 굴 쪽으로 걸어갔다. 어스름한 햇빛 속에서 그들의 뒷모습은 세 줄의 하얗고 뚜렷한 인광燐鑛 안내선을 그렸다. 꼬리는 가운데 줄, 아랫다리는 양옆의 두 줄이었다. "저것에 목적이 있는지 궁금해, 여우야. 고속도로 표지판처럼 빛나는 것들 말이야." 나는 사슴들이 엉덩이의 안내선 덕분에 서로를 뒤따라 직선으로 행진할 수 있는 것 아닐까 하고 혼잣말을 했다. 사슴에 대한 추측이 끝났을 즈음 우리는 화이트세이지 군락지에 와 있었다. 나는 이엉개미가 밑동에 매달려 있지 않은지 살펴본 뒤에 길고 연한 잎들을 뜯어 외투 주머니에 밀어넣었다.

노새사슴의 흰색 인광 안내선에 목적이 있으려면 직선에도 목적이 있어야 했다. 따라서 우리의 다음 주제는 직선의 본질이었다. 나는 주제를 가리지 않았다. 어차피 그가 내 말을 정확히 이해하지 못했기에 우리가 다룰 수 있는 주제에는 한계가 없었다.

노새사슴 네 마리는 우리 아래로 펼쳐진 알팔파밭을 가로지르는 무리에 합류했다. 사슴이 깊은 눈을 헤치고 나아갈 때 직선으로 걸으면 에너지가 절약된다. 우두머리가 길을 내면 나머지는 뒤따라가면서 에너지를 아낄 수 있기 때문이다. 하지만 지금은 눈이 쌓여 있지 않았다. 아마도 직선은 포식자에게 들키지 않으려고 냄새의 범위를 줄이기 위한 것이었나보다. 아닐지도 모르지만. 우리에겐 정답이 필요 없었다. 우리가 하고 싶었던 일은 목을 빼고 주위를 둘러보는 것뿐이었으니까. 내가 눈을 가늘게 뜨고 눈꺼풀을 실룩거리자 사슴들은 몬태나 중동부의 허허벌판에 늘어선 송전탑이 되었다.

맞다. 여우와 나는 농땡이를 부리고 있었다. 우리는 과학 연구를 하거나 데이터를 수집하거나 가설을 수립하고 있지 않았다. 그는 나의 교재 집필을 돕고 있지 않았다. 우리는 초록색 군인 인형을 가지고 노는 것에 비해 지적으로 조금도 엄밀하지 않은 활동으로 즐거운 시간을 보내고 있었다. 밤이면 밤마다, 더 번듯한 사람들이라면 나란히 앉아 텔레비전을 보거나 영화관에 가거나 누런 크림 얼룩이 끈적끈적하게 눌어붙은 카운터에 기대 바리스타에게 근사한 음료를 주문했을 시간에 여우와 나는 주변을 염탐했다.

우리가 사슴에 대해 대화한 지 며칠 뒤에 그가 사라졌다. 나는 접선 장소에 홀로 앉아 있었다. 나흘째가 되자 근심이 내리깔렸다. 하지만 나는 알아차리지 못했다. 여우를 찾는다는 한 가지 목표에만 집중하여 나머지 모든 것을 흐릿하게 뭉갰다. 활 조준기를 들여다보는 데 익숙한 사람에겐 별로 어렵지 않은 일이다. 그런가 하면 중앙의 과녁 이미지(잃어버린 여우)가 하도 커져서 제정신을 유지하는 데 필요한 모든 이미지가 사라지고 광기가 나를 에워쌌다.

나는 오두막에서 자갈길을 따라 사유지가 막아설 때까지 몇 킬로미터를 걸으며 희미한 흙길이 암반 밑으로 사라질 때까지 나아갔다. 오두막에서 6킬로미터 가까이 떨어진 곳까지 왔는데, 단층 조립식 주택 앞의 작은 정원에서 괭이질을 하던 남자는 여우를 보지 못했다고 말했다. 예닐곱 번을 물어봤지만 대답은 같았다. 낡고 허술한 거위털 코트를 입지 말았어야 했을까. 내 처지를 설명하려고 팔을 들어 손짓하다가 흰 깃털들이 비처럼 쏟아져내리는 것을 보았다. 코트의 솔기 틈새로 빠져나온 깃털은 마치 내가 닭장 속에서 발광하는 닭인 것처럼 주위로 날아다녔다.

트럭이 지나갈 때마다 정부 트럭이든 민간 트럭이든 인간 포식자가 우리 여우의 착한 심성을 악용했을지도 모른다는 피해망상증이 커져만 갔다. 연방 요원이 무슨 까닭에선지 무언가를 잡기 위해 덫을 놓으려고 출동한 것 같았다. 민간인들은 닭에게 위협이 되는 것이면 무엇이든, 자라서 코요테가 될 것처럼 보이는 것이면 무엇이든 사살했다. 인기 있는 (또한 합법적인) 중독성 스포츠인 퓨마잡이가 벌어지는 동안 사냥꾼과 사냥개들이 주변 황무지를 뒤지고 다녔다. 뒤쫓을 퓨마가 없는 퓨마 사냥개는 여우의 흔적을 좇는 사냥개다. 내 뒤쪽의 국립산림지에서 매일같이 트럭들이 내려왔는데, 다들 운전석의 총기 보관내를 총으로 채우고 짐칸에 불길한 상자들을 싣고 있었다. 어느 상자에든 우리 여우가 들어 있을 것만 같았다. 죽었든, 우리에 갇혔든, 족쇄를 찼든.

스위스 치즈 슬라이스처럼 누르스름하고 말랑말랑한 오래된 눈이 땅에 깔려 있었다. 둥근 번치그래스 무더기가 눈밭에 말끔한 동그라미 구멍을 뚫고서 올라왔다. 1년 중 가장 추한 눈이었으며 짐승길의 윤곽을 지워 나의 수색을 방해했다. 날이 어두워져 이제 그만 포기할까 생각이 들었을 때 우리 관계의 행로를 바꾼 쌍무지개가 떠올랐다. 그때 나는 자연에서 가장 경이로운 선물들이 곧잘 단명한다는 사실을 깨달았다. 하지만 무지개는 여우의 비교 대상으론 불완전하다. 하나는 천상의 평안을 누리고 다른 하나는 지상의 풍파에 시달리니 말이다. 나는 이 차이를 받아들였지만, 여우 없이 살아갈 준비는 되어 있지 않았다. 오두막에서 유일하게 어두운 장소인 벽 사이 계단에 앉아 악덕을 얼마간 포기할 테니 그 대가로 은총을 베풀어달라고 하느님께 부탁하기로 마음먹었다.

계단통 벽 선반에 소총 탄피가 늘어서 있었는데, 전부 똑바로 선 채 작은 꽃병을 겸하고 있었다. 어떤 탄피에는 노랑말채나무의 말린 잔가지가 꽂혀 있었고 또 어떤 탄피에는 주황색 좁은부리딱따구리, 노란색 초원종다리, 파란색 스텔러어치의 깃털이 한두 개씩 꽂혀 있었다. 탄피를 하나하나 매만지면서 어떤 조건으로 거래할 수 있을지 궁리했다. 아무것도 떠오르지 않았다. 하느님께서 '악덕'을 아주 넓게 정의하시지 않는 한 내가 내놓을 만한 것은 하나도 없었다.

주식 시장에 기웃거린 것? 그것도 쳐주실까? 대학원 다닐 때 저녁으로 라면, 아침으로 분유를 먹으며 쥐꼬리만 한 급여에서 일부를 떼어 좋은 책을 출간하는 회사의 주식을 샀다. 때로는 내가 좋아하는 생체의학 연구를 진행하는 회사의 주식을 고르기도 했다. 그 주식들을 여전히 가지고 있었는데, 주식 시장은 어떻게 보면 도박 같았다. 이거라면 거래 조건으로 내걸 수 있을 것 같았다. 아마도. 하지만…… 아니야……, 안 될 거야. 자유시장 자본주의는 하느님께 설명하기엔 너무 복잡했다.

그 대신 하느님을 설득했다. 여우는 더 오래 살 자격이 있으니 돌려달라고 말했다. 하느님께서 내 기도에 응답하실 거라 믿었느냐고? 그렇다. 그러시리라는 걸 알고 있었다. 그것은 내가 하느님을 믿어서가 아니라 하느님께서 여우를 믿으신다는 걸 알기 때문이었다.

말코손바닥사슴 가죽 머클럭 방한화로 키 큰 풀들을 쓸며 여우를 찾고 있는데, 새로운 길이 눈에 띄었다. 여우의 주요 이동로와 나란하게 더 높고 건조한 지대를 가로질러 뻗어 있었다. 그 새로운 길에는 나의 오두막과 그의 굴 둘 다에서 직접 볼 수 있는 곳에 뾰족뾰족한 잡초 세 포기가 서 있었다. 지난해의 솔장다리였다. 길의 너비에 비하면 어마어마하게 큰 잡초였지만, 덜 까탈스러운 여우가 오두막에 오려고 가로지를 수 있는 수십억 헥타르에 비하면 매우 보잘것없는 잡초 세 포기라고 생각할 수도 있겠다. 하지만 가시들은 보잘것없지 않아서, 줄기를 느슨하게 잡아당기는 나의 맨손을 너덜너덜하게 찢었다. 나는 오래된 솔장다리를 뽑은 뒤에 쪼그려 앉아 찬바람이 목 아래 땀을 식히지 못하도록 고개를 수그렸다. 찢겨 따끔거리는 손바닥을 호호 불다가 고개를 들었는데, 마치 총잡이가 박쥐날개문*을 통과하듯 키 큰 원통형 호밀풀 사이로 불쑥 나타나 바로 앞에서 깡충거리는 여우가 보였다.

내가 합리적인 사람이었고 절망과 희열의 꼭대기에서 좌우로 기우뚱기우뚱하고 있지 않았다면, 이 벅찬 기쁨을 조금 덜어서 저장했다가 다음번 궂은 일이 일어날 때 완충 장치로 써야겠다는 생각을 했을 것이다. 궂은 일은 필연적으로 일어나게 마련이니까. 하지만 나는 행복이 너무도 찬란하고 우주가 너무도 자애로워 다시는 어떤 궂은 일도 일어날 수 없을 거라 생각했다.

나는 온라인 학부 수업 안내 페이지마다 들어가 짧은 약력을 올렸다. 그해 봄, 처음으로 "취미:"라고 쓴 뒤에 이렇게 내용을 채웠다. "여우 사귀기."

학생들이 물었다. "어떻게 여우와 사귀나요?"

내가 우리의 우정을 쫓아버리지 못했음을 이젠 확실히 깨달았다. 여우를 연구 주제로서 객관화하려는 나의 시도는 실패했다. 그를 총칭적이고 비인격적인 동물로 외삽하려는 나의 시도는 역풍을 불렀다. 그를 관찰할수록 그를 더더욱 이해하고 그의 수월한 삶에 경탄했다. 통찰은 공감이 되었다. 공감이야말로 확신하건대 우정의 관문이다. 내가 학부생들에게 이렇게 말했을까? 정말로? 그렇다면 당신은 학부생들에게 진화를 가르치려 한 적이 없는 것이다. 장담하겠는데, 그들은 흔적 꼬리에 대해 배우느라

• batwing door, 서부영화의 술집에서 흔히 보이는 양쪽으로 열리는 문.

바빠 공감과 우정의 관계에 대해 숙고할 여력이 없다.

나는 학생들에게 말했다. “여우와 친구가 되는 것은 쉽지 않아요. 우선 피부가 악어 가죽이 되어야 해요. 잡초를 많이 뽑아야 할 테니까요.”

고래와 북극곰

저녁이 되면 어두워진 뒤 잠자리에 들기 전에 불쑥 책과 수업 자료를 잠시 내려놓고서 집 안을 돌아다니며 창밖을 내다보았다. 가끔 생쥐가 붉은 벽돌 마당길에 쪼그려 앉아 씨앗을 한 줌씩 입안에 밀어넣는 광경을 보았다. 이따금 사슴, 말코손바닥사슴, 여우, 스컹크도 보았다. 대개는 아무도 보이지 않았다. 하지만 내다보는 일은 결코 그만두지 않았다. 오늘 밤은 침낭 속에서 일찌감치 잠들었다가 새벽 1시경 밝은 달빛과 묘한 울음소리에 잠이 깼다. 앞들의 너른 파노라마를 보기 위해 놓아둔 백송 사다리걸상 위에서 균형을 잡으며 무지개방의 초록색 창문으로 밖을 엿보았다. 여우였다.

여우를 마지막으로 밤에 보았을 때는 달이 낫 모양이어서 밖으로 나설 때 현관등을 켜야 했다. 그땐 나방들이 이마 주위로 팔락팔락 날아다니며 징그러운 갈색 비늘을 나의 가늘고 풍성한 머리카락에 떨어뜨렸다. 오늘 밤은 달빛이 환한 여명을 흉내 내고 있어서 현관등을 꺼둔 채 오두막을 나섰다. 나방들은 나를 무시했으며 매서운 밤공기는 흑요석 단검처럼 나를 저몄다. 나는 두툼한 면 재킷을 바싹 끌어당긴 채 여우가 사냥을 끝낼 때까지 기다렸다. 추위 때문에 등 위쪽 근육이 척추 쪽으로 오글오글 몰려붙었다. 여우가 초지 풀 사이로 생쥐를 미행하는 길에서 쉿 하는 소리가 큰 물결로 들고 났다.

그가 오두막 나무 계단에 가까이 왔을 때 나도 그에게 다가갔다. 우리는 함께 그의 굴로 걸어갔다. 은은한 흰 달빛의 돔이 우리 주위의 모든 움직임과 소리를 뒤섞었다. 그가 멈춰 코를 쳐들자 나도 숨을 깊이 들이쉬었지만, 습도가 하도 높아서 냄새 분자는 내가 도달하기 전에 물 분자에 달라붙어 가라앉았다. 스컹크를 밟지 않는다면 스컹크 냄새조차 맡지 못할 것이다. 나는 그런 일이 없도록 물결치는 흰색 줄무늬가 없는지 땅을 탐색했다.

크레센도로 점점 커지는 휘파람 소리, 새된 외침, 기다란 울부짖음이 우리를 희롱했다. 낮과의 경계가 흐릿한 이 밤에 누가 우리를 미행하는 걸까? 단지 바람일지도 몰라. 작은갈색박쥐의 날갯소리인지도 모르지. 우리는 그의 굴 아래쪽 마지막 커브에 도달했다. 그의 밤그림자는 낮에 보았던 그의 어떤 그림자보다 길고 우아했다.

광기의 자극제이자 빗자루 탄 마녀의 배경으로 명성이 자자하긴 하지만, 보름달은 사실 남다른 산책을 위한 드문 기회일 뿐이다. 여우와 나는 불면에 시달리지 않았다. 밤이 이슥하도록 우리를 쫓아다니는 것은 아무것도 없었으며 우리는 어둠을 사람들에게서 숨는 핑계로 써먹지 않았다. 어쨌거나 우리가 사는 곳은 아무도 없는 곳이었으니까. '거의 아무도'라고 해야겠지만. 나는 달빛 산책의 아름다움과 신비, 분출하는 아드레날린을 음미했다. 외딴 장소에서 여우와 나의 방식으로 살면서 보름달을 보았다면 당신도 고개를 끄덕일 것이다. 마치 벤저민 프랭클린이 번개 연을 날리기 전처럼. 마치 20세기가 아직 찾아오지 않은 것처럼.

두어 밤 뒤 둥근 달이 맑은 하늘에 떠올랐을 때 나는 밖에서 여우를 기다리고 있었다. 그는 종종걸음으로 곧장 계단까지 왔다. 성기고 반투명한 털이 달빛에 하늘거렸다. 내가 문간 옆으로 물러서자 동글동글하고 흐느적거리는 새끼 네 마리가 나를 지나쳐 굴러갔다. 여우는 옆으로 비킨 채 깡총거리는 작은 여우들이 나를 둘러싸도록 내버려두었다. 만질 수 있을 만큼 가까이서 새끼들이 재주넘듯 내 주위에서 뛰놀자 나는 놀라서 손을 번쩍 들어올렸다. 몸싸움을 벌이는 두 마리에게 집중했는데, 그러자 그들 주위의 모든 것이 어렴풋이 뭉뚱그려졌다.

나는 넋이 나간 채 달빛 속에서 그들의 자유분방한 공연을 관람하느라 눈에 힘을 주었다. 마치 서서히 물속으로 가라앉듯 나머지 감각들이 희미해졌다. 나는 공기를 훅 들이마시고 숨을 참은 채 여우들이 자유롭게 사방을 헤엄쳐 다니는 동안 밤 속으로 빠져들었다.

20분, 아니 40분간 가만히 서 있었던 것 같다. 그림자 방향이 바뀌고서야 앞들을 가로질러 걷기 시작했다. 여기저기서 풀이 소용돌이칠 때마다 여우의 머리가 솟아올랐다. 달빛이, 또는 넓은 띠를 이룬 채 반짝이는 강의 물빛이 여우들의 작고 뾰족한 주둥이를 역광으로 비췄다. 하나, 둘, 셋, 넷…… 셀 수 없을 만큼 그들은 빨리 나타났다 사라져……, 그래…… 머리다……. 아니…… 너무 빨리 없어졌네. 머리 하나가 소용돌이에서 튀어나와 왼쪽, 오른쪽, 다시 왼쪽으로 기울더니 지난해의 여러해살이풀 줄기 아래로 잠수했다. 소용돌이를 예측하여 여우의 머리가 솟아오르는 순간을 포착하려 했지만 번번이 놓쳤고 그들이 너무 빨라서 어지러웠다. 밤은 점점 초현실적으로 변해갔다.

새끼 한 쌍이 뒷다리를 땅에 대고 뒤로 구르더니 서로 마주 보고 우짖으며 앞다리로 주먹다짐을 벌였다. 또 다른 두 마리가 그들을 덮치자 여우 무리는 몸부림치고 허우적대는 덩어리가 되었다. 흥분이 가라앉은 뒤 뒤엉킨 네 마리 여우는 한 마리 커다란 짐승처럼 몸을 들썩거렸다. 한 마리가 팔짝 뛰쳐나가자 무리는 해산했다. 나머지는 작은 바위에 뛰어올라 형제들과 함께 보물 사냥을 나섰다. 우리 여우가 숨겨둔 사체를 누군가 파내어 전리품 주위에서 공중제비를 넘었다. 더 큰 형제가 으르렁거리며 어슬렁어슬렁 다가와 송곳니를 드러내자 몸집이 작은 도둑은 자신의 보물을 술래잡기용으로 내주어야 했다.

4인조는 부모의 감시에서 벗어나 희열을 발견했으며 고삐 풀린 망아지처럼 위험하게 우당탕거렸다. "여우야." 나는 내 곁에 웅크린 채 누워 있는 친구를 불렀다. "고삐를 당겨야 할 것 같은데." 그는 꼬리를 어깨에 두르고 주둥이를 앞다리에 밀어 넣어 공벌레처럼 몸을 말았는데, 어찌나 둥글던지 그에게 고삐가 없다는 사실은 천치라도 알 수 있을 정도였다.

새끼 하나가 구르거나 뛰거나 풀 한 포기를 붙잡거나 커다란 나방을 찰싹 때리면 나는 주먹을 쥐었다 폈다 하면서 딘우디 암각화*의 선사시대 그림처럼 손가락을 활짝 벌렸다. 새끼들은 올림픽 봅슬레이 선수들처럼 도랑 옆면을 오르락내리락했다. 나는 그에게 큰 소리로 외쳤다. "도랑엔 족제비들이 있어! 들고양이도!" 하지만 그는 새끼들을 불러들이려 하지 않았다. 심지어 일어서지도 않았다.

"여우야!" 그는 못 들은 척했다. 나는 호턴 없는 누구였다. 새끼들은 보호를 받아야 했다. 안 그러면 납치될 것 같았다. 적어도

* Dinwoody pictograph, 와이오밍주 딘우디에서 발견된 암각화.

누군가는 들고양이를 감시해야 했다. "여우야!" 하지만 그를 나서게 하기엔 너무 늦었다. 그는 어차피 내가 하게 될 일을 우리 둘 다 하는 건 의미가 없다고 이미 판단한 뒤였다.

두꺼비 눈알만 한 레드베리, 얼어붙다시피 한 청록색 연못, 키 큰 숙근루피너스 들판 아래로 연못들이 송송한 초원. 나는 이 기억 속 장면들의 레퍼토리에 달빛 은은한 밤, 새끼 여우들의 머리가 풀숲에서 까딱거리는 광경을 더했다. 다른 기억들처럼 행운의 부적으로 간직할 것이다. 하지만 나머지 기억과 달리 이 장면에서 나는 혼자가 아니었다.

그날 밤 잠을 이룰 수 없었다. 압도적인 행복감에 마치 카페인을 섭취한 것처럼 정신이 말똥말똥했다. 가장자리가 선명한 구름들이 밤하늘을 감청색 양각 웨지우드 접시로 탈바꿈시키는 광경을 보았다. 여우는 위쪽 비탈의 자기 굴 근처에서 저 별들을 보고 있겠지. 나는 팔로 책상을 쓸어 교재 초고를 모조리 휴지통으로 떨어뜨렸다. 종이들은 휴지통 테두리에 아슬아슬하게 걸쳐진 채, 바닥에 떨어져 두 번째 기회를 노리거나 축축하고 끈적끈적한 공간 속으로 사라질 것처럼 기우뚱거렸다.

나는 브레이크를 밟을 때가 되었음을 깨달았다. 내가 향하던 방향—학계, 교재, 경력—에서 돌아서야 할 때였다. 다행히도 이것을 깨달았을 때 그다지 빠른 속도로 달리고 있지는 않았기에 끼익 하고 급정거를 해야 할 필요는 없었다. 여느 짐승처럼 나 또

한 어디로 가는지 모를 땐 본능적으로 속력을 줄였다. 이젠 어디로 가야 하는지 안다.

지난주 대학 수업 시간에 갈색 숲바닥에서 자라는 앙상하고 비실비실한 로지폴소나무 천지인 숲을 걸었다. 온통 흙뿐 부식질은 전혀 없었다. 메마르고 과열된 흙 때문에 소나무 개체수가 억제되었으며 잎이 무성한 피복식물도 자랄 수 없었다. 숲을 이루는 나무 군락은 숲의 냄새, 모양, 소리를, 즉 성질을 결정했다. 나는 학생들에게 말했다. "군락은 변해요. 숲의 성질도 변하죠." 우리가 만지고 있는 가지의 주인들은 수백 년을 살았지만 이 숲은 아직 성숙하지 않았다. "이 로지폴소나무들은 선발대예요. 성숙림의 시초가 되지만 나중엔 주도권을 넘겨주게 돼요." 어떤 간섭도 일어나지 않으면 미성숙한 로지폴소나무 숲은 최종적으로 엥겔만가문비나무, 아고산전나무, 흰껍질소나무가 지배하는 숲으로 성장한다. 물리적 변화가 일어나면 새로운 천이* 단계가 뒤따른다. 이를테면 노출된 토양에 공기가 드나들고 양분이 쌓이며, 새 나무들은 그늘을 드리울 만큼 크게 자란다. 그런 다음 로지폴소나무가 말라 개체수가 감소하는데, 가문비나무와 전나무가 지배하는 이 단계를 '절정 단계'(극상림)라고 한다.

* 遷移, 일정한 지역의 식물 군락이나 군락을 구성하고 있는 종들이 시간의 추이에 따라 변천하여가는 현상.

우리는 까맣게 탄 채 죽은 가문비나무를 몇 그루 발견했다. 외팔보* 형태와 쌍둥이 밑동으로 보건대 흰껍질소나무도 몇 그루 있었다. "이 숲이 절정 단계에 거의 도달했을 때 (극적 교란인) 산불이 덮쳤어요. 숲은 로지폴소나무와 함께 처음부터 새로 시작해야 했죠. 산사태, 홍수, 벌목 같은 천재지변이 일어나면 시계가 원점으로 돌아가요. 제가 보기에 이 숲은 다시 한번 절정 단계를 향해 나아가고 있는 것 같아요." 절정 단계의 숲은 자신의 물리적 환경과 완벽에 가깝게 소통한다. 이렇게 소통이 이루어지기 때문에 변동이 미래에 영향을 미치는 경우는 극히 드물다. 절정 단계는 편안하며 가장 안정적인 단계다. 그 무엇의 전주곡도 아닌, 모든 것의 정점.

숲과 마찬가지로 내 삶도 여러 단계를 거쳐 발전하여 절정 단계에 도달하고 있었다. 나는 여우와의 관계가 내 삶의 그 무엇보다도 중요하다는 것을 알고 있었으며, 그의 이야기를 전하는 것이 내 삶의 목적임을 알 수 있었다. 이제 나는 목적이 직업보다 중요하다는 사실을 알고 있었다.

무척 우습긴 하지만, 오만 가지 걱정을 하고 깊이 생각한 뒤에 내가 정작 방향을 바꾼 것은 달빛 속의 새끼 여우들이라는 물리적 사건과 그에 따른 감정 때문이었다. 이성과 합리성은 아무 관

* 한쪽 끝은 고정되고 다른 끝은 받쳐지지 않은 상태로 있는 보.

계가 없었다. 그가 나를 신뢰했다는 것, 그것이 중요했다.

그렇게 이성을 제쳐놓은 탓에 나는 이 문제에 대해 생각하는 것을 깜박했다. 여우가 죽으면 어떻게 될까? 그 관계를 무엇으로 대체하게 될까? 여우와의 관계는 나의 첫 진짜 관계이자 마지막 관계가 되는 것일까?

대체로 사람들은 『모비딕』을 미친 선장에 대한 소설로 여긴다. 하지만 내가 생각하는 이 소설은 자연과 야생동물을 사랑하고 아메리카들소의 멸종을 애달파하는 외톨이의 일기다. 그는 천성(그리고 아마도 자라온 환경) 때문에 자신에게 부여된 테두리 바깥에서 살 수밖에 없는 인물이다. 이슈메일은 문명사회를 멀리하고 야생의 세계 쪽으로 기울며, 사람들과는 호기심을 충족할 만큼 가까이 지내되 엮이지 않을 만큼 거리를 둔다. 문화적으로 자신과 비슷한 사람들이 넘쳐나는 배에서 그가 유일한 친구로 선택하는 사람은 태평양 섬의 이교도다. 나와 마찬가지로 이슈메일은 세상을 인간과 인간 아닌 존재로 나누는 것이 비합리적이라고 생각한다. 그 대신 인간을 비롯한 모든 동물계 구성원이 야생동물과 가축의 두 범주 중 하나에 속하며 어떤 인간은 야생동물에, 어떤 인간은 가축에 속한다고 믿는다. 나는 『모비딕』을 어찌나 많이 읽었던지 허구의 뱃사람 이슈메일과 대화를 나누고 있다는 착각에 빠질 정도였다.

내가 그에게 물었다. "고래가 사람만큼 지적이니?"

"고래는 대부분의 사람보다 더 지적이야. 고래는 단테나 플라톤만큼 지적이지."(85장 '분수'를 보라.)

"사람을 죽이는 것은 살해야. 그렇다면 인간 아닌 동물을 죽이는 것에 대해선 어떻게 생각해?"

"자기방어를 위해 동물을 죽이는 건 살해가 아니야. 물론 단지 수프를 만들려고 소를 살해한 최초의 인간은 살해자로 불렸어. 아마 교수형을 당했을 거야. 소가 재판했다면 틀림없이 그랬겠지. 그래, 우리는 고래를 살해해. 단지 결혼식장과 교회를 밝힐 기름을 얻으려고 고래를 죽이는 건 살해라고."(65장 '고래고기 요리', 81장 '피쿼드호가 융프라우호를 만나다', 82장 '포경업의 명예와 영광'을 보라.)

"동물을 먹는 건 도덕적으로 괜찮아?"

"네발짐승을 먹는 건 비도덕적이야."(65장 '고래고기 요리'를 보라.)

내가 배에서 살고 유제품을 먹었다면 고기 대신 생선과 치즈를 먹으면 됐을 것이다. 하지만 나는 뭍에서 살고 유제품을 먹지 않으며 이곳은 소, 양, 말코손바닥사슴의 고장이다. 포유류를 같은 영양가의 어류로 대체하는 것은 경제적으로 현실적인 방안이 아니다. 이 말은 육식이 내 생계와 안녕을 지키기 위한 방편일 뿐이라는 뜻이다. 내가 할머니가 되면 이슈메일의 말을 받아들여 육식을 그만둘지도 모르겠다. 하지만 그때까진 나의 고기가 되어줄 동물을 누군가 죽여야 한다. 그렇다면 내가 죽이는 편이 낫다.

"네 동료 선원들은 고래가 사람을 잡아먹는 물고기이자 괴물이라고 말해. 동물에게 사악한 성격을 부여하는 건 쉬운 일이야. 고래에게 명확한 성격 특질이 하나라도 있을까?"

"사실 어떤 고래는 삶을 대하는 그들의 독특한 철학적 관점에 걸맞은 성격을 나타내기도 해. 참고래는 죽음을 앞두면 현실을 받아들이고 체념하지. 나는 그를 스토아주의자로 여겨. 향유고래는 플라톤주의자이고. 말년에는 스피노자를 받아들였을지도 몰라. 우리 고래잡이들이 일부 고래에게 이름을 붙인 것은 독특한 겉모습 때문이 아니라 독특한 행동 때문이야. 그러니 죽어가는 고래의 현실주의에는 너와 같은 인격이 들어 있는 거야. 따라서 엄숙하고 심오한 존재이자 숭고하고 본질적으로 위엄 있는 향유고래에게도 당연히 인격이 있지."(75장 '참고래의 머리'와 85장 '분수'를 보라.)

"네 동료 선원들이 고래를 학대하면서 고래의 눈을 들여다보는 건 틀림없이 힘든 일일 거야. 하지만 그들이 머뭇거리면, 고래가 감정을 가진 동물일지도 모른다고 생각하면, 이 고래들을 죽이지 못하면…… 어때? 고래잡이는 어떻게 될까? 북동부 해안 전역의 경제는 선원들이 고래의 눈을 외면하는 것에 달린 것 같아."

"모비딕의 눈을 들여다보았을 때 난 비참한 광경을 목격했어. 눈이 박혀 있던 자리엔 앞 못 보는 안구만이 자리하고 있었지."(81장 '피쿼드호가 융프라우호를 만나다'를 보라.)

"공감을 느꼈어?"

"그럼. 삼등항해사 플래스크가 모비딕의 곪은 상처에 작살을 꽂았을 때 상처가 터지면서 고름이 뿜어져 나오는 걸 봤어. 나는 그와, 모비딕과 교감하여 고통에 몸부림쳤지. 또 한번은 또 다른 고래였는데, 태양이 보트 세 척의 그림자를 깊은 바닷속으로 드리웠을 때 고래의 불안감을 느낄 수 있었어. 그렇게 거대한 허깨비가 머리 위에서 휙 지나가는 광경이 상처 입은 고래에게 얼마나 섬뜩했을까!"(81장 '피쿼드호가 융프라우호를 만나다'를 보라.)

우리는 사람들 개개인을 생김새와 행동거지에 따라 세밀하게 구분한다. 하지만 인간 아닌 동물에 대해서는 하나로 뭉뚱그리는 경향이 있다. 우리에겐 대체로 전부 똑같이 보이고, 똑같이 들리고, 똑같이 행동하기 때문이다. 우리는 야생동물에게 별로 공감하지 못한다. 내가 보기에 그건 우리 자신이 야생동물보다 진화했고 더 지적이라고 생각하기 때문이다. 오만은 공감을 녹여버린다.

나는 혹독한 땅에서 산다. 바람, 가뭄, 극한적 기온이 나의 콧대를 꺾는다. 내가 여우에게 공감하고 그를 총칭적 여우가 아니라 개별적 여우로 대한 데는 이런 이유도 있지 않을까. 나는 그를 제외한 모든 어른 여우를 피했다. 마찬가지로 그는 나머지 모든 사람을 피했다. 우리는, 여우와 나는 성격이 전혀 달랐다. 그는 외향적이고 다른 여우와 교류했으며 테니스공과 어울리는 것을 즐겼다. 나는 언제나 혼자였고 사라지려고 애썼다. 테니스공은 내게 성가셨다. 수컷 여우가 새끼들이 젖을 뗀 뒤에도 함께 지내는 것은 드문 일이 아니지만 흔한 일도 아니다. 나는 어른 수컷이 하나도 없는 굴도 보았고 수컷들이 젖떼기 직후에 사라지는 굴도 보았다. 그는 수컷 여우로서 외톨이로 살 수 있었지만 그러지 않는 쪽을 택했다. 그런 차이에도 불구하고 우리는 둘 다 해의 온기와 달의 빛을 흠모했다. 누가 뭐래도 우정을 다지는 데는 그걸로 충분하다.

우리는 친구였다. 여우와 나. 그러니 머리가 다섯 개 달린 공선인장이 우리 사이에 끼어들었을 때 무슨 일이 벌어졌을지 생각해 보라. 그 희귀한 선인장은 내가 파내어 현관 계단 옆에 다시 심기 전까지만 해도 북쪽 들판 멀리 가파른 돌 비탈에서 자라고 있었다. 절벽이 침식되어 파묻히거나 돌사태에 굴러떨어지면 어떡하나 걱정스러웠다. 이런 생각이 들었다. 이왕 옮겨줄 거면 우리 집 현관 계단은 왜 안 돼? 그러면 매일 감상할 수 있잖아. 물론 내가 선인장을 심는 곳은 여우가 즐겨 찾는 계단 바로 옆이었지만, 지름 8센티미터의 작고 둥근 식물을 피해 다니는 것은 그에게 식은 죽 먹기일 것 같았다.

그는 오두막 앞쪽을 유심히 들여다보면서 긴장한 표정과 불안한 행동을 보였다. 나는 체리나무 가지에서 천막벌레를 긁어내어 유리병에 넣은 다음 뚜껑을 닫고 있었다. 나는 그가 나와 함께 있고 싶어한다고 생각했다. 사냥하고 있지 않았고 계단 바로 옆에 있었으니까. 그는 내가 자리에 앉아 새끼들의 보호자 역할을 하는 것을 확인하면 종종 그 틈을 타 몸을 말고 햇볕을 쬐었다. 그런데 이제 여우는 앞발을 들어 허공에 튕기더니 쭈뼛쭈뼛 머뭇거리며 다시 내렸다. 내가 기념물로 갓 심은 선인장 가장자리에 발톱을 걸친 채 나를 바라보았다. 저 자그마한 선인장은 가시가 하도 연약해서 그가 얼마든지 파내 치울 수 있을 정도였다. 하지만 그는 발톱을 선인장에 걸친 채 내가 몇 걸음 앞으로 다가갈 때까지 찡그린 시선을 내게서 거두려 들지 않았다. 그는 진입로 쪽으로 돌아가다가 걸음을 멈추고는 앞다리를 살펴보고 마지막으로 나를 한 번 쏘아보았다.

이튿날 온종일 그를 찾았다. 그는 호턴 이야기를 듣지 않았고 자갈밭에서 요가를 하지 않았고 초지에서 생쥐를 사냥하지 않았다. 그 이튿날도 마찬가지였다. 그리고 눈이 내리기 시작했다. 수북한 봄눈이 번치그래스 사이로 효모 빵처럼 솟아올랐다. 잠을 이룰 수 없었다. 새벽을 몇 시간 앞두고서 알몸에 거위털 코트를 걸쳤다. 공선인장이 내 친구를 속상하게 했다. 조금만 불편을 감수했더라면 나는 그를 편안하게 해줄 수도 있었다. 나는 그보다 더 크고 더 나이 먹었으며 손을 쓸 수 있었다. 노블레스 오블리

주. 나는 기념품 선인장을 파내어 토분에 가둔 다음 창턱에 올려 놓았다. 이튿날 여우가 빈자리에서 몸을 말았다. 얼마나 오래 있었던지 2.7킬로그램의 몸뚱이로도 흙에 자국을 남길 정도였다.

나는 포획한 선인장에 대해 아무에게도 이야기하지 않았다. 여우를 달래려고 눈보라 속에서 옮겨심기를 할 사람이 어디 있겠는가? 그때를 돌이켜보면 이렇게 말하고 싶다. 옳다고 느껴지는 일을 했을 때 잘못됐다는 생각이 든다면 잘못됐다의 정의를 바꿔야 한다고.

그가 근처에 없을 때 화분 속 선인장은 밖에 나가 자연의 공기를 호흡했다. 화분에서 굴러떨어져 마음대로 굴러다닐 때도 많았다. 솔직히 말하자면 공선인장은 나와 마찬가지로 감금 생활에 잘 적응하지 못했다. 자홍색 꽃잎이 빈혈에 걸려 창백해지고 줄무늬가 생겼다. 선인장 꽃은 울분에 겨운 채 분홍색 베갯잇을 닮아갔다. 나는 다른 식물을 감금한 적은 한 번도 없었다. 언젠가 그렇게 할 권리는 여전히 보유하고 있지만.

나는 식물을 실내에 가두는 것에 반대하지 않는다. 동물을 동물원에 가두는 것도 마찬가지다. 동물원에 가본 적은 한 번도 없었지만 언젠가 가보고 싶긴 했다. 나는 엄마에게 버림받은 독일 동물원의 새끼 북극곰 크누트에 대해 모르는 게 없었다. 크누트 이야기를 읽고서 북극곰이 인간에게 길러지느니 차라리 죽으려 한다는 것을 알게 되었다. "동물권 운동가"로 소개된 어떤 남자가

"야생에서는" 어미에게 버림받는 것이 곧 사형 선고라고 주장했다. 이 주장은 다음과 같은 주장으로 이어졌다. 새끼 야생동물은 버림받으면 죽기 때문에 죽음은 자연적이며, 따라서 새끼 크누트를 살리는 일은 자연적이지 않다는 것이었다. 자연은 변덕이 매우 심하므로 새끼 동물이 버림받았다고 해서 전부 죽은 것은 아니며 앞으로도 그렇지 않으리라는 결론으로는 이어지지 않았다. 말하자면 그 운동가는 가장 일반적인 행동만이 자연적이며 평균이 아닌 행동은 전부 자연적이지 않다고 추정했다.

어찌 된 일인지 열심당원•들은 추정을 명령으로 둔갑시켰다. 자연적이지 않은 조치를 삼가는 것은 동물원의 의무가 되었다. 다들 감정에 휘둘린 탓에, 추정을 사실로 믿는 사람은 거의 없다는 점을 알아차리지 못했다. 말이 나왔으니 말인데, 동물원이 자연적이라고 생각하는 사람이 누가 있을까? 그럼에도 저 열심당원들은 이 모든 헛소리를 환희에 찬 깨달음으로 외삽했다. 자연에 순응하여 새끼를 죽여라. 사실 운동가들은 아기 곰 크누트를 죽이라며 동물원 당국을 고소하려 했다. 나는 실제 발언도 두 건 찾아냈다. 기사에서 동물권 운동가로만 소개된 남자는 이렇게 말했다. "진심으로 바라건대 동물원은 저 곰을 죽여야 합니다." 이렇게도 말

• 熱心黨員. 유대교의 한 분파로 이교 국가인 로마와 그 국가가 신봉하는 다신교를 배척한 것으로 유명하며, 이 책에서는 독선적인 사람들을 일컫는다.

했다. "어미 북극곰이 새끼를 버렸다면, 저는 동물원이 자연의 본능을 존중해야 한다고 믿습니다. 자연은 새끼를 죽게 내버려두었을 것입니다." 독일 아헨 동물원 원장 볼프람 그라프루돌프가 말했다. "이것은 잘못입니다. 〔크누트가〕 훨씬 일찍 안식할 수 있도록 용기를 발휘했어야 합니다."

버림받은 새끼가 살려고 발버둥치는 것, 엄마의 보살핌을 받는 다른 새끼들보다 죽을 가능성이 큰 것은 자연적이다. 하지만 버림받고 발버둥치는 새끼를 사람들이 도와주는 것도 자연적이다. 나의 본능도 내게 그러라고 말했을 것이다. 내가 아는 것은 팬서크리크의 버림받은 새끼 사슴이 나의 본능을 시험했기 때문이다. 여우의 새끼 네 마리도 그가 자는 동안 도랑에서 뛰놀며 나의 본능을 시험했다. 우리의 본능은 무엇이 자연적인지 우리에게 알려주며, 우리 사회는 무엇이 정상적인지 우리에게 알려준다. 어느 쪽에 귀를 기울일지는 우리에게 달렸다.

자연은 잔인하다. 이 말은 삶의 지혜를 가장한 개똥철학이다. 돌팔이가 약장수를 가장하듯 오십보백보이긴 하지만.

내가 읽은 글의 취지는 북극곰이 인간에게 길러지느니 차라리 죽으려 한다는 것이었다. 언뜻 보기에 북극곰은 나보다 높은 도덕적 기준에 얽매여 있는 것 같다. 나라면 죽기보다는 북극곰에게 길러지는 쪽을 선택하겠다. 나는 '정상적'인 쪽보다는 목숨을 부지하는 쪽에 훨씬 마음이 끌린다. 게다가 정상적이려고 애쓰는 것은 바쁜 사람에게는 보람 있는 일로 보이지 않는다. 여우는 무엇이 정상적인가? 같은 끝 모를 질문을 궁리하느라 시간을 허비하는 데 찬성하지 않았을 것이다. 사느냐 죽느냐를 선택하는 것은 단순한 문제이며 이것이야말로 언제나 시간을 투자할 만한 문제다.

그나저나 새끼 북극곰이 엄마 북극곰에게 받을 수 있는 것보다도 못한 양육을 세상의 수많은 아이들이 받고 있다는 사실이 외면당하는 건 어찌 된 영문일까?

까치

여우는 언덕에 앉아 있다가 암컷 개구리매의 기다란 꼬리와 새하얀 궁둥이 반점을 보았다. 그녀는 그의 아래쪽 알팔파밭 위를 빠르게 날다 방향을 홱 틀더니 속도를 늦추고는 밭쥐를 잡으려고 아래로 돌진했다. 이제 그녀는 너무 낮게 날고 있었다. 마치 공기의 무게에 전혀 짓눌리지 않는 것 같았다. 기압이 낮아진 것을 감지한 여우는 날씨의 변덕을 경계한 채 자신의 새 굴에서 폭풍을 기다렸다. 지난해와 같은 절벽에 자리 잡은 새 보금자리는 파란 지붕에 가까워졌고 검독수리 둥지와는 멀어졌다. 하지만 새 굴에서는 강의 넓은 만곡부가 더 잘 보였으며, 흙바닥 정원이 아니라 더 화려한 바위 테라스가 보였다. 테라스의 해 지는 쪽에서는 노간주나무 숲이 굴 입구를 편자 모양으로 둘러싼 채 강 쪽으로 뚫려 있었다. 숲 안쪽에는 옻나무 덤불과 디디고 설 수 있을 만큼 큰 바위 두 개가 자리 잡고 있었지만, 암여우, 새끼 세 마리, 초대받지 않은 사슴 3인조를 위한 공간은 남아 있었다. 낙천적인 개구리매가 알팔파밭을 맴돌다 떠나기 전에 하늘이 진눈깨비, 우박, 눈, 햇빛, 비로 가득 차더니, 포효하는 바람소리를 끝으로 햇빛이 한 번 더 나타났다.

굴 근처에서는 꼬리 꺾인 새끼가 단풍잎 모양 커런트 덤불 밑에 웅크린 채 회오리손이 기다란 연장으로 꼴사납게 흙더미를 정리하는 광경을 바라보고 있었다. 나머지 새끼들은 서로 쫓고 쫓기다 굴 위에 있는 커다란 너럭바위 쪽으로 갔다. 바위는 새끼들이 밑에 숨을 때면 지붕처럼 덮어주었으며 달궈진 표면에서 일광욕을 할 때면 테라스처럼 받쳐주었다. 도래까마귀 한 마리가 피랑새의 일부를 부리에 문 채 날아갔다. 놈은 두꺼비 모양 바위 근처에 내려앉아 다른 도래까마귀들에 합세했다. 다들 깍깍거리며 팔짝팔짝 뛰었는데, 아무리 높이 뛰어도 말코손바닥사슴이 서 있었으면 머리 위까지 닿지 못했을 것이다. 도래까마귀들이 이미 강가 말코손바닥사슴 사체를 배가 터지도록 먹었다면 여우가 한 입 거들려고 해봐야 남은 게 없을 터였다.

그래서 그는 토끼 들판으로 껑충껑충 내려갔다. 녹고 있는 눈 아래서 풀싹들이 반짝이고 있었다. 그가 도착했을 때 사슴들은 들판을 반으로 가르는 부들 천지 개울 양편에 흩어져 있었다. 먹느라 바쁜 사슴들은 강낭콩 넝쿨처럼 목을 구부린 채 발칙한 궁둥이를 사방으로 들이댔다.

사슴들은 어수선하게 풀을 뜯을 뿐, 대오를 정비하여 떠나지 않고 미적거렸다. 오히려 공기처럼 아무 맛도 없는 풀을, 배가 부풀어 똥으로 땅을 덮고 엄청난 양의 메탄가스를 방출할 때까지 먹어댔다. 한편, 딱딱한 발굽이 사방을 가로막은 탓에 그는 토끼를 쫓기 힘들었다. 떨기나무 사이에 숨은 토끼를 잡을 수 없었다는 말이 아니라, 토끼가 잘 보이지 않고 세이지브러시 맛이 났을 거라는 말이다. 토끼 들판이 엉망이 되기 전에 사슴을 몰아내려면 오기, 끈기, 집념, 단단한 자존감이 필요하다. 회오리손이 아무리 손뼉을 쳐봐야 소용없을 것이다.

들판 가장자리에서는 삐걱대는 미루나무의 그늘에서 암사슴 한 쌍이 서로의 목을 이빨로 긁어주고 있었다. 그는 사슴의 다리가 진드기로 덮인 것을 볼 수 있을 만큼 가까이 기어갔다. 그가 몸을 기울여 어린 암사슴의 발목 털을 건드리자 그녀는 마치 그가 벌레만도 무섭지 않다는 듯 뒤꿈치를 탁탁 털었다. 어림도 없지! 암사슴이 풀을 빨아들이는 동안 여우는 그녀의 멱을 바라보았다. 턱 아래로 늘어진 피부가 불은 개울물처럼 출렁거렸다. 그는 암사슴의 앞무릎에 다가가 그녀의 주둥이가 땅바닥에 닿는 광경을 지켜보았다. 진드기들이 피를 어찌나 빨리 빨던지 그녀의 다리가 울긋불긋해 보일 지경이었다. 그녀의 혀가 다시 한번 스르

륵 튀어나왔을 때 그는 기다란 검은 수염으로 그녀의 아랫다리를 건드렸다. 사슴은 움찔조차 하지 않았다. 작전 개시!

이제 투명여우가 된 그는 언덕 내리막에서 가장 멀리 있는 사슴에게 살금살금 다가가 사슴 무리가 달짝지근하게 말린 허클베리를 먹듯 풀을 게걸스럽게 먹어치우는 광경을 보았다. 그러고는 맨 뒤의 빵빵한 사슴 뒤로 뛰어가 그녀의 옆구리에 꼬리를 문질렀다. 그녀는 고개를 와락 쳐들고 눈을 끔뻑 뜨더니 길을 막는 모든 사슴을 여우의 토끼 들판에서 밀어내며 언덕 아래로 내달렸다.

그가 생산적 오후를 보내고 있을 때 머리 위에서 붉은꼬리말똥가리가 괴성을 질렀고 흰머리수리가 들판을 향해 다이빙했다. 흰머리수리가 밀려나자 또 다른 붉은꼬리말똥가리가 추격에 합류했다. 그림자들이 토끼 들판을 가로질렀다. 소란이 끝나기 전 여우는 풀숲으로 피신했다. 세이지브러시 속에 웅크린 채 그날 아침의 폭우에 대해 생각하던 점박이 울새는, 여우가 보기에, 따끔따끔한 떨기나무와 드잡이를 벌이느라 몸을 적실 수고를 감수하기엔 너무 작은 먹잇감이었다. 울새가 더 보송보송해지거나 살찌면 잡으러 돌아올지도 모르지만.

그는 간단하게 요기하려고 자신이 즐겨 찾는 도랑으로 가다가 개구리매를 또 한 마리 목격했다. 개구리매는 느릿느릿 활공하다 낮게 급강하하고 이따금 사라졌는데, 그와 똑같은 생각을 하는 것이 틀림없었다. 밭쥐를 빼돌릴 속셈이었다. 그는 끄트머리가 하얀 꼬리를 바짝 세워 배불뚝이에게 도움을 요청했다.

소녀에게 테니스공으로 불리고 여우에게 배불뚝이로 불리는 까치가 작고 비틀린 노간주나무에 지은 둥지 입구 밖으로 빼꼼 고개를 내밀었다. 큼지막한 둥지엔 돔 지붕이 얹혀 있었는데, 3년이 지나 둥지 아래쪽 테두리가 우묵 들어가고 처마가 불룩 튀어나와 내부가 어둑어둑했다. 배불뚝이 까치는 키 크고 맨들맨들한 노간주나무 아래 근처에 있을지도 모르는 달걀노른자를 떠올리며 둥지의 유일한 출입구에서 모습을 드러냈다.

한 줄로 늘어선 라일락을 지나쳐 날아와 노간주나무를 한 바퀴 돌았지만 아래쪽엔 아무것도 없었다. 그녀는 놀라지 않았다. 노른자의 유무는 파란지붕에 사는 사람의 종잡을 수 없는 기분과 태도에 늘 달려 있었으니까.

빨간색과 노란색의 어깨 브로치를 어렴풋이 번득이며 지저귀는 여새 무리의 무게에 노간주나무의 가운데 가지들이 흔들리고 있었다. 그녀가 아래쪽 가지에 내려앉아 힘껏 내리누르면 가지가 위로 튕겨 올라 저 작은 새들을 나무에서 떨어뜨릴 수 있을 것이다. 하지만 가모장 배불뚝이는 장난칠 시간이 없었다.

그녀는 강쪽으로 발길을 돌려 말코손바닥사슴 사체 근처 평평하고 탁 트인 들판에 서 있는 흰머리수리들을 염탐했다. 놈들은 검독수리가 식사를 마칠 때까지 기다리고 있었다. 배불뚝이는 그들과 합류하기로 마음먹었다. 이미 근방에 와 있던 짝 찢긴꼬리가 그녀의 독특한 날갯소리를 알아듣고 그녀가 내려앉는 광경을 올려다보았다.

흰머리수리들이 계속 기다리고 있을 때 멀리 버드나무에서 까치 떼가 찾아와 산개散開한 채 사체 주위를 빙글빙글 돌았다. 누군가 날아올라 그들을 맞이해야 할 것 같았다. 방문객 까치들이 호전적이진 않았지만, 법도에 따르면 누군가 그들에게 알은체를 해야 했다. 배불뚝이와 짝은 언제나 법도를 따랐으나 차츰 진저리가 나고 있었다. 아무도 나서지 않자 그녀와 짝은 늘 그랬듯 하늘로 솟구쳤다. 그녀는 자신의 꼬리가 근사하고 삶이 덜 피곤하던 시절을 회상했다.

검독수리가 나무 전봇대로 물러나자 다들 말코손바닥사슴 사체를 조금이라도 챙기려고 드잡이를 벌였다. 햇살이 청소동물들을 비추는가 싶더니 이내 눈발이 들이닥쳤다. 제 몸집의 두 배나 되는 도래까마귀 무리가 왁자하게 몰려들자 배불뚝이는 벌레나 잡으러 가야겠다고 생각을 고쳐먹었다. 그녀는 들판을 서성이는 흰꼬리사슴의 구부러진 등에 뛰어올라 진드기를 쪼아 먹었다. 새끼 사슴이 올려다보았다. 뾰족하게 들린 코, 커다란 눈, 둥근 이마를 보자 여우가 떠올랐다.

흰꼬리사슴은 배불뚝이를 그대로 업은 채 무리와 함께 도랑 옆을 거닐었다. 머리 위로 개구리매의 그림자가 드리우자 어린 울새가 축축한 세이지브러시 속으로 뛰어들어 떨기나무 아래에 있던 느림보 밭쥐를 놀래켰다. 밭쥐는 쪼르르 번치그래스에 들어갔다 나왔다 하며 여우가 좋아하는 밭쥐 도랑을 통과했다. 밭쥐를 쫓던 개구리매가 낙하했다가 먹이를 물고 날아올랐다. 가모장 배불뚝이는 개구리매가 도랑에서 사냥을 수월하게 끝내면 다음에도 찾아오리라는 것을 알았다. 그래서 사냥을 조금 덜 수월하게 만들기로 결심했다. 그녀는 사슴의 엉덩이에서 뛰어올라 올빼미 얼굴 개구리매에게 자신의 흰 배를 내보였다. 자신을 크고 선명한 표적으로 드러내는 것은 본디 위험한 일이었다. 누구나 그녀가 정신이 나갔거나 간이 부었다고 생각할 것이다. 하지만 흰 배를 번득이는 것은 포식자의 눈길을 끄는 것만이 아니라 친구들에게 구조 요청을 보내는 것이기도 했다. 그녀는 정신이 나가지도 간이 붓지도 않았다. 자신에겐 적보다 친구가 많다고 믿었을 뿐이다.

소수의 까치 무리가 가모장에게 합류하여 개구리매를 추격하자 겁에 질린 놈은 홱 돌아서 흙무더기 쪽으로 내뺐다.

어느 따뜻한 날 이른 오후, 여우는 생쥐를 반으로 갈랐다가 구역질을 하며 머리 부분을 미나리아재비 위에 토해냈다. 젖 먹이는 암컷 생쥐는 먹고 나면 혀에 끈적끈적한 잔류물이 남아서 그가 질색하는 먹잇감이었다. 먹고 싶은 것만 먹는 것은 빠르고 영리하고 사슴이 아닌 동물의 특권 중 하나였다. 빼어난 사냥꾼들은 입맛이 까다로웠다. 젖 먹이는 암컷뿐 아니라 크고 사나운 수컷도 역한 맛이 났다. 그는 어떤 경우에든 생쥐보다 밭쥐가 좋았다. 게다가 밭쥐의 통통한 몸에는 고무나 플라스틱이 들어 있지 않았다. 이따금 그는 너덜너덜해진 생쥐를 물고 와서는 알팔파밭 여우들이 잠들 때까지 기다렸다가 그들의 굴 바깥에 내려놓았다.

오늘 그는 밭쥐의 가장 맛있는 부위를 씹고 있었다. 좋아하지 않는 부위들은 앞다리 사이의 납작한 풀잎 아래로 흘렸다. 그가 일어서자 배불뚝이가 나머지를 처리했다. 그런 다음 그녀는 공중에서 재주를 넘으며 그를 즐겁게 했다. 비행은 멋진 기술이었지만 그는 이빨을 깃털로 바꿀 생각은 없었다. 그는 밭쥐를 먹었고 까치는 찌꺼기를 먹었다. 이따금 얼룩덜룩한 새의 삶은 일련의 경착륙에 지나지 않는 듯 보였다. 그녀가 여전히 공중에서 묘기를 부리는데 그는 햇볕을 쬐며 자려고 파란지붕으로 향했다. 그가 밭쥐를 사냥하거나 회오리손과 나란히 걸을 때 배불뚝이는 한 번도 끼지 못했다. 그가 회오리손에게 초원종다리를 가져다주었을 때 그녀가 배불뚝이를 향해 비명을 지르며 팔을 휘두른 날 이후로, 그는 그녀와 까치가 적이라는 걸 알았다.

이른 저녁 여우가 협곡을 따라 달리다가 자고새들이 부스럭거리고 짹짹거리는 소리를 들었다. 하지만 놈들이 끈끈한 커런트 덤불 밑에서 뛰쳐나가는 바람에 한 마리도 잡지 못했다. 자고새 무리가 떠나고 한 마리가 남았는데, 굵은 커런트 가지에 등이 가려진 것 말고는 온몸이 드러난 채였다.

새끼 새는 몸무게를 옮겨 오톨도톨한 발 하나를 앞으로 내디디다가 그대로 얼어붙었다. 여우는 새가 수그리거나 또 한 발짝 내디딜 때까지 가만히 기다렸다. 오랜 기다림은 오랜만의 야생닭•을 맛보기 위해서라면 치를 만한 대가였다. 오래지 않아 해가 그의 얼굴 이쪽에서 저쪽으로 옮아가면서 흰 깃털의 수컷 자고새를 덮칠 기회가 찾아왔다.

배불뚝이는 붉은꼬리말똥가리를 뒤따라 날다가 아래쪽에서 썩은 호박 비슷한 주황색의 지저분하고 둥근 것을 보았다. 하지만 약간 고약한 냄새가 마음에 걸렸다. 그녀는 더 가까이 날아갔다. 그것은 키 작은 풀을 헤치고 여우를 향해 기어가는 들고양이였다. 여우는 아직도 협곡에서 사냥 중이었다. 배불뚝이는 여우

• 자고새는 꿩과에 속한다.

를 젖먹이 때부터 알았으며 여우는 자라서 그녀의 듬직한 음식물 찌꺼기 공급원이 되었다. 뒷골목의 삶엔 규칙이 없었지만 책임마저 없는 것은 아니었다. 그녀는 주황색 고양이가 바람을 안고 뒤쪽의 흙에 몸을 숨긴 채 여우로부터 몇 발짝 거리까지 다가가는 광경을 바라보았다. 그 위치에서 고양이는 여우에게 들키지 않은 채 그에게 달려들어 짓누르고 가냘픈 목을 물어뜯을 채비를 갖췄다. 까치는 가장 가까운 갯능쟁이에 내려앉아 지켜보았다.

나는 돌멩이로 땅바닥을 약간 파고는 노른자로 채운 달걀 껍데기를 서둘러 집어넣었다. 그날 아침 일찍 블랙체리와 녹인 초콜릿 혼합물에 달걀흰자를 넣고 달걀노른자는 짐승들을 위해 남겨둔 터였다. 체리는 냉동 체리 봉지에서 꺼냈고 초콜릿은 베이커스 저당低糖 제품이었다. 그 전에 퀘이커오츠 오트밀을 갈아 귀리가루를 만들고 초콜릿·체리 반죽을 블렌더로 치댔다. 마른 재료와 액상 재료를 섞고 저민 아몬드를 넣은 뒤 이렇게 만든 케이크 반죽을 유리 빵틀에 부었다.

오늘 노간주나무 진에는 통통한 잿빛 새들이 바글거렸다. 노란 줄무늬 꼬리를 파닥거렸는데 머리 깃털이 상투처럼 솟아 있었다. 새들에게 이름표가 달려 있었다면 "봄비킬라 가룰루스*Bombycilla* *garrulus*"라고 쓰여 있었을 것이다. 이름표 문구가 라틴어 대신 영어였다면 "비단 같은 꼬리를 하고 지저귀는 새들"이었을 것이다. 오듀본협회에서 밝히는 이 새의 일반명은 보헤미아밀랍날개(황여새)다. 새들은 노간주나무 '베리'를 먹으며 지저귀었다. 나는 겉모습에 홀딱 빠졌다. 헝가리자고새 못지않게 우아하면서도 쌍안경 없이 볼 수 있을 만큼 컸다. 하지만 오래 머물진 않을 것이며 이 이주 경로를 다시는 이용하지 않을지도 모른다. 여새들은 미모만큼이나 변덕도 남달랐다.

여새를 손님으로 맞아들였는데 까치가 놈들의 곱고 깃털 달린 볏에 달갈노른자를 흘리게 놔둘 수는 없었다. 테니스공을 어떡한다? 나는 노른자를 그린치했다.* 헝가리자고새 열세 마리가 토닉 밑에 잠들어 있던 때가 기억났다. 각자 머리를 앞 새의 허벅지에 올려놓은 모습이 영락없는 화환이었다. 그때도 나는 새들을 보호하기로 마음먹고서 노른자를 그린치해야 했다. 그런 적이 한두 번이 아니었다. 어쩌면 테니스공이 불만스러워한 것은 내가 노른자를 도로 빼앗았기 때문이 아니라 너무 자주 빼앗았기 때문인지도 모르겠다.

잿빛 구름이 오므라들어 함정구멍을 만들었다. 나는 속지 않았

* '그린치Grinch'는 닥터 수스의 그림책 『그린치가 크리스마스를 훔친 방법*How the Grinch Stole Christmas!*』 주인공으로, 여기서는 몰래 훔친다는 뜻.

다. 하지만 지독한 소나기를 만날 위험은 여름날 햇빛에 아롱진 덧없는 눈벼락을 맞으며 푸른 하늘 배경막을 바라보는 즐거움을 위해서라면 얼마든지 감수할 수 있었다. 어쩌다 보니 북쪽 언덕을 지르밟으며 들고양이를 쫓아가게 되었다. 여우는 멀찍이 앞에서 사냥하고 있었고 무소부재한 테니스공은 그의 뒤를 바짝 따라다니고 있었다. 종아리 높이의 여러해살이풀 잔가지들은 추위에 하도 붉어지고 상한 터라 화창한 날 내게 밟히자 비명을 지르다시피 했다. 그들의 고통이 느껴져 보폭을 한껏 넓혔다.

여우의 시선에 들어온 헝가리자고새에게 중요한 것은 오직 하나였다. 살아남으려면 돌이 되어야 한다. 그녀는 숨을 쉬지도 눈을 깜박하지도 않았다. 꼼짝 않고 서 있는 것만으로는 모자랐다. 화강암처럼 무감각해져야 했다. 바람이 썩어가는 이엉개미 둥지를 들쑤셔 고운 홀씨를 그녀에게 날려 보냈다. 적갈색 눈자위와 잿빛 눈꺼풀을 분리하는 얇은 막에 홀씨 하나가 내려앉았다. 자고새는 홀씨를 떨어내려고 눈을 깜박이며 몸을 움츠렸다. 그 순간 커런트 가지는 더 이상 그녀를 여우로부터 막아주지 못했다.

배불뚝이는 죽은 나뭇가지를 발톱으로 움켜쥔 채 아슬아슬하게 균형을 유지하며 고양이의 움직임을 감시했다. 웅크려 입을 크게 벌린 고양이는 자고새를 바라보는 여우에게 언제라도 뛰어들 태세였다. 자고새가 앞으로 몸을 숙이자 여우가 달려들었다. 까치는 고양이의 등으로 돌진했다. 고양이는 몇 분의 1초 안에 까치로부터 스스로를 방어할지 여우를 죽여야 할지 결정해야 했다. 고양이는 가모장이 마치 고드름인 양 무시한 채 뾰족한 주황색 주둥이에 초점을 맞췄다.

주둥이는 까치로 변했다. 고양이는 몸을 반쯤 돌려 까치의 보드라운 가슴에 양 발톱을 박았다. 가모장은 꼼짝없이 드러누운 채 부리를 고양이의 눈알에 겨눴다. 고양이가 첫 번째 발톱 자국 아래 두 번째로 발톱을 찔러넣었다. 그녀의 부리가 눈알에 닿으려는 찰나 고양이가 발톱을 양옆으로 벌려 배불뚝이 까치를 쥐어뜯었는데, 어찌나 세게 뜯었던지 내장이 위로 솟구쳤다. 가모장은 자신의 뜨끈뜨끈한 피분수에 눈이 먼 채 금세 몸에서 피가 빠져나갔다.

소란을 피해 협곡에서 달아난 여우는 풀밭 비탈을 달려 올라가다 안전할 만큼 떨어진 바위에서 멈췄다. 시장기는 가신 지 오래였다. 고양이는 두어 걸음 뒤로 물러서며 배불뚝이의 사체를 흙바닥에서 돌판으로 끌고 갔다. 여우는 그녀의 사체가 고양이 입 밖으로 늘어진 것을 보고서, 아주 가끔 독버섯이나 발에 말코손바닥사슴 똥이 너무 많이 묻은 나비처럼 잘못된 것을 먹었을 때만 느끼던 기분을 느꼈다. 그럴 땐 너무 어지러워서 서 있지 못하고 누운 채 고열과 오한을 번갈아 겪으며 어지럼증이 가시기만 기다렸다. 배불뚝이의 잔해에서 고개를 돌리자 멀리 아래쪽으로 기다란 강줄기가 보였다. 먼 강기슭을 따라 까치들이 미루나무에 다닥다닥 붙어 작은 섬을 바라보고 있었다. 그곳은 고요하고 양지바르고 포식자가 없는 피난처인 것만 같았다. 하지만 배불뚝이가 떠난 지금은 결코 그곳에 가지 않을 것이다. 강기슭에서 마지막으로 달걀 사냥을 했을 때 그는 하류를 바라보며 저기까지 가기엔 자신이 너무 초라하다는 생각이 들었다.

그가 몸집과 과묵함에 비해 태평한 삶을 누릴 수 있었던 것은 배불뚝이 덕이었다. 그가 소녀를 만나기 전 아직 새끼일 때 배불뚝이는 그를 지켜준 유일한 존재였다. 그의 곁에 머물며, 누구든 그를 위협하면 설령 그의 형제자매에게까지 달려들었다.

죽은 세이지브러시 아래 삐죽삐죽 박힌 돌판 위에서는 고양이가 까치 내장을 앞다리에 흘린 채 웅크리고 있었다. 내가 다가가자 놈은 번치그래스 속으로 건들건들 들어가 헤어볼과 너덜너덜한 날개를 주둥이 밖으로 늘어뜨린 채 긴장을 풀었다. 나머지 사체는 여전히 바위 위 뒤쪽에 놓여 있었다. 언덕 위에서는 여우가 훼손된 까치를 쳐다보며 몸서리를 치고 있었다. 바위 아래에서 개미 군단이 몰려올라와 가장자리를 넘어 바위 표면을 가로질렀다. 놈들은 신선하고 축축한 핏줄기들을 건너고 분홍색 살과 흰색 힘줄 위를 기어 찢어발겨진 날개 윗부분 속으로 들어갔다. 나는 여우를 잠깐만 지켜보았는데도 갈기갈기 찢긴 까치가 테니스공이라는 것을 알 수 있었다.

나는 번치그래스와 선인장 사이를 달려 집에 돌아왔다. 서두르느라 호주머니에서 떨어진 연필을 집을 새도 없었다. 초콜릿 케이크가 기다리고 있었다. 나 자신과 살육 사이에 거리를 둘수록 입맛이 빨리 돌아올 것 같았다. 테니스공이 우리 집단의 일원이고 여우의 친구라는 사실은 제쳐놓더라도, 구역질 나는 털뭉치와 썩은내 나는 발톱에 찢어발겨져 서서히 죽어가는 동안 그녀는 끔찍한 고통을 겪었다. 물론 그녀는 시도 때도 없이 나타나 마치 원한을 품은 것처럼 요란하게 깍깍거렸다. 하지만 내가 그녀를 좋아하지 않은 진짜 이유는 여우를 괴롭혔기 때문이었다. 지금은 나의 오해였다는 걸 알았지만, 너무 늦었다.

지난 3월 일이 떠올랐다. 까치들이 봄철 새끼들을 위해 둥지를 보강할 때였다. 바람이 무섭게 불었기에 새들은 바람이 잦아들면 일하고 다시 불면 멈췄다. 테니스공만 빼고. 그녀는 어떤 강풍에도 바쁘게 돌아다녔다. 놀고 있는 발톱을 보고 싶다면 차라리 악마를 방해하는 게 나을 정도였다. 테니스공은 땅바닥을 쏘다니며 얼어 죽은 식물에서 떨어져 나온, 작은 잎이 달린 뾰족한 갯능쟁이 잔가지들을 집었다. 돌풍이 그녀의 부리에서 잔가지를 낚아채 데굴데굴 굴리면, 까치는 검은 눈을 부릅뜨고는 바람 채찍에 깃털을 두드려맞으면서도 단단한 진흙을 움켜쥐고 꿋꿋이 서서 또 다른 잔가지가 떨어져 날아오길 기다렸다.

점박이올빼미

'새끼 네 마리의 밤' 직후에 나는 여우 통화로 거래하기 시작했다. 말하자면 나의 욕망을 재구성했으며, 욕망의 실현을 위해 기꺼이 치를 가격을 재조정했다. 이 사건으로 내 삶이 더 소박하던 때를 돌이켜보게 되었다. 레이니어산 국립공원 자연보전구역의 젊은 레인저이던 시절 내가 소유한 전부를 세상으로부터 지켜준 것은 자동차 유리창, 도색된 철판, 미쉐린 타이어뿐이었다. 레인저 시절을 생각하니 점박이올빼미 전쟁으로 우리 지역이 분열된 일이 떠오른다. 전쟁이 발발한 것은 한 단체가 점박이올빼미와 그들의 서식처인 늙은숲을 멸종위기종보호법 대상으로 지정한 탓이었다. 지역 주민 중에는 늙은숲에서 목재를 채취하는 일에 종사하는 사람이 아주 많았기에, 어떤 사람들은 점박이올빼미를 그 '명단'에 넣으면 지역 경제가 결딴날 거라고 믿었다. 그리하여 우리 지역의 모든 사람은 '명단파'와 '벌목파' 둘 중 하나에 이름을 올렸다.

이 싸움이 한창이던 어느 날 밤 워싱턴주 팩우드의 한 술집에서 화장실 문을 벌컥 열었는데, 휴지가 있어야 할 자리에 "후지toelet paper가 떨어지셨나?"라는 질문이 쓰인 종이쪽지가 놓여 있었다. 답도 적혀 있었다. "점박이올빼미로 똥구멍을 닦으셔." 오타보다 더 심란했던 것은 우리에게 휴지가 필요하므로 늙은숲 파괴가 정당하다는 논리였다. 나는 어느 반半문명인 못지않게 휴지를 애용했지만, 400년 묵은 나무로 만든 휴지를 쓰느니 차라리 포이즌아이비•로 똥구멍을 닦을 각오가 되어 있었다. 그때 나는 일개 블루칼라 레인저에다 대학 학위도 없었지만 이건 선택의 문제가 아니라는 생각이 들었다. 휴지를 얻을 방법을 우리가 찾아낼 수 있을 거라 생각했다. 새와 나무를 죽이지 않고서.

어쨌거나 우리는 달에 사람을 보내지 않았던가.

그 뒤 대학원에 가서 '우리'가 달에 사람을 보내지 않았다는 사실을 배웠다. 로켓과학자들이 보냈다. 내가 그들에 대해 캐낼 수 있었던 사실들로 보건대, 그들은 휴지 디자이너보다 훨씬 높은

• poison ivy. 옻나무과에 속한 덩굴식물로, 유독 성분이 있어서 피부염과 같은 증상을 일으킨다.

보수를 받는 업무에 종사했다. 이를테면 로켓을 설계한다든가.

그러니 나무를 이용하는 우리 모두는 우리가 원하는 것이 무엇인지, 무엇을 지불할 의향이 있는지 생각해야만 했다. 반反벌목파(대부분 등산객이었다)는 올빼미를 명단에 올리고 서식처를 보호하는 쪽을 선호했다. 그들은 벌목꾼들이 야생지를 잠식한다고 생각했다. (올빼미들은 등산객들에 대해 같은 생각을 했다.)

점박이들은 어느 올빼미 못지않게 지혜롭지만 대부분의 사람들은 귀깃이 없다는 이유로 그렇게 생각하지 않으며, 만평가들은 작은 안경을 걸 곳을 찾지 못해 당황한다. 스트릭스라고 불리는 카리스마 넘치는 올빼미속의 여느 구성원과 마찬가지로 점박이올빼미는 얼굴이 접시 모양이고 눈이 동그랗다. 내가 담당한 자연보전구역에는 줄무늬올빼미, 큰회색올빼미, 점박이올빼미 등 세 종의 스트릭스가 서식했다.

자연보전구역에서 텐트 밖으로 나왔을 때 접시 모양 얼굴을 한 올빼미의 눈을 맞닥뜨리면 당신은 황홀할 것이다. 사실 자연보전구역에서 야영한다는 것만으로도 황홀할 테지만. 나도 그랬으니까. 나와 숲을 공유한 벌목꾼들도 같은 심정이었다. 나는 국립공원관리청 소속의 오지 레인저였고 벌목꾼들은 민간 부문에 속해 있었지만, 우리는 습성이 비슷했다. 둘 다 숲에서 일했고 문명을 멀리했으며 옷차림과 머리 모양이 하도 괴상해서 멀리서 보면 성별을 짐작할 수 없었다. 대학 학위도 없었다. 우리가 하는 일에 필요한 것은 소량의 지휘·감독과 다량의 근육이었다. 우리에게 말실수로라도 '벌이가 좋다'라고 말하는 사람은 아무도 없었지만, 돈을 더 준대도 지금 누리는 삶의 질을 포기할 생각은 없었다. 말하자면, 벌목꾼들은 정신 나간 자들이 아니었다. 나무 열 그루를 베는 임금이 만 그루를 베는 것과 같다면 벌목꾼들은 차라리…… 음…… 말 안 해도 분명하지 않을까? 우리 모두의 바람은 숲에서 선하고 정직하게 사는 것이었다.

공원을 떠난 뒤에도 그런 삶을 바랐지만, 박사 학위를 받았을 때 이런 기분이 들었다. 놋쇠 배지, 풀 먹인 제복, 비협조적인 경찰에 얽매이는 건 특권의 대가로는 과한 것 같았다. 다른 누군가의 땅이 아니라 내 땅을 관리하고 싶었다. 땅에 빠져들어 그 속에 감싸이고 싶었다. 특별한 곳에, 권력이 사람과 자연 사이에 고르게 분배되는 곳에 나의 땅이 있길 바랐다. 이따금 우리가 우두머리 행세를 하려다 자연에 의해 혼쭐 나는 곳. 야생 새끼 사슴이 집개에게 허벅지를 물어뜯겨 천천히 고통스럽게 죽지 않는 곳.

새끼 네 마리의 밤은 욕망을 신중하게 선택해야 한다는 것을 내게 일깨웠다. 에메랄드를 가진 사람이 부자인 것은 에메랄드의 내재적 가치 때문이 아니다. 그가 부자인 것은 그의 에메랄드를 탐하는 당신의 욕망 때문이다. 내가 새끼 네 마리의 밤에 경험한 기쁨은 상품이었으며 가격이 붙어 있었다. 그런 경험을 더 사고 싶다면 두둑한 수입과 건강보험(그리고 에메랄드를 살 수 있는 여윳

돈)을 보장하는 도시 일자리를 포기하는 대가를 치러야 했다. 이런 의문이 들었다. 내가 이곳에서 외따로, 여우들과 함께 살고 싶은 마음은 얼마큼일까? 나는 얼마나 지불할 의향이 있을까?

7월, 내 삶에서 여우와 함께하는 두 번째 생일을 맞아 친구 마이크 하이엄이 일주일 머물 요량으로 캐나다에서 내려왔다. 그의 구닥다리 볼보 세단이 주춤주춤 진입로에 들어서더니 앞들을 지나 계속 다가오다 정원에서 멈췄다. 현관 계단에서 몇 뼘 떨어지지 않은 곳이었다.

그가 차에서 내릴 때 나는 그의 실수를 지적했다.

"아아아아. 여기가 정원이군." 그는 선글라스를 치켜올리고는 양말에 달라붙은 털빕새귀리 이삭을 내려다보았다. "그런데 진입로와 정원의 차이점이……?"

"진입로는 차가 다니는 곳이야."

그가 여전히 얼떨떨한 표정이기에 한마디 덧붙였다. "의도적으로 말이지. 진입로를 차량으로 통행하는 건 의도적이야. 과실이 아니라고. 그리고 정원은 여기야." 나는 볼보 쪽을 가리켰다. "여기에 식물을 심을 거야…… 언젠간. 아마도. 초지는……" 나는 마루지를 찾으려고 주위를 둘러보았다. "아무튼 내가 식물을 심지 않을 곳이야."

"그런데 정원, 초지, 진입로…… 셋 다 똑같아 보여."

어쨌든 마이크의 차를 여기 둘 순 없었다. 반짝이는 외장 때문이든 악취를 풍기는 차대 때문이든 고무 타이어 때문이든 여우는 자동차가 자신의 영역에 있는 것을 참지 못했다. 마이크는 팔을 창밖으로 늘어뜨려 지난해 자란 사리풀의 마른 겉껍질을 탁탁 치며 후진했다. 언젠가 사리풀 꽃 수십 송이가 일제히 피었을 때, 나는 튼튼한 잡초가 자갈과 사슴 오줌 말고는 아무 영양분이 없어도 무슨 일을 벌일 수 있는지 알게 되었다. 옐로스톤 국립공원 상류에서 일하는 동료 헬가가 자신의 스테이션왜건을 오두막 뒤에 보관하려고 들렀다. 그녀는 진입로 위치가 왜 계속 바뀌느냐고 물었다. 내가 눈꼴사납게 반짝거리는 바퀴 테에 진흙을 발로 차 뿌리고 있을 때 헬가가 스스로 대답을 내놓았다. 내가 방문객을 퇴치하려고 진입로를 위장한다는 것이었다. 나는 부정하지 않았다. 마이크조차 진입로와 초지를 구분하지 못했으니까. 식물학 박사 학위가 있는데도 말이다.

이튿날 아침 마이크와 나는 차를 몰고 베어투스 산맥에 가서 사진 찍을 명소와 집에 가져올 돌덩이를 찾아다녔다. 실제 산탄총 shotgun이 뒤창 너머에 거치되어 있지 않은 개인 차량의 조수석에 앉는 것은 내게 새로운 경험이었다.* 나는 누군가와 함께 사냥할 때가 아니면 언제나 직접 운전대를 잡았다(그리고 나는 대체로 혼자 사

* 영어로 조수석에 앉는 것을 뜻하는 'riding shotgun'은 서부 개척 시대, 강도의 습격을 막기 위해 마부 옆자리에 총을 든 사람을 태웠던 데서 유래했다.

냥했다). 통제권을 넘겨주는 것이 찜찜했지만 경치를 감상하다 보니 어느새 불안감이 가라앉았다. 물수리가 활선•에 감전하지 않도록 우리 동네 전기조합에서 폐전봇대에 설치한 나무 받침대에는 둥지가 쏟아질 듯 얹혀 있었고, 그 밖으로 캐나다기러기 머리가 불쑥 나와 있었다. 큰왜가리 세 마리는 강가 서식처 숲 위에서 바람을 타고 떠 있었다. 그곳은 강섬江島 근처였는데, 울창하고 우듬지가 뾰족뾰족한 가문비나무들이 서 있었다. 검은 말코손바닥사슴의 다리들이 빽빽한 회색 껍질 전나무 군락 사이로 내달렸으며, 얼굴의 판다 무늬 때문에 눈이 접시만큼 커 보이는 갈색의 새끼 말코손바닥사슴 한 마리가 뒤를 따랐다.

목화송이를 닮은 포플러 씨앗이 검은 고속도로를 덮었다. 씨앗들이 우리 앞에서 소용돌이치며 공중으로 몇 센티미터 떠오르자 마치 구름 속을 달리는 느낌이 들었다. 마이크가 근사한 흰꼬리사슴 암컷을 찍으려고 멈추자, 조수석에서 황홀경에 빠져 있던 나도 정신을 차리고는 볼보에서 내려 돌 비탈을 향해 걸어갔다.

그가 나를 따라잡았을 때 나는 작은 바위 위로 몸을 숙이고 있었다. 내가 말했다. "여우에게 줄 파티 선물을 찾고 있어. 내 생일 파티 말이야."

"알아들었어." 마이크가 말하며 뚜껑 씌운 캐논 카메라의 가슴

• 活線, 전기가 통하고 있는 전선.

끈을 조였다. "규격이 어떻게 돼?"

선상지•까지 올라가자 도로에서는 할리데이비슨 오토바이 소리밖에 들리지 않았다. 발목이 이리저리 뒤틀리고 발가락이 미끄러지다 얼룩덜룩한 화강암에 끼이는 시련을 겪으면서, 우리는 클로버 밭에서 누구마을을 찾는 두 마리 호턴처럼 바위를 들어올리고 살펴보고 분류했다. 최고의 바위를 찾았다는 생각이 들더라도 수백 개 중에서 완벽한 것을 찾을 때까지 계속 탐색했다. 우리가 400미터를 운반하여 볼보에 가져간 바위는 옆에서 보면 약간 오목한 서프보드처럼 생겼고 위에서 보면 이등변삼각형 꼴이었다.

집에 돌아와 여우가 쉬면서 물망초를 감상할 수 있는 곳에 서프보드 바위를 놓았다. 우리가 시소처럼 기우뚱거리는 바위 아래에 작은 돌멩이와 진흙을 괴는 광경을 암컷 헝가리자고새가 숨죽인 채 지켜보았다. 우리는 그녀를 무시하는 척했지만, 자고새 무리가 바위와 엉겅퀴 사이에 몸을 숨기고 데우려고 바스락바스락 풀밭을 가로질러 구정물 도랑에 들어가는 소리를 들었다. 우리는 수박과 여우와 함께 내 생일을 축하했다(여우는 수박을 먹지 않았다). 나는 "우리에게 기쁜 생일이구나, 여우야"라고 말하고는 수박씨를 뱉었다. 여우는 서프보드 바위에서 균형을 잡은 채 누구의 간섭도 용납하지 않았다. 마이크는 집 안에 들어가 있었다. 여

• 扇狀地, 계곡 입구에 하천 퇴적물이 쌓여 만들어진 부채 모양의 지형.

우가 마르코 안토니오에게서 달아나는 광경을 목격했기에 그가 또 다른 사람을 참아줄 것 같진 않았다. 천성적으로 수더분한 마이크는 개의치 않았다. 우리는 두어 해 전 옐로스톤에서 만났다. 도둑맞은 필드스코프를 경찰관에게서 돌려받으려고 오두막에서 늦게까지 기다리고 있을 때였다. 나는 경찰이 한동안 필드스코프를 증거물로 보관하려 한다는 것을 알았기에 언쟁을 벌일 각오가 되어 있었다. 마이크는 내 곁에 앉아 기다려주겠다고 제안했다. 우리는 대화를 시작했다. 그는 전업 식물학자이자 취미 사진가였다. 외모가 근사하고 다정다감하고 유머 감각이 있었기 때문에, 한 번도 결혼하지 않고 오랫동안 혼자 살았다는 게 의아했다. 그의 설명에 따르면 어머니에게 무시당한 탓에 여성과의 소통에 어려움을 겪게 되었다고 했다.

이튿날은 다들 분주했다. 날이 서늘하고 화창하고 잔잔했기 때문이다. 여름날에는 언제라도 우박이 쏟아질 수도 있고 햇볕이 우리를 달궈 뜨거운 바위 위의 느림보 벌레처럼 축 늘어지게 할 수도 있으니까. 한낮의 열기가 기승을 부리기 전에 밖에 나가는 게 좋다. 실잠자리 보는 것을 좋아한다면 더더욱. 이 아름다운 생물을 유인하려면 물을 분무하거나 아무 표면이나 적시면 된다. 초목이 없는 표면이면 더 좋은데, 이것은 미네소타에서 산불과 싸우면서 터득한 비법이다. 실잠자리는 갓 젖은 검은물푸레나무를 무척 좋아한다. 방화선*을 파다가 250밀리미터짜리 화이츠 부츠 안에서 물집이 터져 피가 날 때 고통을 잊게 해주는 것은 대개는 실잠자리뿐이다. 이따금 연기가 피어오르는 무릎 깊이의 재 구덩이를 진화하다 보면 흑백의 황무지에서 보이는 색깔이라고는 이 연한 청록색 곤충뿐일 때도 있다.

여우의 생일 바위에 물을 뿌리고 있는데, 실잠자리 한 마리가 시름을 덜어주려는 듯 내게 날아와 여섯 개의 각진 다리를 구부려 화성 탐사차처럼 그의 바위에 착지했다. 그녀는 얇고 곧은 몸통과 크고 길쭉한 머리통을 뒤틀며 서프보드의 너른 윗면에 파인 미세한 웅덩이들을 탐사했다. 이따금 동작을 멈추고는 다양한 포즈의 청록색 조각이 되기도 했다. 한 시간이 지나자 그녀는 포즈를 취하는 데 싫증이 났으며 나는 또 다른 쇼를 구경하려고 (엉덩이 높이에 술통처럼 불룩한) 하얀 이파리의 세이지로 이동했다. 빨간색 무당벌레가 하얀 벨벳 같은 가지 주위를 맴돌고 있었다. 무당벌레는 진딧물을 쫓고 있었다. 진딧물들은 겁에 질려 달아나려고 서로 재주넘기를 하다 청포도처럼 생긴 무더기를 이루었다. 청중은 나만이 아니었다. 억센 이엉개미들은 내가 무당벌레보다 커서 수월한 표적이라고 생각했다. 그들이 내 웰리스 고무장화를 향해 달려들자 나는 리틀빅혼 전투••의 커스터 중령보다 빨리 퇴

• 防火線, 불이 번지는 것을 막기 위하여 불에 탈 만한 것을 없앤 빈 지대.

•• 커스터 중령이 인디언 부대에 대패한 전투.

각했다. 이 공연이 벌어지는 동안 여우는 들꿩 사냥을 위한 은신처로 삼으려고 토닉 근처에 구덩이를 파고 있었다.

여우가 우리의 접선 장소에 도착하자 곧이어 찢긴꼬리가 나타나 진의 자기 자리에 앉았다. 비쩍 마르고 너덜너덜하고 부리가 검은 청소동물이 쓸쓸할 법한 것보다 더 쓸쓸해 보였다. 여우와 나는 그 새에 대해 생각한 뒤에 마주 보았다.

"노른자를 더 갖다놨어야 할까?" 사실 우리 셋은 모두 테니스공을 그리워하고 있었다.

햇빛이 여전히 좋아서, 스컹크가 흙을 뒤적거리는 광경을 한 시간 동안 지켜보았다. 몇 분마다 놈은 넓고 납작한 몸을 구불텅거리고 굵은 꼬리를 곧게 세운 채 끄트머리를 살랑대며 앞으로 나아갔다. 스컹크 꼬리가 허공에 커다란 물음표를 그리는 광경을 감상할 희귀한 기회를 놓치고 싶은 사람이 어디 있을까?

이렇게 우리는 시간을 보냈다. 사람들은 우리가 텔레비전도 없이 어떻게 바쁘게 지냈는지 궁금해했다.

내 다리가 침대에서 빠져나와 바닥을 디디고서야 울음소리가 나를 깨웠음을 깨달았다. 채찍소리를 뒤따라가 고개를 들었는데, 창문 너머로 꼬리 꺾인 새끼가 뒤돌아보는 순간을 절묘하게 포착했다. 새벽을 열어젖힌 이 불량배는 길고 크고 높은 소리로 낑낑거리고 있었다. 맨발을 웰리스 고무장화에 쑤셔넣고는 접지 않은 고무에 종아리를 꼬집히면서 집 밖으로 달려나갔다. 새끼에게 발이 걸려 넘어지기 직전에 간신히 걸음을 멈췄다.

“쉿.” 새끼는 울음을 멈췄다. 나는 주변을 점검하며 전혀 위험하지 않다는 걸 확인했다. “계속하렴.” 새끼는 계속했다. 새끼가 꼬리를 높이 흔들자 누군가에게 흰 꼬리 끝을 물어뜯겨 오른쪽 끝의 털 몇 가닥만 남은 것이 보였다.

이튿날 아침 불량배가 다시 기상나팔을 불자 나는 점호 보고를 했다. 내가 올바르게 대응한 것에 만족한 새끼는 제 갈 길을 갔다. 다음 날도 아침에 먼동이 트자 다시 울음소리를 냈다. 새벽의 낑낑거림은 정기적이면서도 예측할 수 없는 사건이 되었다. 이솝 우화에서 양치기 소년의 “늑대다!” 외침에 속는 마을 사람들 같은 기분이 들었다. 그래서 이튿날 새벽 불량배가 울었을 때 밖으로 달려나가지 않고 창가에서 미적거렸다. 부상당한 채 올음고니 목처럼 구부러진 꼬리가 키 작은 풀들 위로 삐죽 올라왔다. 그것만 봐도 어린 야생동물의 삶이 재앙 쪽으로 기울어 있음을 떠올리기에는 충분했다. 나는 집 밖으로 달려나갔다. 대봉건지주는 성실한 어린 여우가 재난 대비 훈련을 요청하면 기꺼이 동참한다.

새끼 여우들의 취미는 재난 대비 훈련만이 아니었다. 불량배들은 도둑질도 했다. 멜라민 접시, 플라스틱 화분, 식물 이름표 등 운반할 수 있는 것이라면 무엇이든 훔쳤다. 운반하지 못할 것까지 넘볼 때도 있었다. 선홍색 선이 풀밭 사이로 꿈틀거리는 것을 포착하고서 나는 강탈의 현장에서 플래깅테이프*를 회수했다.

여우가 찾아오기 2년 전 암여우 한 마리가 우리 뒷들 주차 구역 근처의 굴에서 새끼를 낳았다. 욕실 창문에서 22미터도 떨어지지 않은 곳이었다. 새끼들은 한 달이 되었을 때 굴에서 몇 미터 떨어진 곳에서 뛰놀고 돌아다녔다. 근사한 광경을 보려면 방충망을 걷고 변기에 무릎을 꿇어야 했다. 저녁마다 암여우가 사냥에서 돌아와 다리를 곧게 펴고 미동도 없이 서 있으면 덩치가 큰 새끼 네 마리가 그녀 밑으로 달려들어 젖을 빨았다. 밤이면 밤마다 야무진 새끼 네 마리가 젖을 다 빨고 떠나면 젖을 못 먹은 다섯째 막내는 암여우의 배에 머리를 부딪히며 빈 젖꼭지에서 젖을 짜내려 안간힘을 썼다. 밤이면 밤마다 막내는 축 늘어진 채 쪼그라들어 땅바닥에 점점 납작하게 엎드렸다. 어느 날 아침, 남은 것은 주황색 솜털과 살아남은 뚱보 네 마리뿐이었다. 놈들은 깩깩거리며 두 곳의 굴에 숨어 나와의 거리를 유지했다. 하지만 동족 살해의 비밀은 유지하지 못했다.

기운찬 4인조의 엄마는 비교적 대담했으며 오두막을 두려워하지 않아서 곧잘 우리 집 뒷들에서 사냥했다. 우리 여우의 굴에 사는 암여우는 낮에는 좀처럼 밖에 나오지 않았고, 내 땅에서 사냥하지 않았으며, 필박스언덕에서 작고 검은 들고양이를 노려 매복했

* flagging tape, 특정 나무를 표시하기 위해 묶는 빨간색 비접착 테이프.

을 때 말고는 우리 여우와 함께 다닌 적이 한 번도 없었다. 그때 나는 쌍안경으로 관찰하고 있었다. 고양이는 어슬렁어슬렁 노간주나무 그늘로 들어갔다. 주변에 대형 동물은 한 마리도 없을 것 같았는데, 암여우가 유령처럼 놈의 앞에 나타났다. 그녀는 기다란 앞발로 고양이의 얼굴을 후려쳤다. 고양이 꼬리 뒤로 2미터가량 떨어진 언덕 위 도랑에서 우리 여우가 나타났다. 그는 고양이의 어깨 사이를 우적우적 씹어 목줄을 으스러뜨렸다. 꾸르럭거리는 소리와 공기가 요란하게 빠져나오는 소리가 들리는 것만 같았다.

죽어 축 늘어진 고양이를 문 채 우리 여우는 암여우가 가장 빠른 지름길로 굴 영역까지 내달리는 광경을 바라보았다. 그녀가 시야에서 사라지자 그는 곧장 오두막으로 왔다. 죽은 고양이의 꼬리를 주둥이 한쪽에서 달랑거리는 채로 내 옆을 성큼성큼 지나가느라 그는 막대한 에너지를 허비했다. 이번 경로는 언덕 아래로 훨씬 내려오고 자신의 길에서 약 15분 벗어난 것이었다. 그는 거리와 고도를 둘 다 잃었다. 하지만 목적을 달성했다. 죽은 고양이를 여봐란듯이 가져와 나를 감동시켰으니까.

물론 그가 왜 나를 지나쳐 달려갔는지는 모를 노릇이다. 내가 이유를 모르는 것은 그가 여우였기 때문이 아니라 그가 개인이었기 때문이다. 내 모든 행동의 동기조차 알지 못하는데 남의 동기를 어떻게 알겠는가. 이를테면 남들이 나를 어떻게 대하든 그 이유는 영영 알 수 없을 것이다. 무작정 물어봐서는 진상을 알아낼 도리가 없다. 사람들은 말을 이용하여 소통하는데, 그 말들이 (알게든 모르게든) 거짓일 수 있기 때문이다. 그래서 나는 사람들이 하는 행동을 관찰하여 그들의 말을 해석한다. 그러지 않고 사람들의 말을 덜컥 믿으면 언제나 낭패를 보게 된다. 여우가 사람들보다 이해하기 쉬웠던 것은 말을 이용하여 나를 속일 수 없었기 때문이다.

일주일 뒤면 몬태나웨스턴 대학교에서 제나가 담당하는 대학 프로그램을 맡아 옐로스톤 국립공원으로 깊숙이 들어가게 된다. 거리는 세 시간 밖에 안 되지만 여우에게서 일주일이나 떨어져야 했다. 현장 수업이 다가올수록 기분이 울적해졌다. 나는 키 큰 풀의 바다를 헤치며 걸었다. 처음에는 그가 나를 따라왔고 나중에는 내가 그를 따라갔다. 그의 굴로 올라가자 여우는 우리 아래로 강 바로 위에 나란히 떠 있는 얇은 구름 띠를 내려다보았다. 살아남은 새끼들은 태평한 일상을 즐기며 자기네 콘도 단지 옥상인 길고 넓적한 바위에서 몸싸움을 벌였다. 어른 하나, 새끼 셋. 훈육은 없었다. 내가 작별 인사를 할 때 수정처럼 투명한 바다의 군도群島처럼 작은 구름 무리가 하늘을 떠다니고 있었다.

차를 몰고 옐로스톤으로 가면서 이렇게 되뇌었다. "저의 가장 친한 친구는 여우에요."

사람들이 인간의 가장 친한 친구 하면 개를 떠올린다는 걸 알지만, 그것은 프랑스의 철학자 프랑수아 볼테르의 격언을 맥락과 동떨어지게 끌어다 썼기 때문일 뿐이다. 그는 실제로 "개는 인간의 가장 친한 친구다"라고 말한 적이 한 번도 없다. 어쨌거나 볼테르에 앞서 오래전 중동의 여자들은 여우를 친구로 삼았다. 오늘날 이스라엘, 요르단, 레바논, 팔레스타인에 걸친 지역에 해당하는 레반트의 1만 6000년 된 무덤에는 여자, 개, 여우의 사체가 함께 묻혀 있었다. 이스라엘 북부에서 발견된 8000년 전 무덤들에서도 비슷한 광경을 볼 수 있다. 개는 일짐승이었으며 사람에게 의존했지만 여우는 그렇지 않았다. 이것은 인류학자들이 두 짐승의 뼈와 위장 내용물을 조사하여 알아낸 사실이다. 개는 주인과 마찬가지로 곡물을 먹었는데, 사람에게 먹이를 얻어먹지 않고서야 곡물을 먹었을 리 없다. 반면에 껴묻힌 여우들은 야생의 식단을 유지했다. 내가 보기에 개가 애완동물이자 소유물이었다면 여우는 친구였다.

볼테르는 이렇게 썼다. "자연이 인간에게 개를 준 이유는 인간을 보호하고 인간에게 기쁨을 주기 위함인 듯하다. 모든 동물 가운데 개는 인간이 가질 수 있는 가장 충실하고 가장 훌륭한 친구다." 나는 여우를 만났을 때 우정에 대해 조금이라도 안다고 말할 수 없었다. 하지만 이젠 이것만은 안다. 볼테르는 유명인치고는 눈이 낮았다. 보호와 충성심이라고? 최고의 친구는 돈으로 살 수 없는 것을 주는 존재다.

나는 적당한 때를 보아 "저의 가장 친한 친구는 여우예요"라고 말할 계획이었다. 그러고는 학생들이 갯과가 호기심을 표현하는 전형적 자세로 고개를 갸우뚱할 때 한마디 덧붙여 그들을 헷갈리게 할 생각이었다. 나는 친구를 원하지 않는 외톨이였지만 그는, 여우는 내가 굴복할 때까지 나를 졸졸 따라다녔다고. 여우는 애완동물이 아니라 야생동물이며 수강생 어느 누구와도 마찬가지로 친구를 직접 선택했고, 나와 독립적인 삶을 산다고 설명할 작정이었다.

"저의 가장 친한 친구는 야생 붉은여우예요."

그들은 마치 주황색 리본으로 장식한 찢어진 초록색 청바지를 입고 있는 사람 보듯 나를 쳐다보았다. 보아하니 적당한 순간은 아니었다.

돌이켜 생각해보면 사람들은 가장 친한 친구가 여우라는 말을 유일한 친구가 여우라는 말로 받아들인다. 그것은 누구든 으스대며 말할 만한 것은 아니었다. 나는 그의 존재나 우리의 관계를 부정할 수도 있었지만, 자신의 친구가 사람이라는 사실이 여우에게 자부심의 원천이라면 어떨까? 여우처럼 무력한 작은 짐승에게 조금이나마 만족감을 선사할 수도 있는 관계를 부정하는 건 너무 이기적인 행동 아닐까?

생텍스가 사하라사막에서 죽어갈 때 여우들이 그를 위로했다. 그는 여우들과 친구가 되었다. 한 마리를 잡아먹어 목숨을 구할 수도 있었지만 그는 어떤 유혹에도 친구를 잡아먹을 수는 없다고 생각했다. 생텍스가 '목숨을 구하기 위해 여우를 잡아먹어야겠어'라는 유혹을 이겨냈다면, 나도 '체면을 구하기 위해 여우와 연을 끊어야겠어'라는 유혹을 이겨낼 각오가 되어 있었다. 뱀처럼 혀를 놀리기보다는 아둔하다는 비웃음을 당하는 게 나았다.

나는 여우를 만나기 전에는 야생동물을 인격화하지 않으려고 조심했다. 이 태도를 몸에 익힌 것은 과학자로서 훈련받을 때와 레인저로서 일할 때였다. 나는 이 태도를 수강생들에게도 전수했다. 그를 만나기 전해 어느 쌀쌀한 여름날, 와이오밍주 잭슨의 국립야생동물미술관에 수강생들을 데려갔다. 바람이 불었고 기온은 약 1도였고 이슬비가 내리고 있었다. 말하자면 박물관에 틀어박히기엔 너무 근사한 날이었지만, 계약 때문에 어쩔 수 없었다. 우리가 박물관에 들어서자 고니 그림이 우리에게 말을 걸었다. 그림은 요란했으며 엉뚱한 이름표가 달려 있었다.

화가는 연주황색 부리와 구부러진 목을 가진 고니를 그려놓았다. 고니들은 물에 비친 제 모습을 음미하듯 얌전히 눈을 내리깔고 있었다. 그들은 혹고니로, 유럽에서 온 전형적이고 우아한 종류였다. 혹고니들은 『그림형제 민담집』에도 나오는데, 성의 해자에서 날개를 등 위에 아치 모양으로 펼친 채 떠 있는 모습으로 묘사된다. 사랑스럽게. 그리고 조용하게.

표지판에는 이렇게 써 있었다. "울음고니."

야생동물 화가라면 유럽 태생의 혹고니와 미국 태생의 울음고니를 구별할 줄 알아야 마땅하다. 토착 야생동물 전문 박물관의 의뢰로 그림을 그린 거라면 더더욱 그렇다. 울음고니는 몸이 더 탄탄하고 부리가 검은색이다. 목이 구부러지고 아래를 바라보는 전형적 자세가 아니라 길고 꼿꼿한 목에 수직으로 부리를 내밀고 있다. 혹고니는 유혹하는 듯 끊임없이 날개를 살랑거리는 반면에, 울음고니는 날개를 옆구리에 딱 붙인 채 물 위를 떠다닌다. 목은 S 모양이 아니라 곧은 Z 모양이다. 조용하지도 않아서 자동차 경적소리를 낸다. 울음고니가 혹고니만큼 매력적이라고 생각하는 사람은 거의 없다. 스키를 탈 때 이따금 울음고니들이 머리 위로 휙 지나갔다. 때때로 스키 폴을 들어 건드릴 수 있을 만큼 가까이 날아오기도 했다. 그들의 날개폭이 내 키보다 길다는 걸 실감할 수 있을 만큼 가까웠다. 울음고니는 단지 혹고니보다 큰 게 아니라 무엇보다 컸다. 물새로는 북아메리카에서 가장 컸다. 그리고 우리는 그들을 멸종시키다시피 했다.

200년 전 미시시피강에서 수영하거나 체서피크만에서 낚시하던 사람은 누구나 울음고니가 머리 위로 날아가는 모습을 보았을 것이다. 1850년부터 1880년까지 '허드슨만 교역에 종사하는 총독과 모험가 회사Governor and Company of Adventurers of England Trading into Hudson Bay'(훗날 줄여서 허드슨만 회사Hudson's Bay Company로 명칭 변경)는 고니 가죽 1만 8000점을 채취하여(거의 전부 울음고니에게서 벗겨낸 것이었다) 여성용 패션 액세서리를 만들었다. 미국인들은 깃털을 탐냈지만 새를 탐내진 않았다. 땅임자들은 울음고니를 죽이고 나서 조용하고 아름다운 유럽산 고니로 연못을 채웠다. 대공황이 닥쳤을 즈음 미국에서 살아남은 울음고니는 100마리에도 못 미쳤다. 사냥이 중단된 지금은 마릿수가 수만 마리로 늘었다. 그중 일부는 외국에서 들여온 개체들인데, 우리 계곡에도 들어왔다. 대부분 몬태나, 아이다호, 와이오밍에서 겨울을 난다. 박물관의 돌담에서도 여남은 마리를 볼 수 있었다.

화가는 혹고니를 울음고니로 착각했다. 우리 수강생들에게는 다행하게도, 나의 박사 학위와 나는 사실로 무장해 있었다. 몬태나에서 가장 유명한 야생동물 화가 중 한 명인 S 씨는 바깥 조각공원에서 강연하고 있었는데, 그가 질문을 받겠다고 했을 때 내 손이 번쩍 올라갔다. 나는 크랩스 테이블•에 올려진 주사위처럼 나의 작은 사실들을 흔들다 마지막으로 회심의 일격을 날렸다. "그런데 말이죠! 당신이 그린 건 울음고니가 아니에요."

그는 순간적으로 머뭇거리다 차분하게 대답했다. "아, 그래요. 아닙니다. 실은 헛울음고니입니다. 혹고니•• 시늉을 하고 있는 셈이죠."

• craps table, 주사위 두 개로 하는 도박의 일종.

•• 영명 'mute swan'은 그대로 직역하면 '벙어리 고니'라는 뜻이다.

당연히, 재수 없는 작자라는 생각이 들었다.

나는 대학원 훈련을 거치면서 동물을 이해하려면 사실을 수집하고 객관적·정량적 데이터를 만들어내야 한다고 믿게 되었다. 그게 전부였다. 나는 상상력을 잃었으며 직관의 중요성을 간과했다. 그래야 더 전문가답다고 생각했다. 하지만 그렇지 않았다. 물론 S 씨는 미술가이고 나는 생물학자이지만, 상상력 부족은 직업상의 선택이 아니라 성격상의 위기다.

S 씨와 헤어지고 3년 뒤 비슷한 수업을 진행하려고 박물관을 다시 찾았다. 울음고니가 공중에 있을 때 어떤 모습인지 수강생들에게 보여줄 생각이었다. 수강생 몇 명은 내가 마크 트웨인이 말한 자연 사기꾼nature-fakir의 정의("동물이 스스로에 대해 아는 것보다 그 동물에 대해 더 많이 아는 사람")에 들어맞는다며 공격할 터였다. 그러거나 말거나 옐로스톤강 위쪽에서는 내가 스스로에 대해 아는 것보다 나에 대해 더 많이 아는 여우 한 마리가 햇볕을 쬐고 있었다.

연잎성게

일주일 현장 수업의 마지막 슬라이드 발표를 마쳤다. 오두막으로부터 상류 쪽으로 56킬로미터 떨어진 곳에 머물던 나는 집에 돌아가고 싶어서 좀이 쑤셨다. 우리의 숙소가 촉촉한 초록 오아시스의 품에 안겨 있는 동안 여우는 지독히 건조한 8월 기후로 고생하고 있었다. 근심스러웠다. 강당 밖에서는 미루나무에 생긴 가지마름병 상처들에서 열매 짓무르는 달큼한 냄새가 풍겼다. 암컷 말코손바닥사슴들이 코를 쳐들고 주차장을 서성거리며 욕구불만의 행동을 나타내는 동안 새끼들은 젖을 빨려고 바둥거렸다. 전등불 아래서 옐로스톤 매머드 구역 레인저가 나를 기다리고 있었다. "산불이에요…… 풍속은 시속 80킬로미터……. 도로는 폐쇄됐고…… 대피해야 할 거예요."

첫 대피는 아니었다. 2003년 마사에게서 매입한 글레이셔 국립공원 옆의 숲 2헥타르에서 대피한 적이 있었다. '글레이셔glacier'(빙하)라는 이름이 붙은 장소에서 불이 날 거라 예상한 사람이 누가 있을까. 글레이셔의 북쪽 경계는 미네소타주 인터내셔널폴스와 같은 북위 49도였다(고도는 수백 미터 더 높았지만). 우리 지역의 연평균 강설량은 4미터였다. 대피가 실시된 그해 7월 4일, 나는 글레이셔에서 스키를 타고 있었다. 그러다 날씨가 더워졌다. 몇 주간 비가 내리지 않았다. 숲속 여러 지점에서 발화가 일어나 산불로 번졌다. 7월 8일에 스키를 넣어두었는데, 스무날 뒤 로버트 산불이 나의 땅에 접근했고 당국에서는 대피령을 발동했다.

로버트는 글레이셔 국립공원 지역에서 5만 5000헥타르와 건물 여러 채를 집어삼킨 복합 산불 중 하나에 불과했다. 나는 내 땅에 집이 없었지만, 만일 있었더라도 1년 안에 새로 지을 수 있었을 것이다. 하지만 내 땅의 자이언트측백나무를 잃었다면 평생 복원하지 못했을 것이다. 물론 수령이 수백 년에 이르는 자이언트측백나무 노목은 산불로부터 스스로를 건사할 수 있다. 산불이 성가신 덤불을 태워 없애주면 오히려 유익할지도 모른다. 나의 자이언트측백나무는 약 여든 살이었으며 자연 서식 범위의 동쪽 한계선에서 살고 있었다. 이 나무들은 습기와 그늘을 좋아했다. 산불 때문에 숲지붕이 없어지면 햇볕이 흙을 달궈 말려버리고 자이언트측백나무 싹을 죽였을 것이다. 건조한 환경에서 살아남은 씨앗들도 소나무와 전나무가 자라 가지를 뻗어 숲바닥에 그늘을 드리울 때까지는 싹을 틔우지 못했을 것이다.

로버트 산불은 누군가에 의해 시작되었다. 검찰은 아무도 기소하지 않았지만, 지름 60센티미터의 모닥불에서 발견된 타다 남은 길이 1.2미터짜리 통나무를 언급하며 방화나 실화를 원인으로 지목했다. 차라리 대자연이 번개를 내리쳐 (고개를 한껏 젖혀도 우듬지를 볼 수 없을 만큼) 키 큰 미송을 쪼개어 불을 질렀다면 덜 심란했을 것이다. 사람에 의해 산불이 나면 속상하다. 너무 많은 사람이 너무 좁은 공간에 살고 있고, 아무리 공간이 넓어도 만족할 줄 모르는 못된 사람들과 내가 지구를 공유한다는 생각이 들기 때문이다.

로버트 산불이 났을 때 소방 당국은 산불이 사유지 숲과 오두막을 덮치지 않도록 하려고 맞불—이화치화以火治火—이라는 공격적 기법을 동원했다. 맞불을 놓기 위해 탁구공에 연료를 채워 헬리콥터에서 떨어뜨렸는데, 탁구공은 땅에 부딪히면 불이 붙었다. 맞불의 목적은 상승 기류를 일으켜 산불을 (내 땅을 비롯한) 사유지로부터 끌어당기는 것이었다. 맞불은 위험하다. 맞불용으로 점화한 산불이 엉뚱한 방향으로 번졌다면 로버트는 어마어마한 면적의 사유지를 태워버렸을 것이다. 맞불은 소방관에게도 위험하다. 아이다호주 헬스 협곡에서 탁구공들이 떨어지는 와중에 소방관 아르바이트를 한 적이 있었는데, 이러다 죽을 수도 있겠구나 하는 생각이 들었다. 탁구공이 떨어지다 몇 개가 바람과 무게 때문에 엉뚱한 방향으로 굴러갔다. 우리는 말썽꾸러기 탁구공을 뒤쫓아가 불을 끈 다음 안전한 바위 산등성이까지 내달려야 했다. 다행히 로버트 산불에서는 맞불이 효과가 있었으며 나의 작은 자이언트측백나무들은 살아남았다.

두 번째 대피를 맞아 옐로스톤강을 낀 작은 마을 가드너의 한 모텔에 투숙했다. 이튿날 아침 식당 카운터에 앉아 식은 스크램블드에그 접시를 포크로 뒤적거리고 있었다. 군 보안관 대리가 무전기를 차고 어슬렁어슬렁 들어왔는데, 소리가 지직거려서 명령을 거의 알아들을 수 없었다. 그는 고개를 떨군 채 주방에 들어가, 얇은 토스트 한 쪽을 손에 들고 나타난 요리사와 잡담을 주고받았다. 그는 내게 정오 전 한두 시간 동안 봉쇄가 풀릴지도 모른다고 말했다. 그가 자유로운 손마디로 내 커피잔을 두드렸다. 가자고요. 일어나요, 카우보이. 나는 기운이 다 빠져서 먹을 수도 울 수도 없었다.

바리케이드에 서둘러 도착하면 화재에 대비할 시간이 있을지도 모른다. 짐을 싸고 가구를 창문에서 멀리 띄우고 소방관이 들어올 수 있도록 문 잠금을 해제하고 나무 계단을 적시고 관개용 호스에 물을 틀어놓을 수 있으니까. 짐 싸기. 헬가에게 아직도 오두막에 세워져 있는 스테이션왜건에 대해 이야기하기.

나는 가드너에서 야생동물 사진가로 일하는 친구 마크에게 모텔 전화로 연락했다. 그가 식당에 와서 나를 태워주었다. 마크의 아들과 아들 여자친구 로리가 나를 부축했다. 우리는 내 해치백 승용차를 놔둔 채 마크의 트럭으로 봉쇄 지점까지 갔다. 우리 집까지 도로가 개방될 것인지는 아직 알 수 없었다.

강의 협곡을 따라 몇 킬로미터를 달렸다. 왼쪽에는 물이, 오른쪽에는 바위 능선과 돔산Dome Mountain이 있었다. 정상 위쪽에서 흰 연기 기둥이 산의 두 배 높이까지 구불구불 피어올랐다. 하얀 기둥을 둘러싼 짙은 갈색 구름이 뭉게뭉게 올라가 연한 청록색 하늘을 뚫었다. 다리를 건너 강을 오른쪽에 두자 오두막 위쪽 언덕이 보였다. 검은 연기가 가늘게 솟아오르는 것을 보고서 오두막이 불타는 것을 알았다. 나는 흐느끼기 시작했다.

수관화•는 하도 많이 봐서 첫 번째 것이 뭐였는지 기억나지 않는다. 미국 전역의 수많은 공원 레인저와 마찬가지로 나도 1988년의 악명 높은 여름에 옐로스톤 화재 진압에 투입되었다. 그리고 지금 눈앞에서는 잿빛 연기가 우리가 예상할 수 있는 물리적 현실을 모조리 뛰어넘는 속도로 피어올라 퍼지고 있었다. 작은 짐승이 머리 위로 지나가는 그림자를 두려워하듯, 통제할 수 없는 거대한 힘에 대한 나의 두려움은 원초적인 것이었다. 설상가상으로 거리가 화염에 재갈을 물려 아무 소리도 들리지 않았

• 樹冠火, 나무의 가지나 잎이 무성한 부분만을 태우며 지나가는 산불.

다. 조용한 적이 요란한 적보다 두려운 법이다.

"두 시간 안에 갔다 와야 해요. 왕복 두 시간이에요. 그쪽 길가에 있는 주택들이 불타고 있어요." 검문소를 지키는 제복 경찰이 마크의 트럭을 탁 치고는 손을 흔들어 우리를 통과시켰다. 내가 건지고 싶은 것들은 전부 헬가의 스테이션왜건이나 마크의 소형 트럭에 들어가는 것뿐이었다. 우리는 나의 .30-06, 슬라이드, 스키, 책, 레밍턴 20구경, 피베타 등산화, 모스 텐트, 말코손바닥사슴 가죽 머클럭 방한화 여러 켤레, 목재 손잡이에 그물 무늬가 조각된 모델 19 .357, 침낭 네 개와 비박 텐트, 레이니어산에서 동료 레인저에게 받은 스키를 타고 있는 곰 인형, 활 두 개와 위장용 화살통, 일체형 프레임 노스페이스 모레인 여성용 배낭을 챙겼다. 무겁거나 깨지기 쉬운 것은 하나도 없었다. 텔레비전, 오디오, 휴대전화, 데스크톱 컴퓨터는 일체 없었다. 1달러 넘는 접시, 유리 그릇, 도자기도 없었다. 보석은 아주 조금 있었다.

내 가운뎃손가락에는 고리에 홈이 파이고 다이아몬드가 박힌 할아버지의 금반지가 끼워져 있었다. 열두 살에 낀 이후로 한 번도 빼지 않았다. 할아버지가 처음 감옥에 갔을 때 할머니에게 받은 반지였다. 할머니는 내가 태어나기 20년쯤 전에 돌아가셔서 자세한 사연은 알지 못한다. 내가 반지를 사랑한 것은 할아버지를 사랑했기 때문이며, 내가 할아버지를 사랑한 것은 내 손을 잡아주고 노래를 불러주고 나를 디즈니랜드에 데려가준 유일한 어른이었기 때문이다. 어쩌면 내 손을 잡아준 유일한 어른이었기 때문인지도 모르겠다. 할아버지는 할리데이비슨 오토바이나 티버드 뒷좌석에 나를 태우고 운전했다. 무엇보다 좋았던 것은 할아버지 집 벽돌 벽에서 뿔도마뱀을 쫓아다닌 일이었다. 할아버지는 X라고 서명한 생일 카드를 보내주었다. 그 'X'는 글자가 아니라 그림이었다. 알파벳을 배우지 못한 사람들의 서명 말이다. 나는 할아버지에 대해 아는 게 많지 않고 할아버지는 나에 대해 아는 게 많지 않았다. 내가 열두 살 때 아빠는 할아버지가 감옥에서 돌아가셨다고 말했다. 장례식에 가겠다고 우겨 대판 싸웠을 때 아빠는 내게 '옹기장이의 밭potter's field'•이라는 새로운 표현을 가르쳐주었다.

침대와 중고 소파 두 개를 제외한 모든 가구는 접이식이거나 수납장을 겸했다. 난생처음으로 소유물의 빈약함이 당혹스러웠다. 마크는 오두막을 '입문용 집starter home'이라고 불렀다. 마치 진짜 집이 어딘가에 지어지고 있거나 적어도 가능성의 영역에 있다는 뉘앙스였다. 그렇지 않았다.

얕은 집shallow home이 오두막을 묘사하는 더 나은 표현이다. 내가 있던 자리에는 햇볕에 바랜 연잎성게처럼 얕은 자국만 남았다. 바닷가에서 연잎성게를 집어본 적 있는지? 펄에서 연잎성게

• '무연고 분묘'라는 뜻. 『마태복음』, 27장 7절에 나오는 말이다.

를 들어올리면 물이 득달같이 소용돌이치며 모든 흔적을 지워버린다. 대학 시절을 시작으로 내가 있던 모든 장소는 잠정적이거나 불확실했다. 나는 무심한 물결에 실려가며 아무 데나 짐을 풀었다. 하지만 얕은 집은 결코 집일 수 없다. 그렇다면 나는 왜 땅을 파고 영역을 표시하고 영구적 집으로 옮겨가지 않았을까? 이유는 한두 가지가 아니었다. 한 가지 핑계가 깨지면 다른 핑계를 생각해냈다. 무언가(이를테면 진짜 직업)나 누군가(이를테면 진짜 관계)를 기다리고 있다거나 영구적 집 따위는 필요하지 않다는 핑계 말이다. 설령 영구적 집이 필요했더라도 어쨌거나 그런 걸 가질 자격은 없었다.

오두막을 다 비우고도 시간이 남았다. 불은 뒤쪽 언덕 위로 연기를 내뿜고 있었다. 마크가 사진을 찍었다. 불의 시각적 효과는 전문 사진가에게도 충격적이었을 것이다. 그에 반해 불이 내게서 일으킨 반응은 본능적인 쪽에 가까웠다. 나는 땅에서 오랜 시간을 보낸 터라 불과 내가 무척 닮아서—둘 다 탄수화물을 연료로 쓰고 이산화탄소를 내뱉고 산소를 소비하고 물을 배출한다—서로에게 위협이 된다는 사실을 알고 있었다.

탄수화물은 탄소, 수소, 산소만으로 이루어진다. 이 원소들은 본디 열량이 하나도 없지만, 식물에 의해 물과 이산화탄소가 결합되면 당과 녹말로 변한다. 태양은 이 모든 과정의 동력원이다.

나의 신이 영적 존재가 아니라 물리적 존재라면 그것은 태양일 것이다. 나무에게 신이 있다면 그 또한 태양일 것이다. 이유도 같다. 태양은 우리를 데우고 먹이며 우리가 하는 모든 일과 우리의 세포가 하는 모든 정교한 작업에 연료를 공급한다. 식물 세포가 탄수화물을 만들 때마다 태양은 에너지를 한 자밤 넣어준다. 탄소 원자 쌍은 그 에너지를 간직한다. 이 작용은 아이 둘이 고무줄을 당기는 것과 같다. 각각의 탄소가 고무줄의 한쪽 끝을 잡고서 당기는 것이다. 나무로 말할 것 같으면, 탄소는 그 팽팽한 고무줄을 수백 년 동안 당기고 있을 수도 있다. 그러다 산불의 공격을 받으면 수백 명의 탄소 아이들이 일제히 고무줄을 놓는다. 핑! 에너지가 대기 속으로 폭발한다.

나를 읍내로 데려다줄 헬가의 왜건 쪽으로 걸어가면서 마크와 나는 열기를 느낄 수 있었다. 손잡이를 당기자 문이 부서질 듯 주저앉았다. 우리 위에서는 바람이 언덕을 가로질러 옆쪽으로 화염을 흩뿌렸다. 불길 뒤쪽으로 길게 늘어진 검은 연기는 불을 내뿜는 용이 계곡을 들락날락하는 것처럼 보였다.

불과 며칠 전 자연사 수업의 일환으로 그랜트빌리지 자료관을 방문했다. 내무부에서 발행한 소책자를 집어들었는데, 맨 위에 이렇게 쓰여 있었다. "다양성이 생명의 양념이라면 불은 다양성의 생명 자체입니다." 이렇게도 쓰여 있었다. "불은 거대한 재활용 기계입니다." 불이 좋은 것이라는 느낌을 주는 말이었다. 하긴 불을 내뿜는 용보다는 좋을 테지만. 불의 생태학을 다루는 대부분의 웹

사이트나 책에서는 연소 작용이 영양소를 무기물화하여 살아 있는 조직에서 죽은 조직으로 옮긴다고 설명한다. 무기물화는 주로 동물의 활동이다. 동물은 먹이를 배설함으로써 영양소를 무기물화한다. 말코손바닥사슴 펠릿. 밤의 흙.* 웅분熊糞. 버팔로 파이. 그들이 먹는 먹이는 살아 있는 조직(바이오매스biomass)이며 그들이 땅에 배설하는 성분은 죽은 조직(네크로매스necromass)이다. 불은 우리와 마찬가지로 바이오매스를 소비하고 무기물을 배출한다.

살아 있는 것은 영양소가 필요한데, 영양소는 공급량에 한계가 있다. 재활용하지 않으면 동난다. 이를테면 인은 DNA의 필수 성분이다. 토닉과 진은 흙에서 인을 흡수하여 세포를 새로 만드는 데 썼다. 그들이 산불을 맞으면 조직 속의 인은 '무기질화', 즉 재활용되어 흙으로 돌아가 살아남은 자식에게 흡수된다. 진과 토닉을 객관적 시각에서 연구하는 사람은 두 노간주나무 노목이 비생산적이었으며 연소는 폐렴이 노인을 집어삼킬 때처럼 바람직하고 공정한 죽음을 선사할 것이라고 결론 내릴지도 모른다.

오두막으로부터 한 능선 너머에서 뭉게구름이 불기둥 위로 부풀어 올랐다. 마크와 나는 폭풍우가 우리를 구해줄 궁리를 한다고 생각하며 희망을 품고 지켜보았다. 사실 불은 소나무 성숙림을 불사르며 독자적 날씨를 만들어내고 있었다. 나무 한 그루 한

• night soil, 밤에 내다버리는 인분.

그루는 불에 스러지면서 무게의 절반 남짓 되는 물을 방출했다. 이로 인한 증기 기둥은 약 10킬로미터까지 솟아올라 응결하여 구름이 되었다.

로리가 다가와 마지막으로 현관을 점검하라고 말해주었을 때 나는 서둘러 오두막으로 갔지만 계단에서 방향을 틀었다. 달려가 관개용 호스를 집어 진과 토닉 사이에 떨어뜨렸다. 내가 차량으로 돌아갔을 때 로리는 시계를 두드리고 있었다. 그녀는 영리했으며 학교 선생님이었다. 그녀는 열주,• 그 위에 형성되는 뭉게구름, 그리고 내 땅을 위협하는 불이 그 물을 재활용할 뿐이라는 사실에 대해 이미 알고 있었을 것이다. 하지만 우리에게 강의를 늘어놓을 만큼 무례하지는 않았다. 우리 지구는 밀폐된 테라리엄•• 에 들어 있는 셈이어서 물이 들어오거나 나가지 못한다. 따라서 물의 양에 한계가 있기에 모든 생물이 이 물을 나눠 써야 한다. 당신이 게임을 즐기는 사람이라면 물을 제로섬 경쟁으로 생각해 보라. 한 선수가 한 단위의 물을 얻으면 다른 선수는 한 단위를 잃어야 한다.

산불이 물을 재활용하는 것은 사실이다. 유행병도 마찬가지다. 바이러스가 일부 지역을 쑥대밭으로 만들면 사체에 들어 있던 물

• 熱柱, 화재 상층부에서 대기로 치솟는 고온의 공기 기둥.

•• 밀폐된 유리그릇이나 아가리가 작은 유리병 따위의 안에서 작은 식물을 재배하는 방법, 또는 그 유리그릇.

이 테라리엄의 대기 중으로 방출되어 다른 생물이 쓸 수 있게 된다. 하지만 이런 종류의 재활용은 다 쓴 음료수 캔을 분리수거함에 올바로 넣는 것과는 다르다. 불은 한 숲에서 물을 빼앗아서 다른 숲에 준다. 로빈 후드와 비슷하지만 의협심은 전혀 없다.

로리가 스테이션왜건 문을 닫자 우리는 출발했다. 나는 불이 진과 토닉을 재활용하지 않게 해달라고 신에게 간구했다. 둘은 내가 사랑한 가장 나이 많은 생물이었으니까.

나는 오두막을 사랑하지 않았지만, 오두막이 완전히 타버린다면 처음 지었을 때 들인 시간과 에너지를 다시 발휘한다는 것은 불가능했다. 미개간지를 찾아 매입하는 것은 여간 힘든 일이 아니었다. 우선 군청 지적과에 가서 어떤 땅이 누구의 소유인지를 확인했다. 그러는 동안 지하수 보고서를 읽고 모든 현존 지하수의 깊이와 수두압•을 받아 적었다. 그 일대를 차로 돌아다니면서 좋은 지하수가 있는 땅을 물색하다가 유망해 보이는 땅을 발견하고서 땅임자를 찾아갔다. 몇 번이고 찾아가서 팔 때까지 졸랐다. 그러고는 농민 은행에서 대출을 받았다.

대학원 수준 물리화학을 배우는 일은 미개간지를 개간하는 일에 비하면 식은 죽 먹기였다. 최초 융자금으로는 땅값밖에 충당할 수 없었기에 건축을 시작하기 전에 새로 융자를 받아야 했다.

• 水頭壓, 물속의 한 지점에 상층부의 무게가 작용하는 압력.

한 층에 방 하나라는 나의 평면도 구상은 연방저당공사의 승인을 받기엔 너무 괴상했다. 그러다 한 주택담보대출 중개인을 만났는데, 그는 내가 오지 하이킹 가이드 월급(건강보험도 없는 파트타임 임시직)만 가지고도 건축비 융자를 받게 해주었다. 탐색은 느릿느릿 진행되었지만 마침내 기꺼이 외딴 곳에 '호빗 굴'•을 지어줄 근사한 건설업자를 찾아냈다. 다만 서쪽으로 100킬로미터 떨어진 부유한 도시의 건설 업자들이 내가 감당 못할 거액의 급여를 노동자들에게 지급하고 있었기에 숙련 노동자들을 구하기 힘들었다. 다음 작업은 지하수 관정을 개량하고 수질을 검사하고 지하수 이용권을 신청하는 것이었다. 그러고 나서 주택과 진입로의 크기와 방향을 선택하고 평면도를 설계하고 벽 색깔, 조명 기구, 가전제품을 고르는 고된 작업이 시작되었다. 가장 가까운 홈디포 매장은 320킬로미터 넘게 떨어져 있었다. 건축업자들과 나는 무지개방의 창문 위치를 놓고 실랑이를 벌였다. 나는 높이가 다른 봉우리들을 방의 한 지점에서 볼 수 있도록 창문 높이를 들쭉날쭉하게 하고 싶었다. 건축 융자를 주택담보대출로 전환하려면 주택 검사를 받아야 했다. 융자 은행도 새로 찾아야 했다.

100킬로미터를 운전하여 건설업자 집에 찾아가 왜 아직까지 아래층을 페인트칠하지 않았느냐고 묻는 것, 내가 '분홍색 벽'에 대

• J.R.R. 톨킨의 소설에서 난쟁이 호빗이 사는 동굴에 빗댄 표현.

한 생각을 바꿀 때까지 그가 기다리고 있었다는 사실을 알게 되는 것, 내가 고른 색깔은 분홍색이 아니라 장밋빛 벽돌색이라고 다시 설명하는 것, 내 땅이 너무 "음험해 보인"다는 이유로 작업을 마무리하지 않으려 드는 관정 굴착 업체를 상대하는 것 등 감정적으로 고달픈 일들도 있었다. 방울뱀산이라고 불리는 지역의 하류 오지에서 야외 공사를 하면서 총을 휴대하지 않는 자들이 어떤 사람인지 아시는지? 그들은 총기 휴대가 법적으로 금지된 사람들, 가정 폭력으로 유죄 판결을 받은 사람들이다.

당신도 상상할 수 있겠지만, 외딴 미개간지를 개발하는 독신 여성은 그다지 많지 않다.

대피 며칠 뒤 터덜터덜 집으로 돌아갔다. 오두막은 연기를 내고 있었지만 파손되지는 않았다. 새끼들은 세 마리 모두 산불에서 살아남아 주변을 어슬렁거리며 훔칠거리를 찾고 있었다. 암여우는 숨어 있으면서도 이따금 캬옹거렸다. 연기는 두 주 만에 걷혔으며, 새된 울음소리와 개밀 사이로 삐죽 솟아난 꺾인 꼬리가 재난 대비 훈련이 재개되었다는 신호를 보냈다. 산불에서 교훈을 얻은 대봉건지주는 달려나가 들개, 들고양이, 구렁을 메우는 회전초와 새로운 싸움을 벌였다.

우리 여우는 보이지 않았다.

복귀하는 산불 처리반을 확인하고 통제하기 위해 도로 아래쪽 800미터 지점에 배치된 소방관은 자기네 중장비가 다 자란 여우를 친 적은 없는 것 같다고 말했다. 나는 얼어붙었다. 그는 표현을 정정했다. "아니에요. 주의 깊게 살펴봤는데, 아무도 여우를 치지 않았어요. 하지만 비쩍 마른 여우 한 마리가—."

"맞아요! 그를 말하는 거예요!"

"정말 비쩍 말랐던데요? 다 자란 거 맞아요? 어느 날 밤에 강 쪽으로 가더군요."

나는 강 쪽으로 출발했다.

소방관은 내 등에 대고 유감이라고 외쳤다. 내가 돌아보자 그는 어깨를 으쓱하고 고개를 저었다. 마치 이렇게 말하려는 듯했다. 산불이잖아요. 동물은 죽게 마련이에요. 나는 진흙투성이 발로 강을 향해 느릿느릿 걸었다. 그가 이렇게 말했다면 그의 말이 옳았을 것이다. "산불이잖아요. 야생동물은 죽게 마련이에요."

내가 여우를 소유했다면, 그를 등록하거나 목걸이를 걸거나 이름표를 달거나 목줄을 달았다면 소방관들은 그를 구하려고 했을 것이다. 하지만 내가 그를 소유했다면 어떻게 그를 내 친구라고 부를 수 있었겠는가?

여린 붉은버들, 부들부들한 코요테버들, 향내 나는 늑대버들의 울창한 덤불을 헤치고 강에 도착했다. 맞은편 기슭에 클라우드캐처산이 물 위로 900미터 남짓 솟아 있었으며 넓게 퍼진 선상지는 세이지브러시 초원과 맞닿아 있었다. 하얀 원반 모양 구름이 쌍둥이 봉우리 사이에 떠서 유리관 속 메니스커스*처럼 흔들거렸다. 여우는 암여우와 넉 달배기 새끼들을 데리고 안전하게 달아날 수 있었겠지만, 나는 그가 나를 기다렸으리라 믿는다. 그가 뒷다리로 곧게 서서 예전에 그랬듯 우리 집 현관문에 코를 누르는 광경을 상상했다. 그가 귀를 뒤로 젖힌 채 발목이 덜덜거릴 때까지 서 있다가 뒤로 팔짝 뛰어 균형을 잡는 모습을 볼 수 있었다. 그가 마지막으로 기억하는 내 모습은 빈 집이었다. 하지만 내가 그를 보았던들 무엇을 할 수 있었을까? 그를 데려갈 수는 없었다.

내가 집으로 돌아갈 때에도 원반 구름은 여전히 봉우리 사이에서 흔들거릴 뿐 한쪽으로 넘어갈 힘을 내지 못했다.

자줏빛 감도는 새똥이 서프보드 바위에 점점이 떨어져 있었다. 한 달 전까지만 해도 여우의 사냥 솜씨가 무서워 그의 전용 받침대에 얼씬도 못하던 새들이 이젠 자유를 만끽하고 있었다. 그는 나조차 서프보드를 못 만지게 했다. 비가 하도 세차게 퍼부어서 진흙이 공중으로 튀어오르던 어느 날이었다. 나는 UPS 기사 델버트를 위해 플라스틱 통을 밖에 내놓고 있었고 여우는 토닉 아래 피신한 채 나를 지켜보고 있었다. 내가 서프보드에 너무 가까이 다가가자 그가 은신을 포기하고는 그 위로 팔짝 뛰어올랐다. 나는 현관 지붕 아래 서서 빗물이 그를 적시는 광경을 쳐다보았다.

• meniscus, 가는 관 속에 있는 액체의 둥근 모양의 표면.

그가 애지중지하는 바위에 옴폭 파인 구덩이들이 작은 연못으로 바뀔 때까지. 그는 내가 그 바위를 결코 만지지 못하게 할 작정이었다. 그곳은 그가 두 번째로 아끼는 장소였다.

나는 그가 첫 번째로 아끼는 장소를 그의 코밑에서 훔쳤다. 꽤 반듯한 직사각형인 석회석 덩어리는 진입로와 현관 계단 사이의 흙길을 장식하는 중책을 맡고 있었다. 여느 석회석과 마찬가지로 얕은 바다에서 굳었는데, 이 경우는 3억 5000만 년 전에 형성되었다. 바다나리와 완족동물이 반쯤 파묻힌 표면은 거칠고 울퉁불퉁했다. 여우는 늘 털투성이 궁둥이를 거기 비비면서 튀어나온 백합 껍데기를 비롯한 고생대 화석을 마모시켰다(고 나는 상상했다). 우리가 만난 직후, 내가 그와 함께 있는 것이 아직 불편할 때 그가 나의 소중한 표본에 배를 긁고 있는 광경을 목격했다. 그러자 부아가 치밀어 그에게 꺼지라고 소리 질렀다. 하지만 흙에 찍힌 발자국으로 짐작건대 그는 내가 보고 있지 않을 때면 살금살금 돌아왔다. 여우는 비데가 필요 없어. 나는 석회석을 집 안에 들여놓으면서 스스로에게 말했다. 어차피 없어진 줄도 모를 거야. 이제 퇴적암 표본은 실내에서 펠트 받침대에 놓인 채 어떤 용도로도 쓰이지 않고 있다. 친구가 떠나면 당신은 이 냉대를 기억해내고서 털투성이 궁둥이가 3억 5000만 년 된 바위에 한 번 더 닿는다고 해서 뭐가 달라졌겠느냐고 스스로에게 묻는다. 당신이 대답하지 않는 것은 이것이 수사의문문이기 때문이다.

그때 이후로 나는 돌판(표면이 완벽하게 거칠고 형태가 그의 몸에 꼭 들어맞는 인근 유일의 돌판)으로 몸을 마사지하는 것이 그의 삶에 소소하고 마땅한 즐거움이었음을 깨달았다. 이제 나는 일본 여우 신사의 승려처럼 서프보드 바위에서 새똥을 닦으며 속죄하고 있었다.

흠, 신사들은 사실 여우를 위한 것은 아니다. 700년경 여우와 친밀한 관계를 맺기 시작한 신도와 불교의 신 이나리稲荷를 위한 것이다. 내가 이나리에 대해 알게 된 것은 일본인 수강생들을 통해서였다. 내가 그들에게 나의 가장 친한 친구에 대해 이야기하자 그들은 내게 이나리 여우에 대해 말해주었다. 여우는 이나리의 수호자, 전령, 하인이며 그들의 관계는 여우처럼 유동적이다. 승려들이 닦는 여우상 중에는 사람만 한 것도 있다. 여우들은 붉은 예복을 입고서 머리와 꼬리를 곧게 쳐든 채 신사 입구를 지킨다. 라프카디오 헌이 1894년 출간한 『낯선 일본 엿보기*Glimpses of Unfamiliar Japan*』에 따르면 "쌀의 신" 이나리의 신사들에는 돌여우가 수백 마리나 있다. 큰 도시의 신사와 절에는 여우 조각상이 수천 점에 이르기도 하는데, 좁은 틈새에 숨을 만큼 작은 것도 있다. 캘리포니아만 한 나라 일본 전역에 여우 도상(종종 진짜 여우)이 있는 이나리 신사가 3만 곳이나 된다. 말하자면 신사들을 일본에 고르게 배치하면 30제곱킬로미터마다 하나씩 있는 셈이다. 일본에는 어디에나 여우 이미지가 있다.

왜 안 그러겠는가? 당신이 신도 신앙을 믿고 자연에 심취한다면 야생동물을 많이 보게 될 것이지만, 그중에서 붉은여우보다 더 카리스마 넘치고 빼어나게 아름다운 것은 아무것도 없다. 쥐약이 발명되기 전에는 더 요긴한 것 또한 아무것도 없었다. 당신이 물집 잡힌 손으로 밭에서 괭이자루를 휘두른다고 상상해보라. 당신은 밭을 내려다보다 양파 줄기가 흙 속으로 쑥 빨려 들어가는 장면을 목격한다. 땅속에 사는 밭쥐가 알뿌리를 빨아들여 작물을 쏙쏙 빼돌리는 광경을 당신은 속절없이 바라본다. 그때 여우가 등장하여 당신을 굶주림으로부터 구해준다. 그들은 영예로운 짐승이며, 당신은 그들을 숭배한다.

헌은 이나리 여우상의 성격을 이렇게 해석했다. "변덕스럽고 심드렁하고 호기심이 많고 음흉하고 익살스럽고 빈정거린다. 쳐다보고 낮잠 자고 눈을 찡그리고 깜박거리고 비웃는다. 미소를 숨긴 채 기다린다. 주둥이를 벌리거나 다문 채 무척 교묘하게 젖힌 귀를 기울인다. 그들 모두에게는 유쾌한 개성이 있으며 대부분에서는, 심지어 코가 뜯어져 나간 녀석에게서도 의미심장한 조롱의 분위기가 풍긴다." 그가 심지어 목소리가 갈라진 녀석이라고 썼다면 우리 여우를 묘사한 것일 수도 있었을 텐데.

헌의 글을 읽고서 나는 여우가 초자연적 존재로서 우리의 기도와 소망을 이나리에게 전해줄 수 있음을 알게 되었다. 변신하는 여우는 선의에서든 악의에서든 사람을 꾀고 속이고 골탕 먹인다.

그들의 가장 흉악한 죄는 "사람을 귀신 들리게 하여 광기에 빠뜨리"는 것이다.

여우가 변신하고 신들과 소통한다는 신도 설화를 믿고 싶다면 막무가내로 믿는 수밖에 없다. 하지만 여우가 약간의 영감을 퍼뜨리고 사람들에게 주문을 걸고 불운을 쫓아낸다는 것은, 글쎄, 내겐 그럴듯하게 들린다. 여우와 더불어 사는 시골 사람들은 저마다 사연이 한가득인데, 사연 하나하나가 여우와 사람의 자연스러운 행동에서 비롯한 것들이다. 지치고 굶주린 농부가 논일을 마치고 집에 돌아가려는데 선홍색 여우가 밭을 뛰어다니다 멈춰 그를 물끄러미 바라본다고 생각해보라. 그날 밤 그의 아내가 부부의 소원이던 아들을 낳는다. 그날 그가 본 짐승은 여우 말고도 참새, 다람쥐, 딱정벌레, 개구리, 파리 등 수십 종에 이른다. 하지만 그가 기억하는 것은 여우다. 이런 식으로 그의 이야기는 여우를 보고서 중요한 사건을 겪었다는 다른 마을 사람들의 이야기와 맞물린다. 어떤 여자가 여우굴을 발견하여 며칠, 몇 주째 살림을 내팽개친 채 여우가 노는 광경을 바라본다. 이런 이야기들은 널리 퍼져 민담이 된다.

헌은 일본인이 "가톨릭 유럽 농민과 같이" 스스로 설화를 지어낸다고 말한다. 내가 책 대신 구전에 의해 이야기가 전파되는 시대에 살았다면 여우와 나의 이야기는 설화가 되었을지도 모른다. 우리 이야기는 여느 설화나 민담과 마찬가지로 짧고 상징적일 것이다. 옛날 옛적에, 친구가 필요했던 소녀가 자라 자신이 까치라고 믿게 되었어요. 그녀는 사람들을 대할 때 고대의 기억을 이용하는 법을 까치에게서 배웠어요. 주는 것은 무엇이든 받되 주는 사람에게 감사하거나 굽실거리지는 않는 까치의 습성을 받아들였지요. 야생 여우가 까치소녀를 따라오자 그녀는 그의 마법에 걸렸어요. 그녀는 여우에게서 삶에 부여된 목적과 우정에 따르는 책임을 배웠어요. 그는 그녀가 삶의 길을 선택할 수 있도록 도와줬어요. 하지만 큰 산불이 나자 그녀는 여우를 죽게 내버려두었어요. 잘못을 깨달았을 땐 이미 늦었답니다……. 음, 여기에 몇 마디 덧붙이면 이야기를 마무리할 수 있을 것이다. 아마도 그녀는 슬픔과 죄책감에 사로잡힌 채 라프카디오 헌의 민담에 나오는 암컷 원앙처럼 (비유적으로) 부리를 제 가슴에 찔러 살을 찢거나, 까치의 성격으로 돌아가거나, 새로운 친구를 찾는 방법을 알게 되거나, 새로운 친구를 찾지 못하면 어떻게 해야 하는지 배울 것이다.

내가 서프보드를 씻어내고 있을 때 장밋빛 구름이 마치 페인트통을 기울인 듯 산들을 가로질러 서서히 흘러내렸다. 수천 년간 일본의 신자들은 이나리 신사의 여우상을 돌봤다. 나는 여기 사는 동안 이 바위를 씻고 물망초 몇 포기를 심고 가꿀 것이다. 서프보드 청소를 마친 순간 구름이 조각조각 흩어졌다. 나는 장밋빛 조각들이 흩어지는 모습을 바라보았다. 우리 둘을 위해 바라보는 것이었기에 눈을 깜박이지 않고 무엇 하나 놓치지 않으려고 애썼다.

나는 그가 했을 법한 일을 하면서 그를 애도하기 시작했다. 나의 울분은 흩어지지 않았다. 그의 죽음은 견딜 수 없는 일이었다. 부적으로 가지고 다니던 초현실적 이미지들도 정신이 마비된 지금은 소용이 없었다. 나의 몸은 안에서부터 폭발하고 있었다. 내장이 피부를 뚫고 나올 듯한 기분이 몇 시간, 심지어 며칠 동안 계속되었다. 너무 많은 울분이 들어차 아드레날린이 솟구쳤다. 혈압 상승, 빠른 호흡, 고혈당 같은 생리 반응이 뒤따랐다. 어떤 사람들은 치솟는 아드레날린을 음식이나 술로 가라앉히는지도 모르겠지만, 운동 중독자여서 좋은 점은 주먹으로 벽을 후려치는 것만으로도 분노와 과잉 아드레날린을 가시게 할 수 있다는 것이다. 다행히 오두막에는 매우 작은 벽 공간과 많은 바벨이 있었다. 나는 근력 운동을 시작했다.

아드레날린을 쏟아내자 마음이 차분해졌지만 머리가 어지러웠다. 3월, 커다란 스컹크가 돌멩이, 노간주나무 열매, 낙엽을 모아놓은 데서 자고 있었다. 조그만 스컹크가 돌을 달그락달그락 밟으며 어른 주위를 아장아장 돌아다녔다. 내가 불러도 일어나지 않았다. 나뭇가지로 기다란 털 속을 긁어보고서 놈이 죽었다는 것을 깨달았다. 아기는 어른이 왜 저렇게 조용한지, 왜 일어나지 않는지 알 수 없었다. 근처 노간주나무 우듬지에서 짝짓기를 하던 좁은부리딱따구리조차 춤추기를 그만두고 어리둥절한 새끼 스컹크를, 자연에서 가장 쓸쓸한 광경을 훔쳐보았다. 지금 나는 축 처진 채 비탈을 아장아장 걸어 내려가는 아기 스컹크였다. 여우는 어떻게 죽었을까? 그의 마지막 순간은 어땠을까? 안개가 걷히면 답을 알 수 있을지도 몰라. 내가 할 수 있는 일은 최대한 많은 사실을 수집하고 기다리는 것뿐이었다. 운이 좋다면 나의 마음이 요술을 부려주겠지.

댐, 인공 수로, 돌바닥, 직선화 등을 전혀 찾아볼 수 없는 옐로스톤강은 어디서든 사납게 흐른다. 장수도롱뇽처럼 진흙 둑을 파고드는 이 강은 미국에서 가장 큰 자연 하천이다. 갈라진 물길 사이에 타원형 섬들이 부풀어 올라 길을 막고는 나뭇가지, 잔가지, 잎 같은 작은 식물 잔해를 낚는다. 강은 잔해를 엮어 뗏목 같은 깔개를 짠다. 그러다 때가 되면 물살의 미묘한 기분에 따라 뗏목을 흘려보낸다.

오늘 강물 위로 드리운 버드나무에 뗏목 한 채가 정박해 있고 그 위에 여우 한 마리가 오들오들 떨며 누워 있다. 앞서 여름에 고양이가 그의 친구를 죽였다. 다른 친구도 사라졌다. 여러 날 동안 기다리고 기다려도 연기와 소음만 점점 짙어지고 커지자 그는 점점 갈피를 잡을 수 없었다. 눈과 목이 쓰라리고 뜨거운 연기 속에서 헐떡거리느라 혀가 까끌까끌했다. 소녀는 아직도 나타나지 않았다. 이 재난의 와중에 어떻게 나를 버릴 수 있지?

으아리 덩굴이 엉켜 만들어진 밧줄 매듭이 들썩거리는 강물에 풀어지는 바람에 여우는 다시 항해를 시작한다. 날은 덥고 멧목은 출렁거리고 여우는 배고프다. 그의 뗏목이 메마른 자갈섬에 접안하여 그를 고립무원의 처지로 만들었다. 빠르게 흐르는 깊은 물살에 둘러싸인 모래와 자갈의 섬에서 굶주린 여우는 죽어가고 있다. 여우는 언제나 일광욕을 좋아했다. 햇볕이 그를 덮어주는 덕에 지금은 영원히 행복할 수 있을 만큼 따뜻하다. 하지만 햇볕이 계속 내리쬐자 이젠 따뜻한 게 아니라 따끔거린다. 찌는 듯 화끈거리고 열기가 몸속으로 들어와 그의 의식을 슬며시 밀어낸다. 정신이 명료한 순간에는 다른 여우, 까치, 소녀가 보인다. 그녀는 그의 앞에 앉아 말을 건네면서 눈을 가린 갈색 머리카락을 쓸어올린다. 저녁 하늘이 분홍빛으로 물들고 있다. 그녀의 깃털 달린 긴 꼬리가 부채처럼 펴진다. 저건 소녀가 아니다. 까치다. 그녀가 날아올라 기다란 손가락으로 허공을 가르며 굴이 있는 숲을 지나쳐 간다. 그녀가 날아가는 모습이 사람인지…… 까치인지…… 구분이 안 된다. 그러다 분명히 깨닫는다. 둘은, 소녀와 까치는 무척이나 닮았다. 그는 기진맥진했기에 그들을 둘로 나누는 일에 에너지를 허비할 수 없다.

결국 햇볕이 그의 조그만 몸을 뚫고 나와 그의 아래에 있는 자갈에 스며든다.

나는 여우의 생일 바위 옆에 무릎 꿇고 앉아 거칠고 둥글둥글한 모서리를 쓰다듬으며 표면에 "여 우"라고 새겨져 있다고 상상한다. 110킬로미터 떨어진 기념물 공장 주인은 내가 여우를 기다리는 동안 서프보드에 글자를 새겨주겠다고 말했다. 그곳으로 절반 이상 갔을 때 내 아이디어가 터무니없다는 것을 깨달았다. 바위 위에 여우라고? 그가 결코 원하지 않는 것이 하나 있다면 그것은 바위 위에 또 다른 여우가 있는 것일 텐데. 하지만 친구란 흠 없는 존재가 아니다. 그가 나에 대해 조금이라도 알았다면 그 사실을 알았을 것이다.

애석하게도 나는 인간에 불과하다. 우리는 애통함을 겉으로 드러내어 슬픔의 정도를 표현한다. 하지만 야생동물은 섣치레로 애통해하기에는 너무 순수한 존재다. 그가 죽은 뒤 나는 덜 문화적으로, 더 야생적으로—짐승처럼—애통해하기로 마음먹었다. 물론 이것은 거의 애통해하지 않는다는 뜻이다. 나는 인간의 슬픔에 이기적 측면이 있음을 금세 깨달았다. 나의 슬픔은 그의 슬픔에 비하면 아무것도 아니었다. 나는 친구를 잃었지만 그는 목숨을 잃었으니까. 그는 너무 어릴 때, 너무 행복할 때, 너무 야심 찰 때 죽었다. 그의 고통이 무한한데 내가 어떻게 고통의 얕은 웅덩이에서 허우적거릴 수 있겠는가? 여우가 어디서 삶을 마감했든 그는 여기 있고 싶어할 것이다. 파란 물망초에 코를 비비고 발쥐를 덮치고 바위 위에서 햇볕을 쬐고 싶어할 것이다. 살고 싶어할 것이다. 나도 그가 살았으면 좋겠다. 하지만 나의 바람이 그의 바람보다 더 간절한 척하며 생색을 내고 싶지는 않다.

회갈색과 황갈색의 들판

파랑새 무리가 고집 센 바람에 굴하지 않고 날아간다. 살짝 몸을 낮춰 기류 아래로 숨어들어 바람에게 다시 들킬 때까지 꾸준히 전진한다. 거대한 돌풍에 얻어맞아 공중제비를 넘다가도 몸을 일으켜 다시 무리를 이룬 채 계속 나아간다. 내가 좋아하는 노간주나무 진 위를 맴돌며 뭉게구름처럼 솟아오른다. 다음 돌풍이 몰아닥치기 전에 새털구름처럼 납작하게 뭉쳐 검은 부리를 나무 쪽으로 기울인 채 내려온다. 몇 초 지나지 않아 노간주나무는 파랑새로 바글거린다. 그들이 몸을 흔들자 불꽃 모양 진이 프로판 가스레인지로 변한다. 이 쌀쌀한 봄날, (파랗든 아니든) 쬐끄만 새들보다는 더 위로가 되는 모습이다.

나는 파랑새들과 단둘이 있어도 싫지 않지만, 부들 이삭 위에서 흔들거리는 붉은날개검은지빠귀들 또한 뒤이은 바람에 저항하지 못한다. 힘껏 날아 진의 꼬인 가지들 사이에 겹겹이 내려앉는다. 콩 덤불에 피신한 울새들은 바람이 잦아들길 기다렸다가 진의 넓게 벌린 가지들을 차지한다. 어쩌면 말다툼을 벌이고 있었는지도 모르겠다. 붉은날개검은지빠귀들이 깩깩거리는 소리 말고는 아무것도 들리지 않는다. 왜 종류가 다른 새들이 한데 모이는 거지? 내가 이 질문에 결코 대답하지 않은 것은 정답이 없기 때문이다. 질문이 틀렸다. 많은 야생동물은 어울릴 상대를 고를 때 우리보다 덜 까탈스럽다. 옳은 질문은 이것이다. 왜 사람은 짐승과 어울리지 않지? 여기서 '짐승'은 상자에 갇히지 않은 짐승을 뜻한다. 어린 왕자의 여우 같은. 우리 여우 같은. 초원종다리가 굴뚝새로부터 자립적이고 독립적인 것처럼 우리로부터 자립적이고 독립적인 동물들 말이다. 어쩌면 우리는 그들이 별로 인간적이지 않다고 스스로를 속이고 싶어하는 건지도 모르겠다. 아니면 우리가 별로 야생적이지 않은 것처럼 스스로를 속이고 싶어하는 건지도.

마른 초지는 마대 같은 황갈색 흙을 뚫고 올라온 회갈색 번치그래스 군락으로 덮였다. 오늘 밖에 하도 오래 있어서 그런지 나의 폐가 바람의 리듬에 맞춰 돌풍 사이사이에 부풀어 오른다. 바람눈물을 짜내려고 연신 눈을 찡그린다. 나는 죽은 지 2년 된 여우에 대해, 이 끝없는 회갈색과 황갈색 들판의 유일한 파란색 꽃에 코를 비비고 싶어한 여우에 대해 생각하고 있다.

오늘 바람을 막아줄 클립보드가 없는 것은 내가 새의 마릿수를 헤아리거나 연구를 하고 있지 않기 때문이다. 수를 헤아리는 게 나쁘다는 말은 아니다. 숫자는 통계의 기초 자료가 되어 평균적 동물이 어떻게 행동하는지를 우리에게 알려준다. 물론 야생동물에 대해서만 그런 것은 아니다. 대부분의 사람들은 (인간을 비롯한) 모든 평균적 동물이 어떻게 행동하는지 알고 싶어한다. 사회에서는 '평균'으로 간주되는 것을 바탕으로 '정상적' 행동의 기준을 정한다. 게다가 나머지 세상이 어떤 모습인지 알아서 나쁠 것은 없다. 거기에 담긴 가치를 깎아내릴 필요는 없다. 하지만 정상적 행동을 자연적 행동과 혼동하지는 말라. '자연적'이기 위해 정규분포곡선의 꼭대기 바로 아래에 머물러야 한다면 우리는, 우리 모두는 어디서나 회갈색이고 황갈색일 것이다.

이런 생각을 하니 마사의 비밀이 떠오른다. 나는 이슈메일, 생텍스, 그리고 (70억 인구가 살아가는 이 세상에서) 100만 명쯤 되는 사람들과 독특한 세계관을 공유한다. 우리는 본능적으로 대자연, 야생동물, 식물, 그리고 모래나 하늘이나 바다 같은 인간 아닌 것들이 세상을 지배한다고 생각한다. 일부러 사람을 무시하지는 않는다. 사람에게 집중하는 일에 어려움을 겪을 뿐. 마사가 곧잘 말했듯 나의 첫 가족은 다람쥐, 도롱뇽, 오리처럼 밖에 사는 모든 존재였다. 나는 이따금 사람의 얼굴을 멀리 배경으로 밀어낸다. 마지막으로, 마사는 내가 때때로 사람을 쳐다보지 않는다며 그것은 내가 다른 동물과 소통하고 있기 때문이라고 말했다. 아니면 구름을 쳐다보거나. 그녀는 내가 알아들었다고 생각하고서 이렇게 말했던 것 같다. "당신은 번번이 우리 말을 듣지 않아요."

마사가 『모비딕』을 읽었다면 소설 마지막 장면에 내 성격이 묘사된 것을 알아봤을 것이다. 고래잡이배 피쿼드호가 부서져 거의 수직으로 기운 채 가라앉고 있다. 북아메리카 원주민 작살잡이 타슈테고는 상어가 들끓는 바다에서 익사하고 있으며 머지않아 이슈메일의 모든 동료들과 같은 운명을 맞을 것이다. 타슈테고가 붙잡고 있는 (아마도) 배의 일부인 듯한 것에 우연히 물수리가 낀다. 피쿼드호에서 이 모든 비극이 벌어지는 동안 이슈메일은 모선에서 내린 작은 보트를 타고 이 광경을 지켜보는데, 활대에 낀 물수리를 무엇보다 예리하게 지각한다. 물수리는 겁에 질려 벗어나려고 발버둥질하며 서서히 물에 잠겨 죽는다. 자신을 둘러싼 저 모든 무한의 회색 심연에서 동료 뱃사람들의 비명소리를 들으며 이슈메일이 마지막으로 기록하는 것이 이름 모를 수리의 고통이라니 어찌 된 영문일까? "그래서 하늘의 새는 대천사처럼 비명을 지르면서 오만한 부리를 위로 쳐들었고, 사로잡힌 몸뚱이는 에이해브의 깃발에 싸여 에이해브의 배—그 배는 악마처럼 하늘의 살아 있는 일부를 끌어당겨 투구처럼 쓰지 않고는 지옥으로 떨어지려 하지 않았다—와 함께 가라앉았다."

이슈메일이 썩 길들여지지 않았다는 생각이 든다. 대부분의 여우도 마찬가지다. 여우는 유전적으로 야생성을 간직하며 사람과 인공물을 피한다. 드미트리 벨랴예프의 연구를 통해 우리가 여우를 길들일 수 있다는 사실을 알게 되긴 했지만, 우리 여우는 전형적인 여우가 아니었으며 나는 전형적인 인간이 아니다. 어쨌거나 통계로 보자면 그렇다. 무엇보다 내가 전형적이지 않은 것은 도시나 교외로부터 멀리 떨어져 혼자 산다는 것이다. 하지만 다행히도 책을 읽으면서 시간과 장소를 초월하는 정신의 소유자들과 소통할 수 있었다. 생텍스와 이슈메일, 프랑켄슈타인 씨 같은 사람들 말이다. 물론 모든 사람에게는 결코 발현되지 않는 유전자가 들어 있다. 그 유전자들은 우리의 성향을 정하지만 특정 행동을 유발하지는 않는다. 이따금 적절한 여건이 주어지지 않으면 유전자만으로는 우리의 행동을 결정하기에 충분하지 않을 때가 있다. 이따금 우리는 유전자에도 불구하고 자신이 하고 싶은 대로 하기도 한다.

여우와 내가 처음으로 눈을 맞춘 것은, 내가 지금 바라보고 있는 바로 이 노간주나무에서 새 마릿수를 헤아리다 파리에 한눈이 팔렸을 때였다. 그땐 날이 평소보다 따뜻했지만 나는 옷을 더 껴입고 있었다. 오늘 칼하트 오버올에 빨간색 통나무운반꾼 셔츠• 차림인 것은 시간이 아깝고 추워도 상관없기 때문이다. 체온을 유

• 서부의 전통적인 셔츠.

지하려고 옷을 껴입으려면 시간이 너무 오래 걸린다. 내가 60년을 더 살더라도 인생은 짧을 테니까. 필연적 바람에 맞서 몸을 감싸는 일에 시간을 허비할 수는 없다.

그를 만나기 전에는 붉은여우를 인생의 필수 요소로 생각해본 적이 없었다. 나는 탄생과 죽음 사이 어딘가를 정처 없이 걸으며, 당신과 마찬가지로 우리 시대와 문화에 속한 사람들이 해야 하는 일을 하려고 애썼다. 인생의 필수적 재난들도 겪을 만큼 겪었다. 어떤 재난은 흉터를 남겼다. 전반적으로 보자면 내 삶이 유난히 쪼들린 것은 아니었다. 불확실한 것과 여우가 없다는 것만 빼면 더더욱. 하지만 오늘, 그와의 관계가 내 삶을 속속들이 규정하는 탓에 이 땅에서 내가 보낸 그 전의 모든 시절은 '여우의 없음 foxlessness'에 의해 앙상해질 정도로 아무것도 아닌 듯이 느껴진다.

마침내 깨달았다. 내 무릎에 앉아 한쪽에서는 여우를 매혹시키고 다른 쪽에서는 나를 매혹시키던 파리는 여우와 나를 하나로 끌어당긴 구심점이 아니었다. 그럴 리 없었다. 영원처럼 느껴지는 한 찰나에 우리 둘 다 먹파리가 내 딱지에서 피를 빠는 광경을 지켜보았다. 그것은 화려한 생물이 진홍색 받침대 위에서 춤추는 모습이었다. 우리 둘 다 누군가의 손이나 송곳니가 닿는 거리에서 숨 쉬는 일이 본질적으로 위험하다는 것을 아랑곳하지 않은 채 무용수가 피를 실크 스카프처럼 빙빙 돌리는 광경을 바라보았다. 그날 계곡에서 또 다른 누군가가 똑같은 광경을 보았을 리는 없을 것 같다.

나는 여우를 위해 물망초를 심고 서프보드 바위를 청소하는 일을 그만뒀다. 선홍색 서양톱풀과 자주색 러시아세이지를 더 좋아하기 때문에 이것들이 그가 좋아하는 꽃을 몰아내게 내버려두었다. 며칠 동안 체리처럼 빨간 새똥이 서프보드를 덮었다. 이제 나의 관심사는 우리 여우가 아니라 여우들이다. 그것은 그가 남긴 유산이며, 유산은 우정의 핵심이다. 나는 여우들이 능선에서 강까지 안전하게 다닐 수 있도록 도랑을 청소한다. 키 크고 가시 돋힌 회전초를 전투적으로 제거한다.

바람이 그다지 거세지 않으면 옛 접선 장소에 앉아 있을 수 있다. 나는 뾰족뾰족하고 빽빽한 잡초 군락에 캠핑 의자를 놓는 일을 그만뒀으며 땅에게 앉아도 되느냐고 허락을 구하는 일을 중단했다. 여기 오래 있을 것이기에 안락한 지점을 찾아 편안한 자세를 취한다. 여우가 그랬던 것처럼. 땅에서의 삶은 더 적절한 인생 행로에 발을 디디게 될 때까지 기다리는 기착지가 아니다. 야생의 땅과 고요한 공간은 나의 도피처가 아니다. 나의 근거지다. 이따금 현장 수업으로 퇴각하여 사람들에게 둘러싸인 채 자연 공간으로부터의 분리를 음미한다. 나와 반대로 사는 사람들, 어느 곳이 집이고 어느 날이 휴일인지 아직 결정하지 않은 사람들이 있다는 걸 안다. 하지만 우리는 어떻게든 선택을 해야 하니 그걸로 유난 떨진 말기로 하자. 우리는 오며 가며 서로 마주칠 것이다.

나는 우리가 서로에게 호의적일 거라 믿는다.

산불이 났을 때 나는 두 시간 만에 오두막을 통째로 비웠다. 이제는 결코 그렇게 쉽게 옮길 수는 없을 것이다. 오두막은 깊이 뿌리를 내렸다. 여우가 그랬듯 나는 영역에 표시를 했다. 여우("폭시!")를 애완동물 취급하는 것에 내가 격분했던 것, 여우와 사귀는 것이 테리어에게 체크무늬 천을 두르거나 앵무새에게 크래커 구걸하기를 가르치는 것과 매한가지가 아니라고 말했던 것 기억하시는지? 이유는 이렇다. 당신이 애완동물과 시간을 보내면 그들이 당신을 닮아간다. 반면에, 내가 우리 여우와 시간을 보냈을 땐 내가 그를 닮아갔다. 보는 쪽이 닮는 법이니까. 그리고 여우가 그랬듯 나는 집을 개인적 가치가 있는 물건들로 채웠다. 어린 앵두나무를 세 번 옮겨 심은 끝에 대규모 조경 공사를 벌였다. 건설업자들의 작업은 끝날 기미가 보이지 않고 자갈길의 통행은 틀림없이 많아질 것이기에 나는 줄기가 길고 뿌리가 깊은 산울타리를 심고 있다. 금세 3미터까지 자라, 낙엽이 떨어진 뒤에도 빽빽한 가림막이 되어줄 것이다. 나는 중서부 아미시 공동체에 가구 제작과 배송을 주문했는데, 해치백에 들어가지 않을 만큼 큰 가구를 들이는 것은 난생처음이다.

나는 다른 면에서도 여우와 닮아갔다. 여우 같은 친구를 찾으려면 까치가 아니라 그처럼 행동해야 하기 때문이다. 나는 사라지려고 애쓰는 짓을 그만뒀다. 우리는, 여우와 나는 그 점에서 반대였다. 그는 연결을 원했다. 관심을 원했다. 홀로인 것보다 기분이 훨씬 좋다는 이유만으로 종종 보름달 아래로 사뿐사뿐 걷거나 햇볕에 달궈진 바위에서 몸을 뻗을 때 누군가를 곁에 두고 싶어했다. 선천적 장애는 그에게 장애물이 되지 않았다. 그래서 나도 앞니 사이의 주름띠를 제거하고 잇몸을 봉합하는 수술을 받았다. 에버글레이즈 국립공원을 가보기로 마음먹었는데, 함께 가자고 청한 첫 번째 사람에게서 승낙을 받았다. 이제 잭과 나는 종일 전화로 수다를 떤다. 옐로스톤에서 만난 천·더그 커플(내게 〈다운튼 애비〉를 추천한 사람들)과도 연락을 주고받았는데, 그들이 레이니어산에서 만나자고 청했다. 무척 재미있었고, 이제 우리는 다음번 휴가를 함께 갈 계획을 짜고 있다.

나는 대학 정규직이 되었으며 다시는 뒤돌아보지 않을 것이다. 제나가 추천서를 써주었다. 나는 매일같이 자연사에 대해 공부하고 토론하고 글을 쓰는데, 장소는 대학 캠퍼스가 아니라 시골 오두막이나 야외 현장(가상 캠퍼스라는 온라인 커뮤니티)이다. 내가 가르치는 생물학은 흑요석 단검처럼 날카로운 날이 예쁘게 선 학문이다. 하지만 나는 능수능란한 정확성에 만족하지 못한다. 생각의 유연성을 유지하며 진짜 세상과 상상 속 세상을 쉽게 합쳤다가 떼었다가 할 수 있도록 얼러붙이고 싶다.

지금은 11월이다. 저지대에서는 소총 수렵 허가 기간이 시작되었다. 노새사슴은 총, 호르몬,* 트럭을 피하려고 날뛰지만 어림도 없다. 어제 읍내까지 50킬로미터를 운전하면서 보니 두 차로가 피범벅이었다. 지금은 고지대의 사슴들이 북쪽의 한랭 전선을 피해 아래쪽으로 내려오고 있다. 나는 내 땅을 돌아다니며 사슴들에게 내가 좋아하는 덤불에서 꺼지라고 경고한다. 뒤쪽 초지에 수백 마리가 있는 것 같지만 세어보면 쉰 마리밖에 안 된다. 그들의 첫 겨울 통행로는 내 땅을 가로질렀다. 그들은 느릿느릿 이동하지만 나는 그들이 길을 확정하기 전에 우리 떨기나무와 나무를 돌아가도록 끈기 있게 유도한다. 길이 정해지면 사슴 떼는 앞으로 여섯 달 동안 꿋꿋하게 그 길로 행군할 것이다. 수백 마리처럼 보이는 쉰 마리 사슴은 한 번의 겨울 동안에도 초지에 운하를 팔 수 있다. 그들은 뒤쪽 언덕에서 구르듯 내려와 갓 쌓인 눈 위에서 미끄러져 우리 집 계단 쪽으로 밀려든다. 나를 보지 못한 척하며 내게도 그걸 바란다. 어림도 없지. 그들은 무리지어 이동하는데, 이렇게 늦은 시기에는 새끼들이 젖을 먹는 일이 드물기에 가족을 가려내기가 쉽지 않다.

구름이 오늘의 하늘 모양을 빚는다. 잿빛을 드리우고 이따금 불쑥 파란색 함정구멍을 판다. 누군가 아래쪽에서 주먹을 내지른 듯 함정구멍의 가장자리가 말려 올라간다. 하루가 저물기 전

* 번식기여서 성호르몬이 분출하여 조심성을 잃을 수 있다.

에 그 아래 서서, 구름이 구멍을 지져 막고 숯처럼 시커메져 내게 물벼락을 퍼부을 때 깜짝 놀라는 시늉을 할 것이다. 조마조마 가슴 졸이는 구름을 위해 이따금 바보짓을 하는 것은 하늘이 이곳의 땅과 건물과 도로를 지배하기 때문이다. 그럴 때 말고는 고어텍스를 입고서 날씨에 무심하게 군다.

테니스공의 둥지는 산불 이후로 비어 있다. 한때는 농구공보다 둥글고 큰 적도 있었지만 지금은 노간주나무 사이로 흘러내리고 있으며 머지않아 흙이 되어 사라질 것이다. 무지갯빛 검은지빠귀들이 가지 몇 가닥 위에 손바닥만 한 둥지를 지었다. 올봄 두 달간 놈들은 그녀의 노간주나무에 앉아 마라카스처럼 달가닥달가닥거렸다. 이따금 쉴 때는 물잔에 입을 대고 거품을 부는 듯 심란한 소리를 내뱉었다.

새 까치들이 이사 오면 그들도 테니스공처럼 나를 싫어할 것 같다. (까치 기준으로) 여러 세대 전에 그들이 본 첫 인간들은 인정사정없었다. 그들이 다시 우리를 신뢰하기까지는 아주 오랜 세대에 걸쳐 친절과 달걀노른자를 베풀어야 할 것이다. 내가 그들과 친구가 되려면 100년 전에 시도했어야 했다. 달걀노른자를 주긴 했지만 나는 사실 테니스공에게 썩 다정하지는 않았다. 일부러 그런 건 아니었지만, 돌이켜 생각해보니 내가 그녀를 좋아할 수 없었던 건 그녀가 나와 너무 닮았기 때문이었다. 그녀를 보면 나의 나쁜 점들이 떠올랐다. 그녀는 자신의 성향을 바꿀 수 없었지만 나는 바꿀 수 있다. 내가 더 낫거나 유능하기 때문이 아니라 단지 내가 더 오래 살기 때문이다. 수명이 짧은 새에겐 성격을 바꾸는 것이 현실적 방안이 아니다.

사슴 무리가 차갑고 축축한 풀싹에 일제히 입술을 댄 채 눈알을 위로 굴려 나의 자분천 유거수• 물길 건너편을 탐색한다. 다섯 달쯤 된 어린 수사슴이 오두막의 파란 철제 지붕을 올려다보며 오래된 풀 너머로 무언가를 찾는다. 그가 먹을 게 충분할지 궁금하다. 엉성하게 모인 그의 무리가 나의 별채를 지나갈 때 그와 어른 암사슴 하나가 뒤처진다. 나는 유리문 뒤에서 바라본다.

어린 수사슴과 어른 암사슴은 무리로부터 적잖이 떨어져 있다. 그가 나를 쳐다보며 너무 오래 꾸물거리자 암사슴이 안절부절못한다. 그녀는 더는 기다리지 못하고, 개울을 건너는 무리에 합류하려고 떠난다. 그는 5미터 떨어진 곳에서 여전히 나를 물끄러미 바라본다. 이따금 암사슴이 걸음을 멈추고 고개를 180도 돌려 작은 잿빛 수사슴을 돌아본다. 그는 아직도 풀을 먹지 못했지만, 통통하고 다부진 몸을 보니 나의 근심이 가라앉는다. 어디서든 먹이를 찾아낼 것이다. 지금은, 내가 유리 덧문 뒤에 서 있는 동안 그가 바라는 것은 나를 바라보는 것뿐이다. 내가 얼굴 앞에서 오른손을 흔들어 나도 그를 보고 있음을 알린다. 그런 다음 덧문을 열

• 流去水, 지표면을 따라 흐르는 물.

고 밖으로 나가 팔을 머리 위로 쳐들어, 내가 불쑥 움직이면 그가 겁을 먹겠지 하고 생각하면서 손뼉을 친다. 그는 겁먹지 않는다.

그의 작은 뿔에서는 아직 윗가지가 돋지 않았지만 맨 아래 가지는 색깔이 짙어졌다. 그는 다리를 움직이지 않은 채 목을 구부려 세이지브러시에 매달린 타운젠드솔리테어를 밀어내려 하지만, 새는 줄기를 꽉 붙든 채 날개로 사슴의 뺨을 때린다. 어린 사슴은 고개를 홱 들어 나를 똑바로 쳐다보며 내가 저 모욕을 목격했는지 궁금해한다. 암사슴과 무리는 800미터 떨어진 곳에서 흰 꼬리를 번득이며 알팔파밭을 가로지른다. 나는 기다린다. 그는 언제까지나 바라볼 것이다. 15분 뒤 솔리테어가 날아가자 나는 그에게 "잘 자렴"이라고 말하고는 집 안에 들어가 덧문의 보라색 블라인드를 내린다.

원고에 도움을 준 개인과 단체를 기쁜 마음으로 일일이 소개하고자 한다. 우리 여우의 이야기를 처음부터 들어주었고 내가 포기하지 않도록 응원해준 친구 잭, 옐로스톤과 그랜드티턴 국립공원에서 수많은 나날을 보내며 조언해준 버너 맥퍼슨, 우정을 나누고 우리 여우와 나에 대한 생각을 다듬어준 메리 카파렐리, 내가 스스로를 더 깊이 이해하도록 격려한 마사 슬론, 오랫동안 나를 환대해준 야생동물미술관, 창의적 조언을 해준 닉 플린, 스티브 아먼드, 디어드리 맥네이머, 내게 영감과 논평을 선사한 어맨다 포르티니, 팀 케이힐, 테사 폰테인, 교정·교열을 맡은 배럿 브리스키, 열심히 애쓰고 이 이야기를 믿어준 스피걸앤드그라우 출판사의 모두에게 감사한다. 돈 힐은 전체 원고를 읽고 비평해줬다. 파이러츠앨리포크너학회, 로즈메리 제임스, 조지프 드샐보, 안드레이 코드레스쿠가 너그러움과 친절을 베풀지 않았다면 나는 셀리나 스피걸을 만나지 못했을 것이다. 셀리나에게 이루 말할 수 없이 고맙다. 오직 그녀만이 『여우와 나』의 시네 쿠아 논(필수 요소)이니까.

여우와 나

1판 1쇄 2022년 10월 6일
1판 2쇄 2022년 11월 16일

지은이 캐서린 레이븐
옮긴이 노승영
펴낸이 김정순
편집 신원제 유지현 허영수
디자인 이강효
마케팅 이보민 양혜림 정지수

펴낸곳 (주)북하우스 퍼블리셔스
출판등록 1997년 9월 23일 제406-2003-055호
주소 04043 서울시 마포구 양화로 12길 16-9(서교동 북앤빌딩)
전자우편 editor@bookhouse.co.kr
홈페이지 www.bookhouse.co.kr
전화번호 02-3144-3123
팩스 02-3144-3121

ISBN 979-11-6405-181-6 03400